风工房

绝美爱尔兰蕾丝钩织

Crochet Lace

〔日〕风工房 著

王譞翾 译

河南科学技术出版社

·郑州·

如今，距我创作《美丽的蕾丝花边》一书，已经过去十三年了。

1994年，我初次前往爱尔兰，在都柏林见到了爱尔兰钩织协会的Cassie R.大师，并得到一个珍贵的机会：可以将我创作的部分作品和样片拿给大师请教。爱尔兰国家博物馆彼时正值改造中，只开放了一部分。但无论是19世纪的作品，还是Cassie大师常年努力的结晶，每一件都使用极细的线钩织而成，这一点给我留下了深刻印象。

爱尔兰钩针作品时而将多重花样一同钩织，时而使用芯线，赋予作品独特的立体感，宛若一个个用线打造出的浮雕花样，映出美丽的阴影。

我仔细端详着一点点收集来的各种装饰领，想着是否能够创作出一些图案来，遗憾的是技不如人，前辈们的作品令我望尘莫及。

我在一次次的挫败中成长，尝试着创作出一些网眼花样来，并渐成规模。我在创作图案的过程中，看着一个个完整的花样在手中呈现，感觉极妙。我很荣幸能和各位读者共享这份喜悦！

风工房

目 录

浪漫迷人的蕾丝衣物

1

此外搭罩衫用40号白色蕾丝线精心钩织而成。中心图案是爱尔兰蕾丝钩织中常用的立体玫瑰花及可爱的野菊花花样。四周配以两条华丽的网眼花样做装饰。再在方形的图案转角处入针钩织长针花样，更是画龙点睛之笔。请您慢慢体会细线编织带来的乐趣。

使用材料：金票40号蕾丝线　钩织方法：第82页

2

此款套头衫在育克周围用大丽花图案做装饰，并采用爱尔兰钩针技法完成，极具立体感。上下两条饰边均钩织网眼花样，让简单的图案更加华贵。中心区域的花蕊图案小巧精致，花蕊层层叠叠，使您穿着时更有动感。

中心使用芯线　钩织方法：第84页

3

宽松的领口、下摆和袖口的扇形图案是本作品的亮点。上方的网眼花样，显示出不规则的美，也是我个人喜欢的花片之一。花片中心包裹着芯线，用条纹针层层钩织出球形，其周围同样使用网眼花样。芯线仅在中心部分使用，初学者也能轻松完成。

中心使用芯线（HERBS） 钩织方法：第87页

4

此外搭罩衫的正面及袖口部位均钩织爱尔兰蕾丝花片并将其拼接成V形。其中，雏菊、野菊花、蒲公英等花片栩栩如生，灵动飘逸。胸前的网眼花样中加入些许饰边，简单大方，与花朵图案形成鲜明对比，令人爱不释手。罩衫边缘部分是扇形花样，不失俏皮可爱。

中心使用芯线　钩织方法：第90页

5

这款由黑色蕾丝线钩织出的背心镶嵌着蔓蔷薇和树叶图案的花片，从背后望去，一朵朵蔷薇花甚是可爱。葡萄形状的纽扣手感甚佳，也使整个作品更为显眼。树叶图案只用条纹针就可以轻松完成，立体感强。上下两条饰边使用网眼花样钩织，蔓蔷薇和树叶图案点缀其中，简单又不失美感。

中心使用芯线　钩织方法：第93页

6

本作品用玫瑰花和爱尔兰国花——三叶草图案做装饰。一排玻璃质地的小纽扣在阳光的照耀下闪闪发光，绚丽夺目。包裹着芯线钩织出的三叶草在玫瑰花的包围中更显立体、精致。这个图案在爱尔兰编织爱好者中极具人气，底边的装饰花样提升了整体效果。

中心使用芯线　钩织方法：第96页

7

本作品采用HERBS系列象牙白色线钩织而成。雏菊的中心配以玫瑰花和三叶草图案，上下两条饰边使用网眼花样钩织。大大的方形花样中镶嵌着小巧的花片，可爱的花片上又点缀着三叶草，形成美丽的阴影。再加上HERBS系列线独有的古典韵味，阳光照耀下，仿佛时间戛然而止。

中心使用芯线（HERBS） 钩织方法：第102页

8

此款外搭采用HERBS系列米白色线钩织而成。扇形的衣领，弧形的下摆，七分袖的设计都十分精巧。整个外搭由金盏花图案做点缀，似微风拂过，极富立体感。

中心使用芯线（HERBS） 钩织方法：第104页

9

本款半身裙的上下两条装饰花边均钩织网眼花样，中间为玫瑰花图案。制作时先钩织出六瓣花片，再分别连接，越向下花样越大。下摆处略加改动，处理成锯齿形。整个作品采用纯白色线钩织。

中心使用芯线　钩织方法：第108页

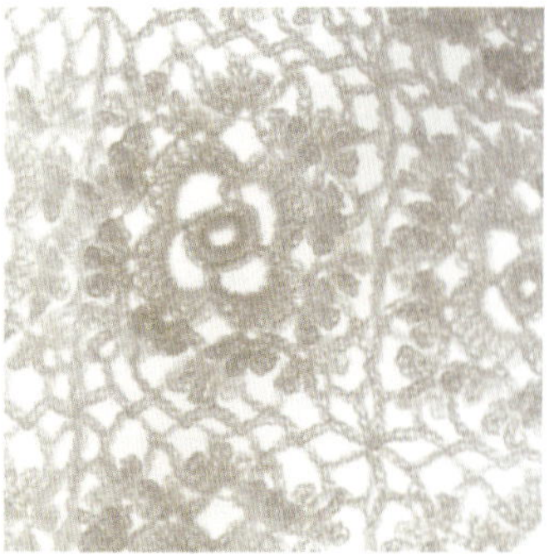

10

偶然间，我在一个爱尔兰蕾丝的装饰领中得到灵感，将其中的花样略加调整，用在了这件作品的四周。三条装饰花边延伸到门襟处，再配以一排小纽扣，更是锦上添花。整个作品采用HERBS的米白色线钩织。无论单穿还是搭配其他衣服，都非常适合。花片只有一种图案，对初学者来说是个不错的选择。

中心使用芯线（HERBS）　钩织方法：第110页

11

本作品的领口和下摆均采用向日葵图案，网眼花样的饰边和图案呈十字形交错。后片仅用网眼花样钩织而成，清新自然。向日葵的花瓣极具立体感，加之使用了黑色细蕾丝线，更显高贵神秘。

中心使用芯线　钩织方法：第112页

12

用大量野花及树叶图案组成的这件小背心，使用纯白色线钩织，每个图案清晰可见。图案与图案之间用卷针缝缝合，空隙处配以网眼花样。下摆是网眼饰边。大小各不相同的花朵重重叠叠，使这件纯白色背心更添韵味。领口处的花片生动、立体，最终呈现出不对称的美。

中心使用芯线　钩织方法：第99页

13

本作品使用HERBS系列米白色蕾丝线钩织，纽扣也特地选择爱尔兰国花——三叶草图案，更添爱尔兰风情。葡萄、三叶草、玫瑰花和旋涡四种花样中，葡萄花样的立体感最为突出。葡萄花样是在多次缠绕的线圈上钩织两圈短针完成的，背面更显俏皮可爱。边缘处为小巧的扇形饰边，简单大方。

中心使用芯线（HERBS） 钩织方法：第116页

14

本款短袖套头衫使用40号黑色蕾丝线，用爱尔兰蕾丝钩织而成。三叶草、玫瑰花和树叶三种花片用网眼花样钩织而成。40号蕾丝线很纤细，即便是钩织了三层的玫瑰花瓣也同样小巧精致。领口处采用不对称设计灵活拼接图案，别有风情。线较细，钩织时费时较长，但完成时的喜悦也更长久。

使用材料：金票40号蕾丝线　钩织方法：第120页

15

此款七分袖套头衫使用纯白色蕾丝线钩织，用富有爱尔兰风情的扇形、玫瑰花、三叶草、紫萁等图案拼接而成，华丽唯美。后背是深V领，领口四周配以可爱的玫瑰花点缀，也可以钩织成婚纱。中心包裹芯线钩织，层次分明，有浮雕一样的立体感，光影效果惊人。

中心使用芯线　钩织方法：第124页

16

本款迷你披肩采用40号蕾丝线钩织而成。半圆形的花片纤巧可爱，披肩整体呈扇贝形。两条饰边采用网眼花样和王冠花样，线条中心包裹芯线一同钩织，花样对比明显，令人印象深刻。边缘仍然是迷你贝壳花样。

使用材料：金票40号蕾丝线 钩织方法：第128页

17

这是一款极富质感的三角形披肩，起针时将线圈缠绕六次，令起针处饱满有分量，网眼花样起针，每层五瓣的玫瑰花是点睛之笔，优雅又不失俏皮。采用黑色蕾丝线钩织，饱满的狗牙边与黑色的蕾丝花样很和谐，也不失活泼可爱。

中心使用芯线　钩织方法：第130页

18

这是一款用野玫瑰、树叶、树莓图案组合而成的项链。用HERBS系列米白色线钩织则显得素朴可爱。若换为40号蕾丝线制作，则显得小巧玲珑，佩戴时有着宝石般耀眼的光芒。

中心使用芯线（HERBS） 钩织方法：第123页

19

本款项链是用我个人最为中意的葡萄和树叶造型组合而成的。花片本身较有质感，为求平衡，绳链就采用简单的锁针钩织而成。

中心使用芯线（HERBS） 钩织方法：第132页

20

在创作此包时，我把用2、12、15号纯白色线钩织出的花片组合了起来。如果您是爱尔兰蕾丝钩织的爱好者，不妨拿此包练习。包的四周使用卷6次的狗牙针钩织，内部使用真丝薄纱做内衬。提手部分也是钩织而成。整个包装饰性强，很有高极感。

中心使用芯线　钩织方法：第133页

21

本款包包以三层玫瑰花图案为主，配以两条网眼花样的装饰花边。开口处和提手都采用短针钩织，中心加入芯线固定，使之不易变形。内衬使用真丝薄纱，增强实用性。最后再配上一颗花朵形状的纽扣，可爱至极，令人眼前一亮。

中心使用芯线　钩织方法：第136页

22

本款包包主体使用HERBS系列象牙白色线钩织，再加上米白色图案做点缀。它和作品19的项链一样，均采用葡萄和树叶图案。加上内衬后，整个包更有质感，边缘处是迷你贝壳花样，彰显可爱魅力。

中心使用芯线（HERBS）　钩织方法：第138页

花样繁多的爱尔兰花朵项链

23、24、25

用40号蕾丝线钩织出的小树叶整体效果十分精美细腻，如整体换成蕾丝线钩织，花片会更加丰满、立体，俏皮可爱。可将其中一个单独作为耳饰使用，也可以组合成手链、项链佩戴；或是和其他花片一起搭配组合成颈饰（choker）等。它的造型简单，能够激起无限的创作欲。

使用材料：金票40号蕾丝线
钩织方法：23、24　第140页　25　第141页

23、24

25

26

26、27、28

用条纹针创作出的树叶图案，其重点在于条纹花样形成的阴影部分，这也是我最为中意的花片之一。用40号蕾丝线制作，效果细腻素朴。用简单的针法组合出的项链，也有别样的美丽。

使用材料：金票40号蕾丝线

钩织方法：26　第141页　27、28　第164页

27、28

29、30

31

29、30、31

本系列花样是先用蕾丝线（40号）钩织网眼花样完成基础长链，再用双层短针钩织出葡萄和花朵配饰点缀。另外，不加任何装饰的基础长链本身也有一种简单安静的美。

使用材料：金票40号蕾丝线
钩织方法：29、30　第165页　31　第166页

32、33

作品32的项链和作品29的项链一样，都是用网眼花样钩织出基础长链，但它比作品29少钩织一行花样，显得更为纤细小巧。在此基础上，再在两条饰边上加上实心球形作为点缀，耳坠就变身成可爱的樱桃模样了。

使用材料：金票40号蕾丝线
钩织方法：第167页

34

本款项链由米白色线钩织的花朵、树叶和果实组合而成。项链装饰性强，佩戴效果好。花片尺寸较大，在钩织时请注意协调。

中心使用芯线
钩织方法：第169页

35

本款项链配以40号蕾丝线钩织的葡萄串做点缀，简单大气，佩戴效果不输宝石。

使用材料：金票40号蕾丝线
钩织方法：第170页

36

本款迷你披肩由玫瑰花、三叶草等五种图案拼接而成，周边配以装饰花边。用40号纯白色蕾丝线钩织，使整个披肩效果更突出。

使用材料：金票40号蕾丝线
钩织方法：第171页

37

本作品采用网眼花样钩织，并在周围配以玫瑰花点缀。花样装饰性强，与装饰花边相得益彰，极富活力，能给人留下深刻印象。使用40号原白色蕾丝线钩织，给古色古香的披肩增添别样的气质。

使用材料：金票40号蕾丝线
钩织方法：第176页

38、39

作品38的迷你披肩采用立体花朵图案。和三层玫瑰花、向日葵等较有分量的图案相比，两条用网眼花样组成的装饰花边更通透、小巧。胸针采用三朵花组合而成，犹如鲜花在衣领处绽放。

使用材料：Emmy Grande线

钩织方法：第180页

40、41

作品40的披肩使用条纹针钩织出下摆，如随风摇曳的小树叶，给人强烈的视觉冲击。使用纯黑色的Emmy Grande线钩织，为作品增添了一丝神秘。作品41如果实一般并排缠绕完成的胸针新颖别致，能为您的时尚装扮增添不可或缺的一笔。

使用材料：Emmy Grande线
钩织方法：40　第142页　41　第143页

42

这款用网眼花样钩织的装饰边上点缀着一串串可爱的葡萄图案，小巧而精致。它既可以在衬衣袖口处若隐若现，也可以直接佩戴在手腕上，用法多变，乐趣无限。

使用材料：金票40号蕾丝线
钩织方法：第144页

43

本款装饰边的中心部位钩织了玫瑰花和三叶草图案，为长方形织片拼接而成。整体采用40号黑色蕾丝线钩织完成，华而不奢。

使用材料：金票40号蕾丝线
钩织方法：第146页

优雅的花朵手包

44

玫瑰的花和叶，矢车菊、葡萄和凤尾草叶等各种极具爱尔兰风情的象牙白色花片在这款网眼包包上绽放。浅米色的包包上点缀着象牙白色图案，立体感十足，如浮雕般美丽。

中心使用芯线
钩织方法：第148页

45

本款手拎包中的树莓和树叶花片都是我在1907年《爱尔兰编织花样集》（初版）复印本中发现的惊喜，也是我一直想尝试的图案。包包的底部是用黑色线钩织长针和短针完成的，花片图案镶嵌其中，树莓图案增添了许多立体感，使整个作品极具独特魅力。

中心使用芯线
钩织方法：第150页

46

本作品采用简单的方格花样钩织，上面的图案是爱尔兰钩针编织中经常用到的五瓣花和使用芯线技法完成的树叶图案，创作过程比想象中的简单。固定花片时应注意画面的平衡感。

中心使用芯线
钩织方法：第152页

47

圆形花瓣的大丽菊配以锁针钩织的提手，非常可爱。每朵花的钩织方法相同，制作起来也非常简单。花蕊部分的钩织方法与葡萄花片的钩织方法相同。

中心使用芯线

钩织方法：第154页

48

本款包包钩织了向日葵图案，古色古香。我年少时就对此花形颇为中意，后来不经意间将花片拼接成四边形织片，便收获了这款包包。含苞待放的花朵可爱、醒目，让整个包雅致又不失活泼。

中心使用芯线
钩织方法：第156页

49、50

这款用大朵玫瑰花拼接而成的手拎包使用了纯白色、象牙白色及原白色三种颜色的线，色调清新，搭配合理。用40号蕾丝线钩织的玫瑰耳钉，华而不奢，与手拎包可谓完美搭配。

使用材料：金票40号蕾丝线
中心使用芯线
钩织方法：49　第158页　50　第175页

迷你蕾丝小物

51

同作品34一样，这款饰物使用花朵、果实以及树叶图案组合而成。将各花片完成后，只用缝在别针上就可以，是很轻松就可以得到的美丽饰物，即使装饰在帽子上也非常独特。

中心使用芯线
钩织方法：第160页

52、53、54、55、56、57

使用与前面的项链或是包包中同样的图案，可以创造出与众不同的戒指、胸针、别针和发卡等。在钩织花片时，不妨多准备一些，闲暇时光，也可以自己DIY配饰，尽情发挥想象力，何乐而不为呢？

中心使用芯线
使用材料：金票40号系列毛线
钩织方法：52　第161页　53　第184页　54　第185页　55　第186页　56　第187页　57　第168页

52 发卡（花朵）　53 发卡（果实）

55 发卡

54 戒指

56 胸针　57 别针

58 手链　59 耳钉　　　　60 耳坠

58、59、60

玫瑰花朵的耳钉、充满女人味的手链和小树叶形状的长耳坠，每一款都颇具风情。这些用40号蕾丝线制作出的迷人装饰，小巧玲珑，令人爱不释手。

使用材料：金票40号蕾丝线
钩织方法：58、59　第162页　　60　第188页

基本技巧

实心球

第1圈

❶手指环形起针，再钩织6针短针。

❷如图所示拉紧线头。

❸如图所示拉另一根线。

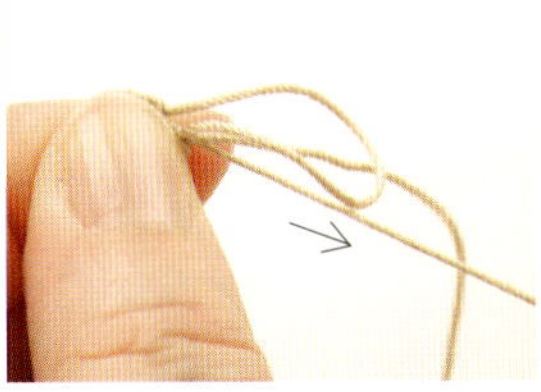

❹按照箭头指示方向拉紧，打结。

❺将线头拉至起针处。在编织起点处钩织引拔针连接。

第2圈及以下

❶第2圈钩织1针立起的锁针，再在每一针短针上钩织2针短针。

❷不加减针钩织3圈。

❸第6圈钩织2针并1针。

❹将线的另一端调整出大小合适的线团。

❺将线团塞入其中。

❻钩织至最后，调整整体形状。

❼在第6圈编织起点处的短针内引拔出。

[处理线头]

❶将编织终点处的线头剪至合适的长度，将线头穿入手缝针，并将手缝针穿入毛线球内的锁针针目中。

❷同时穿过另一边锁针的同样位置，在编织终点处缝合。

❸调整至完美球形。

葡萄

第1圈

❶在指定的棒针上将线缠绕至指定的圈数。抽出棒针，将钩针插入线圈内，挂线后拉出并钩织1针锁针。

❷钩织短针。

❸钩织指定数目的短针，在第1针内引拔出。

第2圈

❶本圈不钩织立针，而将钩针插入线圈中。

❷挂线拉出。

❸钩织短针。

❹钩织至针目的2/3时，将线压过第1圈的短针，把钩织出的几针放至右侧。

❺继续钩织剩余针目，直至第2圈完成。

［处理线头］

❶将编织终点处的线头剪至合适的长度，如图所示插入手缝针。穿过第1针处拉紧线头。

❷将线头穿过最后一针，并穿过几针的针目。

❸倒回前面几针处，再穿一次。

❹将编织起点处的线头拉至正面线圈中。此图案将反面针目当作正面使用。

［连接方法］

❶把钩织好的两片正面朝上并齐，用手缝针一一对应穿线并拉紧。

❷在线的两头留下适当的长度，下一针将线头再次穿过左右两边。

❸再次重复操作。

❹完成。

❺如需要连接更多片，线头再穿过针目连接第3片，以此类推。

芯线的处理方法

芯线是指一起编入花样中的线，可使花片更具立体感。本书中所介绍的芯线多将一根线对折成2股一起使用。芯线也可在中间随时加入，建议您准备得稍长一些。

［芯线的添加方法］

❶将指定长度和根数的线以中心为基准对折成2股，将钩针插入线圈中拉出线。

❷在钩针上挂线引拔。

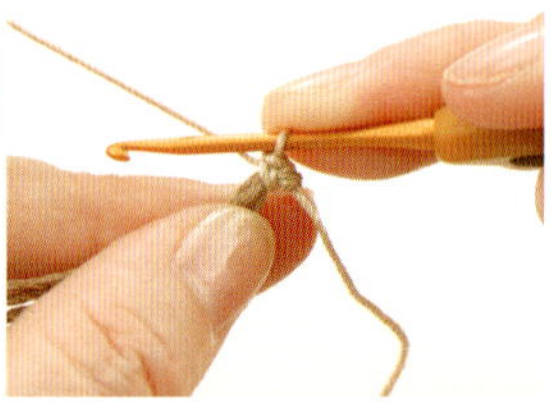

❸将刚才对折后的4股线并在一起作为芯线，钩织短针。

树叶

（使用芯线）

第1~3行

❶在芯线上钩织15针短针。

❷立织1针锁针，然后把织片翻面。

❸第2行暂不动芯线，依次钩织1针短针、1针中长针、9针长针、1针中长针、1针短针，剩下2针不钩织。

❹第3行先向上钩织1针锁针，再翻面。后面织法与第2行相同。

第4行

❶向上钩织1针锁针后，翻面。

❷将芯线按图示方向穿回左侧。钩针在第1针短针内入针，绕上芯线。

❸用芯线做芯，继续钩织短针。

❹左手拉紧芯线。

❺用芯线做芯，一直钩织短针直到第3行终点。

❻将钩针插入芯线和立织的整束锁针中。

❼钩织短针。

❽将第2行中保留不钩织的2针钩织短针。

第5行

❶用芯线做芯，钩针在第1行的第1针和第2针之间入针，并把芯线挂在钩针上。

❷钩织短针。

❸用同样的方法，将钩针在已钩织的针目之间入针，并以芯线做芯，继续钩织短针（在指定位置钩织狗牙针）。

❹将起针一侧第5行剩下的针目钩织完。

❺拐角处的处理方法：在第4行的芯线中入针。

❻钩织3针短针。

❼在第4行短针中加入芯线一起钩织短针。

❽在第5行的第1针上入针。

❾按照图示引拔出。

[芯线的处理方法]

❶把线头适当剪短，然后一根一根地处理。

❷然后穿入线（大概四五针的长度即可）。

❸4根芯线全部穿过后，剪掉线头，稍加整理。

树叶
（不使用芯线）

第1行

❶从锁针的半针和里山处挑针钩织短针和第1针锁针。

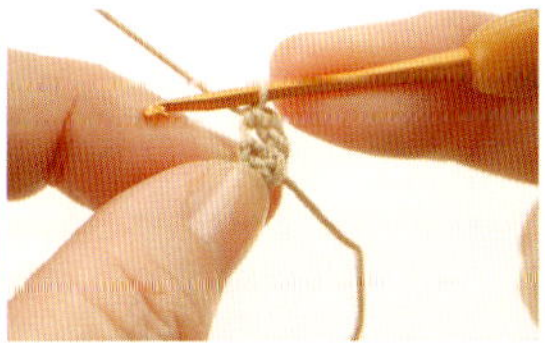

❷钩织3针锁针。

❸另一侧在起针锁针的半针上挑针钩织短针，留下最后2针。

第2行及以下

❶立织1针锁针，翻面。

❷因为要在第2行开始钩织条纹针，所以从短针的头部向对侧半针处入针。

❸钩织短针。继续在锁针另一侧的半针上挑针钩织短针。

❹在拐角处的1针短针上钩织3针短针，留下端部的2针，钩织短针的条纹针。

❺然后以和第2行同样的方法钩织6行。将最终行的反面作为正面。

双层、三层玫瑰花
（花瓣为平行重叠）

第1圈

❶将主线在指定号数的棒针上沿逆时针方向缠绕8圈。

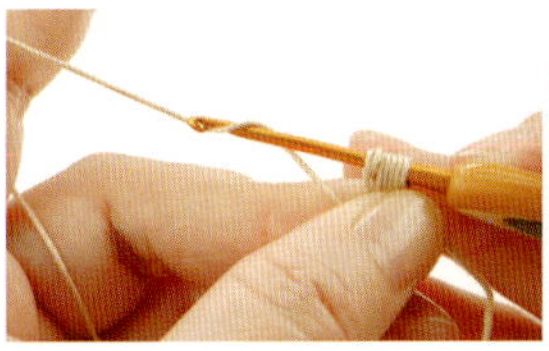

❷保持线圈的形状不变，抽掉棒针，然后左手捏着线圈，插入钩针，挂线后拉出。

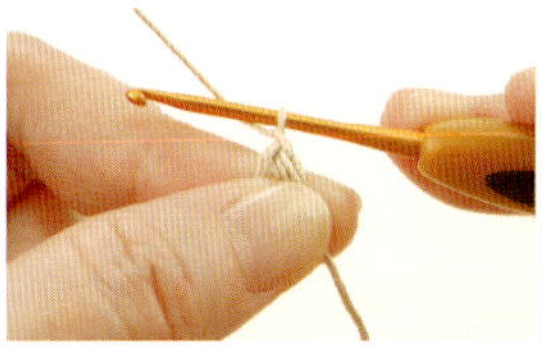

❸如图所示，再一次钩针挂线后引拔出。

❹立织1针锁针，在整段线圈中入针，钩织短针。

第2圈

❺钩织8针短针后，将已织部分拉至图示位置。

❻钩织12针后，从第1针短针的头部引拔出。

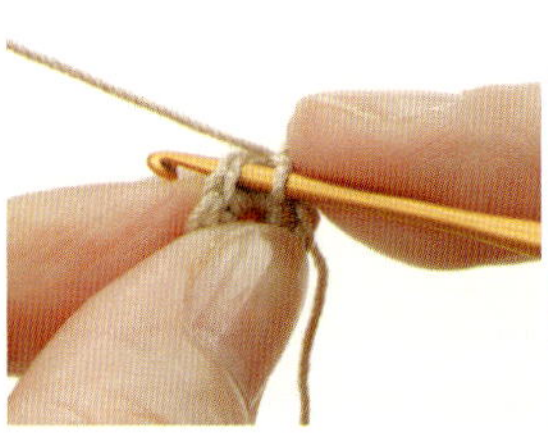

❶立织1针锁针后，钩织1针短针。

❷钩织3针锁针，跳过1针后再钩织1针短针。

❸将步骤❷重复操作5次，从第1针的短针头部引拔出。

第3圈

❶在3针锁针上钩织1针短针、1针中长针、3针长针、1针中长针和1针短针。

❷用同样的方法钩织另外5片花瓣。

❸钩织完毕后，从第1针短针的头部引拔出，再钩织1针锁针。

第4圈

❶将花片按顺时针方向翻面。

❷在第2圈的短针处横着入针。

❸钩织短针（短针的拉针）。

❹钩织5针锁针，再钩织短针的拉针。

❺将步骤❹再重复操作5遍，在编织终点处将线从第1针短针的头部引拔出。

❻钩织1针锁针。

第5圈

❶将花片按顺时针方向翻面。

❷在下层花瓣的锁针上钩织1针短针、1针中长针、5针长针、1针中长针和1针短针。

❸将6片花瓣都钩织完毕后，从第1针的短针头部引拔出，再钩织1针锁针。

第6圈

❶再次将花片按顺时针方向翻面。

❷在第4圈的短针处横着入针。

❸钩织短针的拉针。之后同第4圈织法相同。

[收尾]

❶将花瓣的第7圈钩织完毕后，适当剪短线后再穿过手缝针。

❷从背面将手缝针插入第1片花瓣的第1针短针处。

❸再回到第6片花瓣的最后1针短针处。

❹固定后就可以将第1片和第6片花瓣漂亮地连接在一起了。

❺玫瑰花钩织完成。

双层、三层玫瑰花
（花瓣交错重叠）

❶如图所示，在第3圈钩织出8片花瓣，然后在编织终点处从第1针短针的头部引拔出。

❷将花片按顺时针方向翻面。

❸将针从花瓣中间的长针的两根线处插入。

❹挂线后引拔出。

❺钩织4针锁针，将线从花瓣中间的长针的两根线上引拔出。

❻下一片也用相同的方法钩织锁针，然后从第3片花瓣处引拔出。

❼共重复操作8次，两层花瓣的上层完成。

❽将花片按顺时针方向翻面，在上层花瓣的锁针处钩织1针短针、1针中长针、5针长针、1针中长针和1针短针。

❾钩织出下层的8片花瓣后，从第1片花瓣的短针头部引拔出。一朵交错重叠的玫瑰花便完成了。

锁针钩织的花朵

第3圈

❶在第2圈钩入芯线。

❷在编织起点处短针头部的前侧半针中引拔。

❸立织1针锁针，在前一圈短针头部的前侧半针中钩织短针。

❹钩织5针锁针，在与步骤❸同一针目处钩织短针。

❺重复上述步骤。

❻最后在前一圈短针头部的后侧半针中引拔出。

第4圈

❶立织1针锁针，在第2圈后侧半针中挑针。

❷钩织短针。

❸以下在后侧半针中挑针，各钩织1针短针。

❹第4圈钩织好了。

❺在编织起点处短针头部的前侧半针中引拔。

第5圈及以下

❶按照第3、4圈的要领在前侧半针中钩织锁针和短针，在后侧半针中钩织1针短针。

❷此为钩织好第7圈的状态。

❸在基础针的网眼花样后侧半针上钩织。

向日葵

第1～3圈

❶钩织到第2圈。

❷从第3圈起钩入芯线。

❸立织1针锁针。

❹将花片按顺时针方向翻面，向反方向钩织。

❺在前一圈的方眼处加入芯线，在整段锁针下入针钩织3针短针。

❻最后将芯线放在前面，在编织起点处的短针头部入针。

❼挂线后引拔出。

第4圈

❶挑起芯线。立织1针锁针，钩入芯线。

❷钩织短针。

❸在芯线上钩织1针短针。

❹钩织花瓣指定的针数。

❺将花瓣按逆时针方向翻面。

❻将针目拉至根部，使花瓣呈环状，然后在芯线上的第1针短针处入针。

❼挂线后引拔出。

❽将芯线放在前面钩入。

❾钩织短针。

❿钩织好了1片花瓣的样子。钩织4针短针。第2片花瓣重复步骤❸~❼。

⓫钩织好12片花瓣后的状态。

⓬最后在编织起点的短针头部入针。

⓭挂线后引拔出。

第1、2圈是正面，第3、4圈把反面作为正面。

作品制作方法

※编织图中未标明单位的数字均以厘米（cm）为单位

1

（第4页作品）

◆**准备材料：**Olympus金票40号蕾丝线　白色（801）150克；6号蕾丝针

◆**成品尺寸：**胸围85cm，肩宽35cm，衣长51.5cm

◆**编织密度：**花片A、B均为8.5cm×8.5cm

◆**风工房的建议：**钩织锁针时，注意不要过松。由于是花片连接，想让尺寸变得更大时，可在前、后身片的中央各增加1排花片；或者是在胁部左右各增加1列花片，这样肩宽可以保持不变，只是增加了胸围。

◆**编织要点：**花片A　中心处是在10号棒针上绕8圈线，制作环形。在第7圈和第9圈的4个位置处，钩织出转角。转角处翻转织片，钩织锁针返回原处，包裹着2针锁针钩织长针。花片B　与花片A使用同样的方法起针，在第6圈和第8圈的4个位置处，钩织出转角。转角处翻转织片，钩织短针返回原处，再钩织长针和锁针。

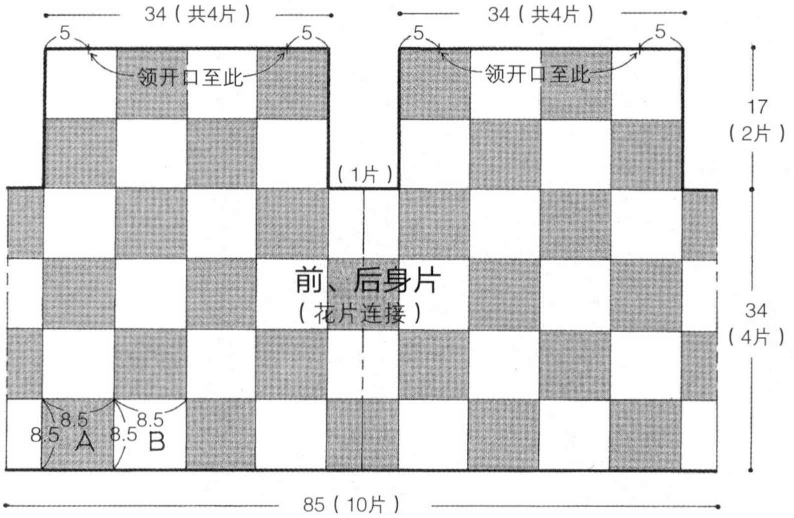

领窝、袖口、下摆（边缘编织）

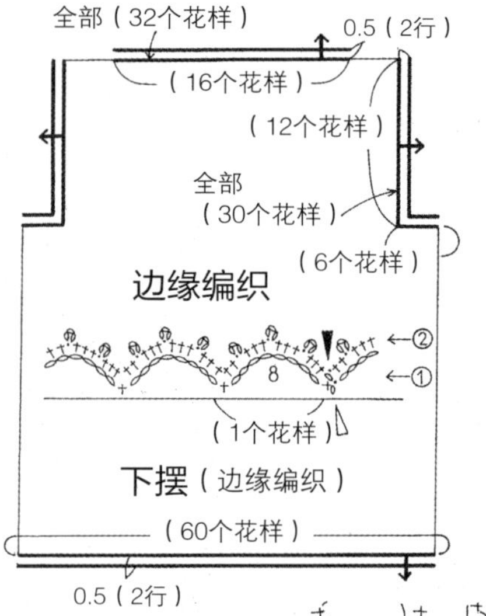

领窝

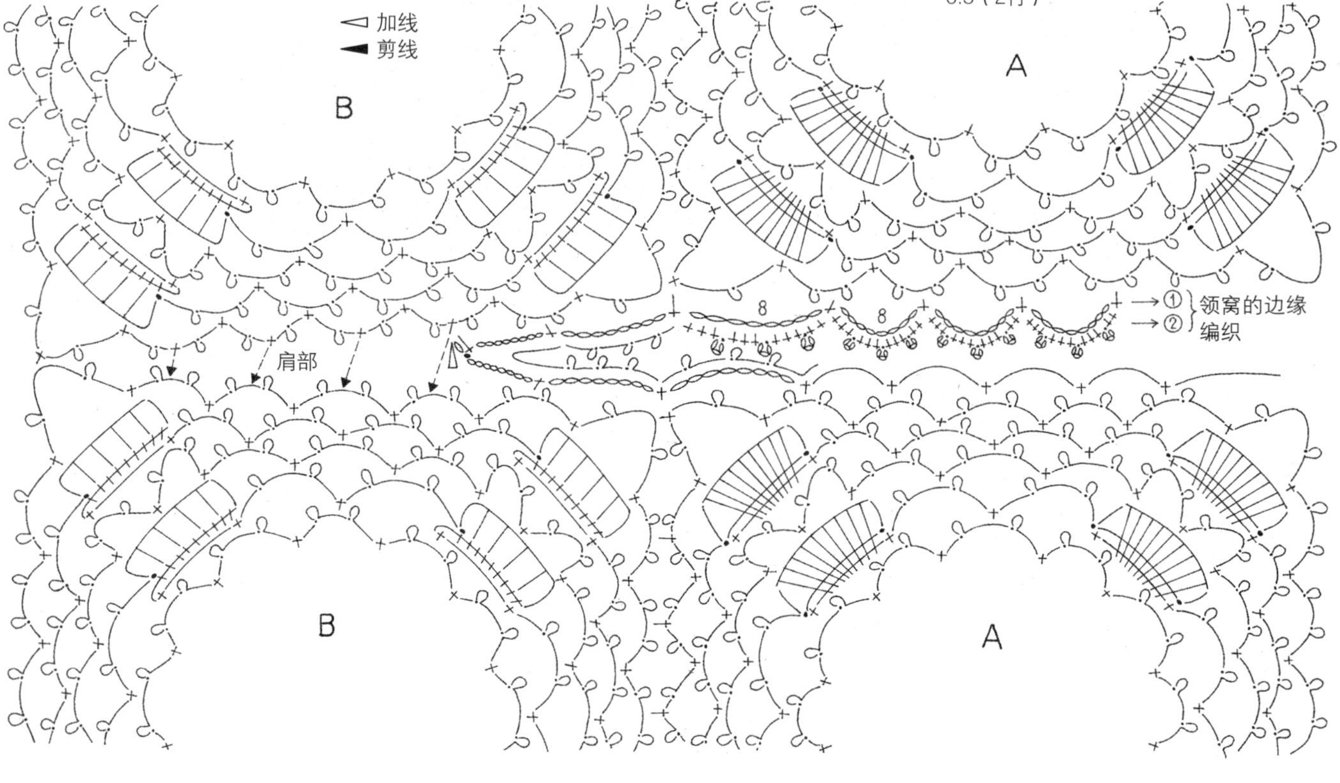

花片连接 花片A、B均为28片

※中心处的环形是在10号棒针上绕8圈线制作而成，花片A第4圈短针的反拉针在第2圈短针的根部钩织

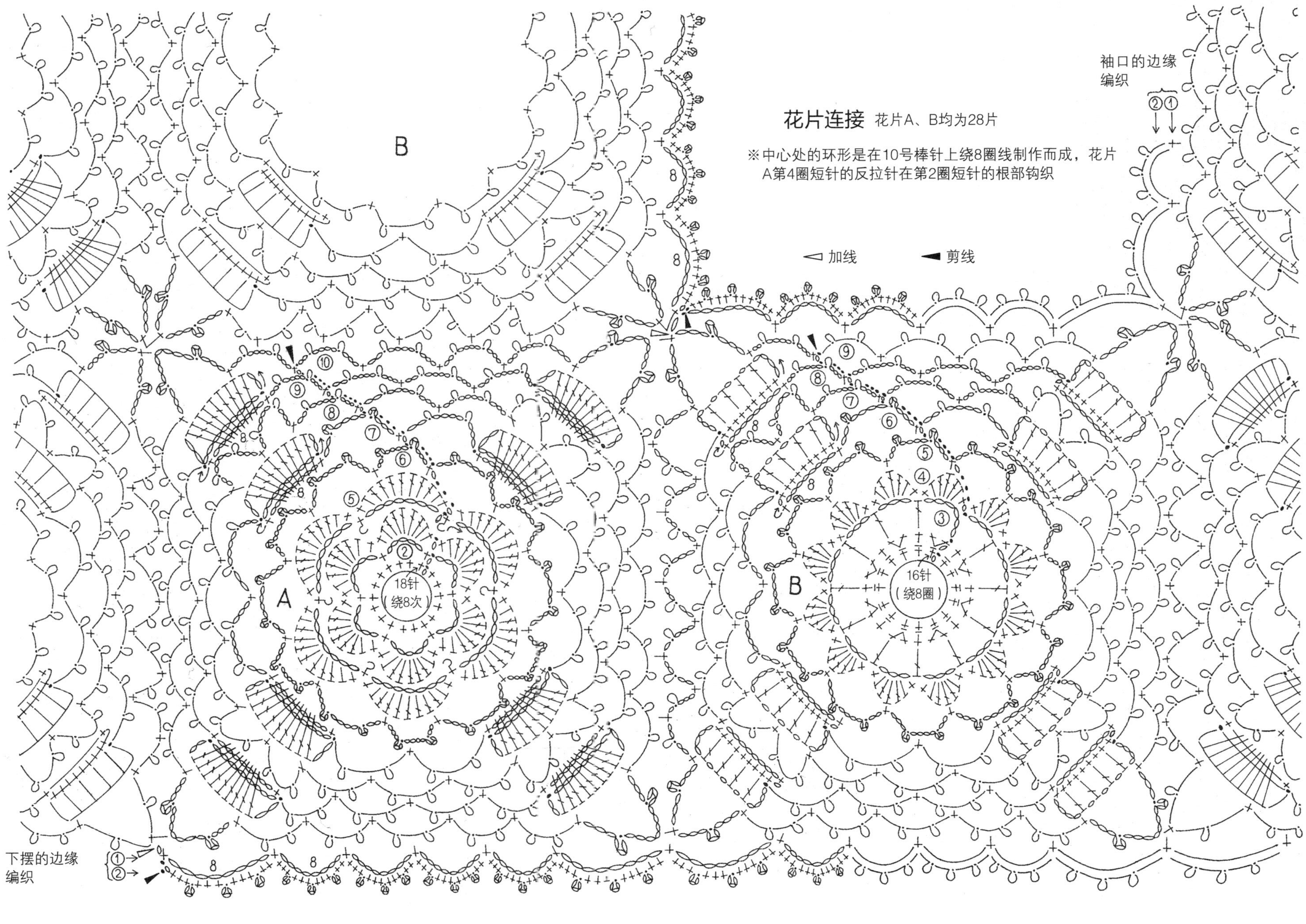

2

（第 6 页作品）

◆**准备材料：**Olympus Emmy Grande 纯白色（801）250克；2/0号钩针

◆**成品尺寸：**胸围88cm，衣长47.5cm，连肩袖长29.5cm

◆**编织密度：**编织花样 10cm×10cm面积内：6.5山，12.5行；花片A 直径为8cm

◆**风工房的建议：**在钩织花片时，每钩织完成1片花瓣，都收紧1次芯线。花蕊（花片B）编织起点处的线头多留一些，以此固定。

◆**编织要点：**前、后身片均参照图示钩织编织花样。钩织前身片肩部的最后1行时，与后身片的肩部连接在一起。胁部做锁针接合。将10片花片A连接在一起，成为环形。花片B一片一片地钩织，可按照个人喜好，缝在身片上的任意位置，也可缝在花片A的中心。钩织短针调整好育克线之后，再连接上1圈花片A。花片A之间使用花片C连接。

花片A
（10片）

◁ 加线　◀ 剪线

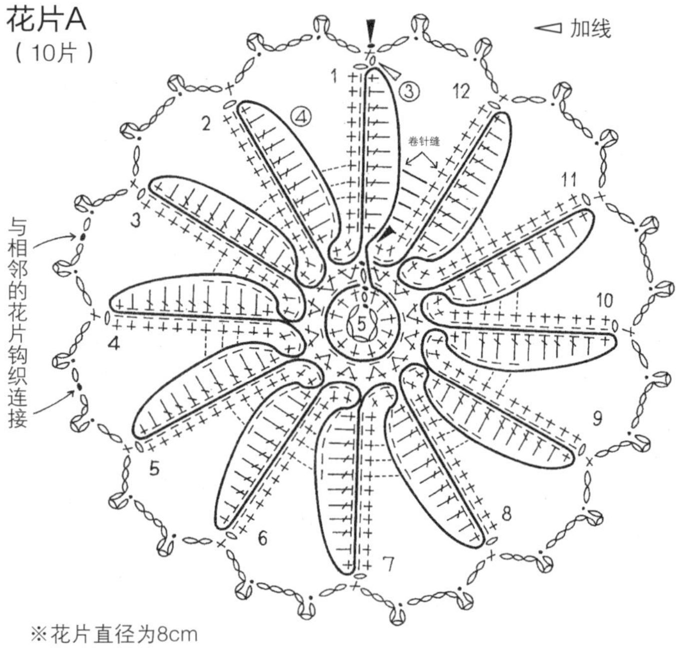

※花片直径为8cm

中心芯线为将长180cm的Emmy Grande系列线对折后使用

※花片A、B、C均包裹着5针锁针和线头一起钩织

图1 胁

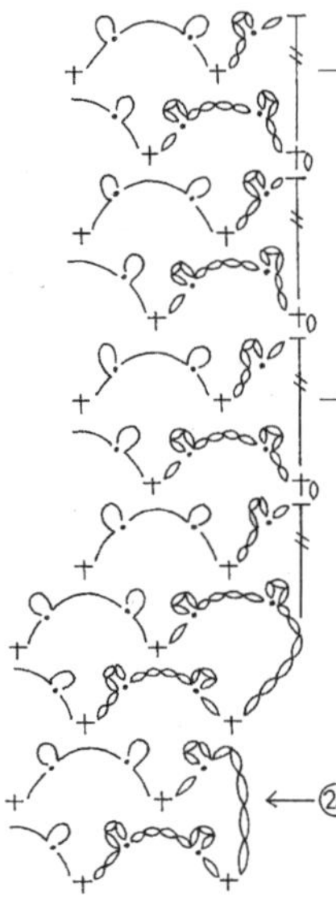

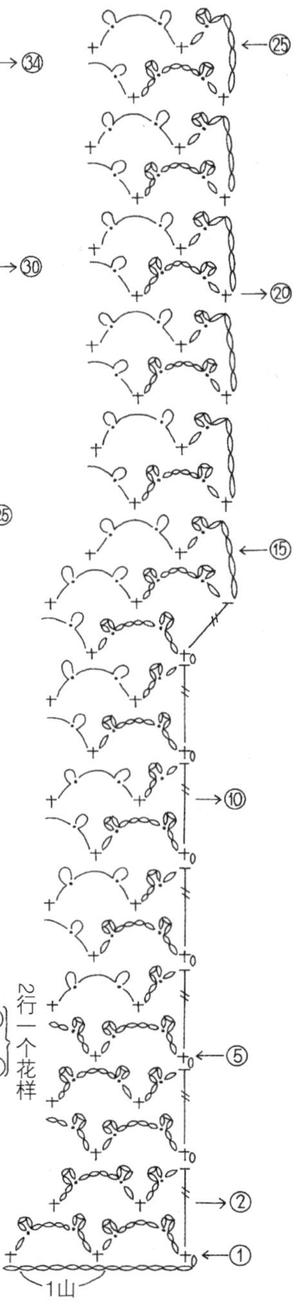

花片C（10片）

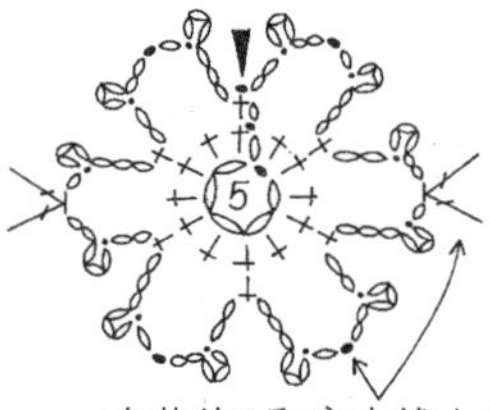

花片B（48片）

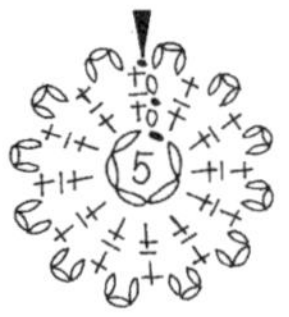

在花片A和育克线上钩织连接

花片A

中心处起5针锁针，连接成环形。第1圈　包裹着线头一起钩织12针短针。第1针短针引拔时，加入对折后的芯线。第2圈　包裹着芯线，钩织24针短针的条纹针。第3圈　在芯线上钩织“1针短针、1针中长针、7针长针、1针中长针、1针短针”。翻转织片，钩织1针锁针、11针短针的菱形针返回，在第2圈短针的条纹针上钩织2针短针的菱形针。第4圈　翻转织片，越过2针短针的菱形针，在前一片花瓣短针的菱形针上钩织“1针短针、1针中长针、3针长针”，剩下的“4针长针、1针中长针、1针短针”则钩织在芯线上。翻转织片，钩织1针锁针、11针短针的菱形针返回，在第2圈短针的条纹针上钩织2针短针的菱形针。重复钩织第4圈10次，共钩织出12个花瓣，将第1片花瓣与最后一片花瓣做卷针缝缝合。在花瓣的周围，钩织3针锁针的狗牙拉针的网眼花样。

编织花样

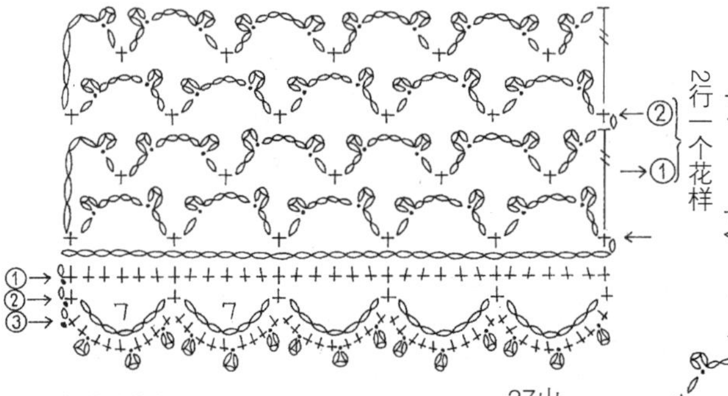

边缘编织　下摆、袖口

27山
（163针锁针）

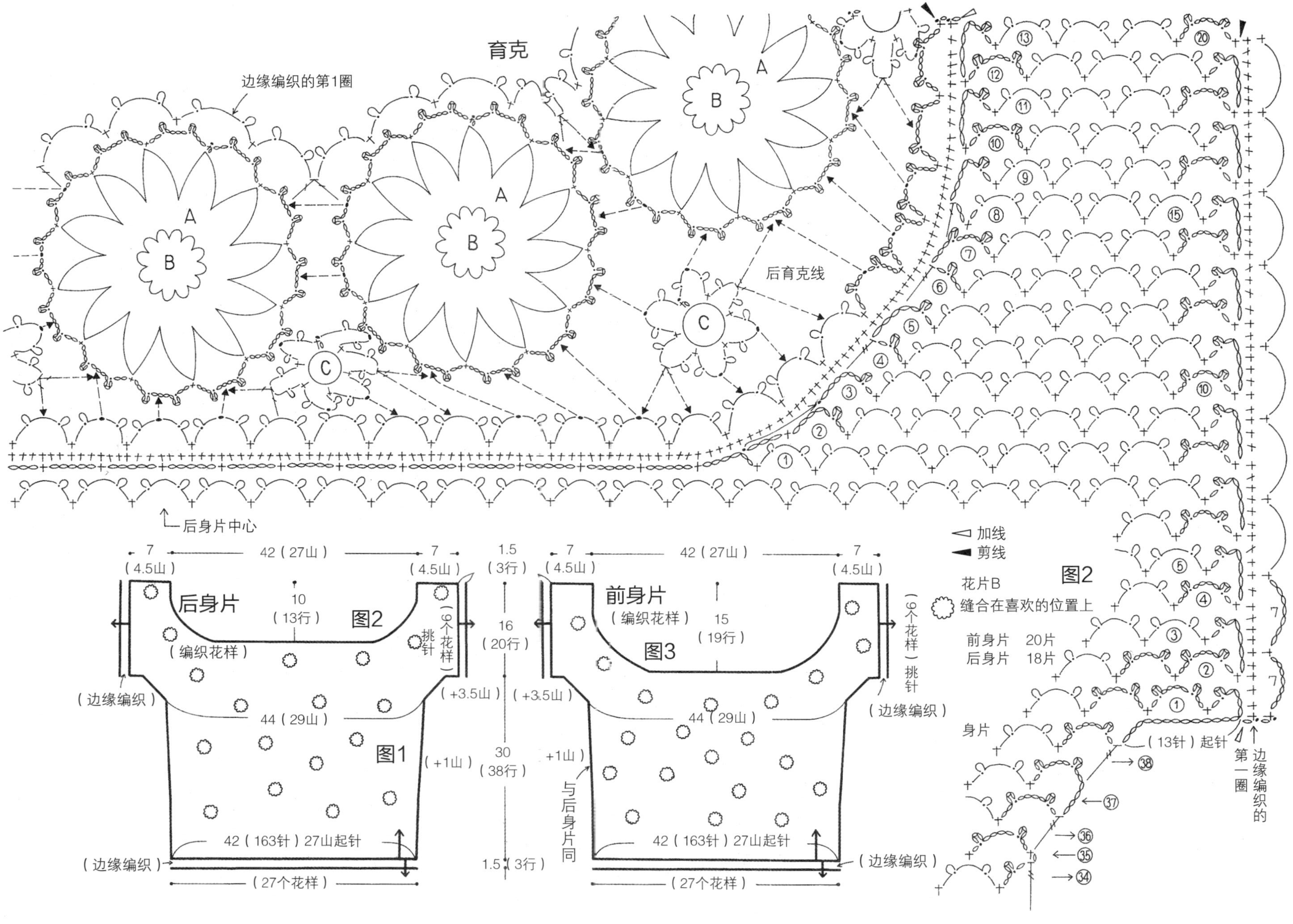

育克
边缘编织的第1圈
A
B
C
后育克线
后身片中心
7
42（27山）
(4.5山)
1.5
(3行)
16
(20行)
30
(38行)
1.5（3行）
后身片
(编织花样)
10
(13行)
图2
图1
(9个花样)挑针
(边缘编织)
(+3.5山)
44（29山）
(+1山)
42（163针）27山起针
(27个花样)
前身片
(编织花样)
15
(19行)
图3
与后身片同
⊲ 加线
◀ 剪线
花片B
缝合在喜欢的位置上
前身片 20片
后身片 18片
图2
身片
（13针）起针
边缘编织的第一圈

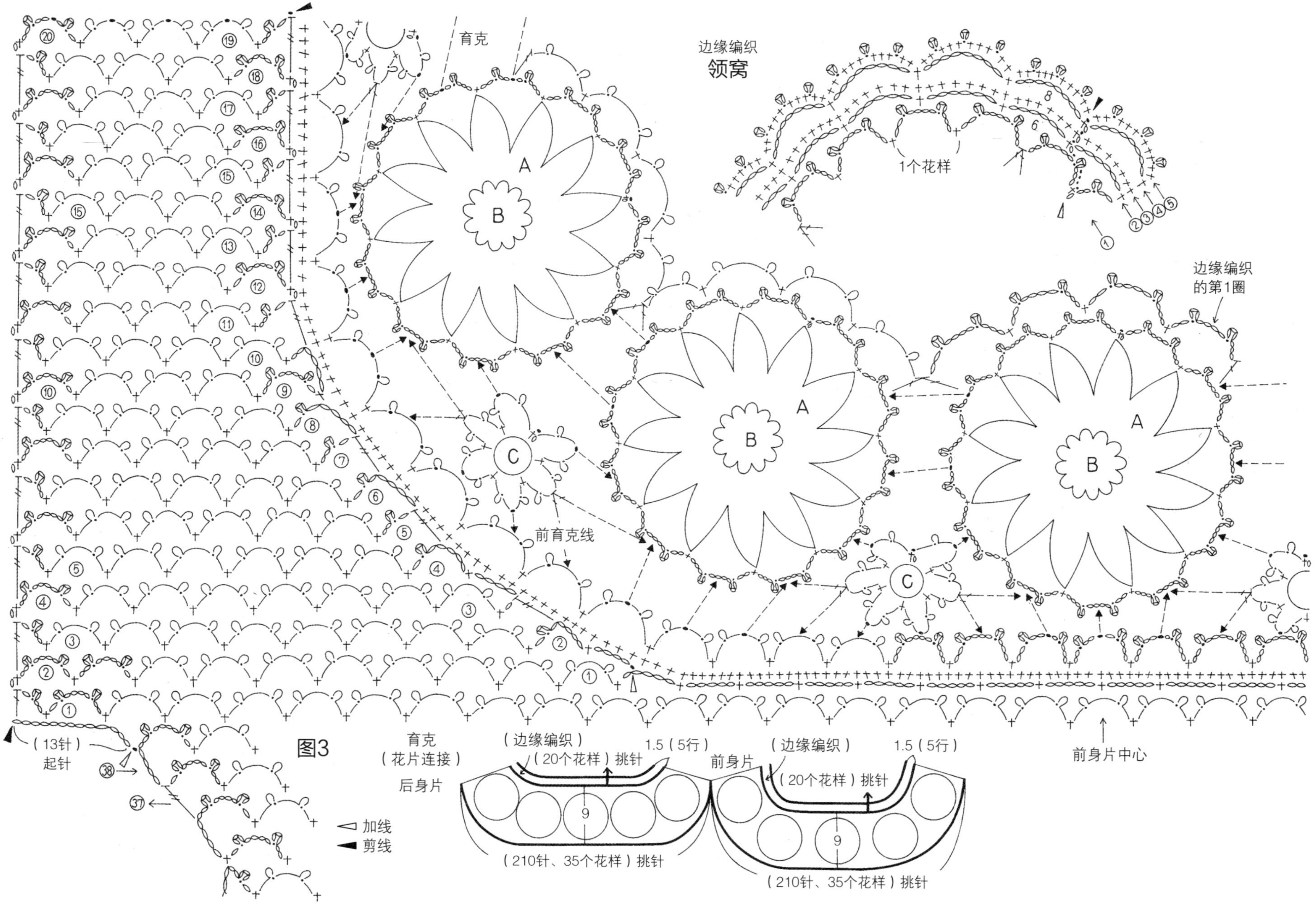
边缘编织
领窝
1个花样
边缘编织
的第1圈
育克
前育克线
前身片中心
(13针)
起针
图3
育克
(花片连接)
后身片
(边缘编织)
(20个花样)挑针
1.5(5行)
前身片
(210针、35个花样)挑针
加线
剪线

3

（第9页作品）

◆**准备材料**：Olympus Emmy Grande米白色（800）260克；2/0号钩针

◆**成品尺寸**：胸围88cm，肩宽34cm，衣长51.5cm，袖长41.5cm

◆**编织密度**：编织花样 7山为10.5cm，10cm内14行；花片为8cm×9.5cm

◆**风工房的建议**：下摆、袖口扇形花片中的芯线，不要拉得过松或过紧，一定要用力均匀。希望调整尺寸，需增加网眼花样的数量时，若在肩宽的部分增加网眼花样的数量，不会对减针产生影响。

◆**编织要点**：前身片、后身片和袖均是重复钩织"1针短针、3针锁针、4针锁针的短针狗牙针、5针锁针"的编织花样。在前身片肩部的最后1行，与后身片的肩部做引拔缝合。胁、袖下做锁针接合，一边在下摆和袖口钩织边缘编织以调整形状，一边与连接成环形的花片使用引拔针连接在一起。使用锁针接合将衣袖缝合到身片上。

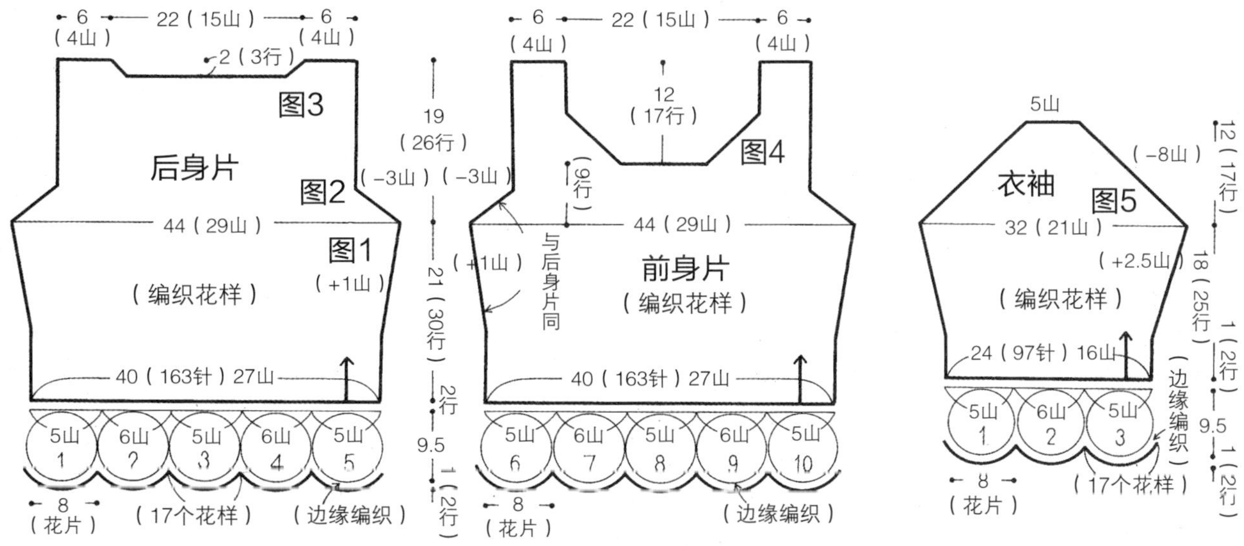

花片

※将下摆的10片、袖口的3片连接成环

※中心处的环形是在10号棒针上绕4圈线制作而成

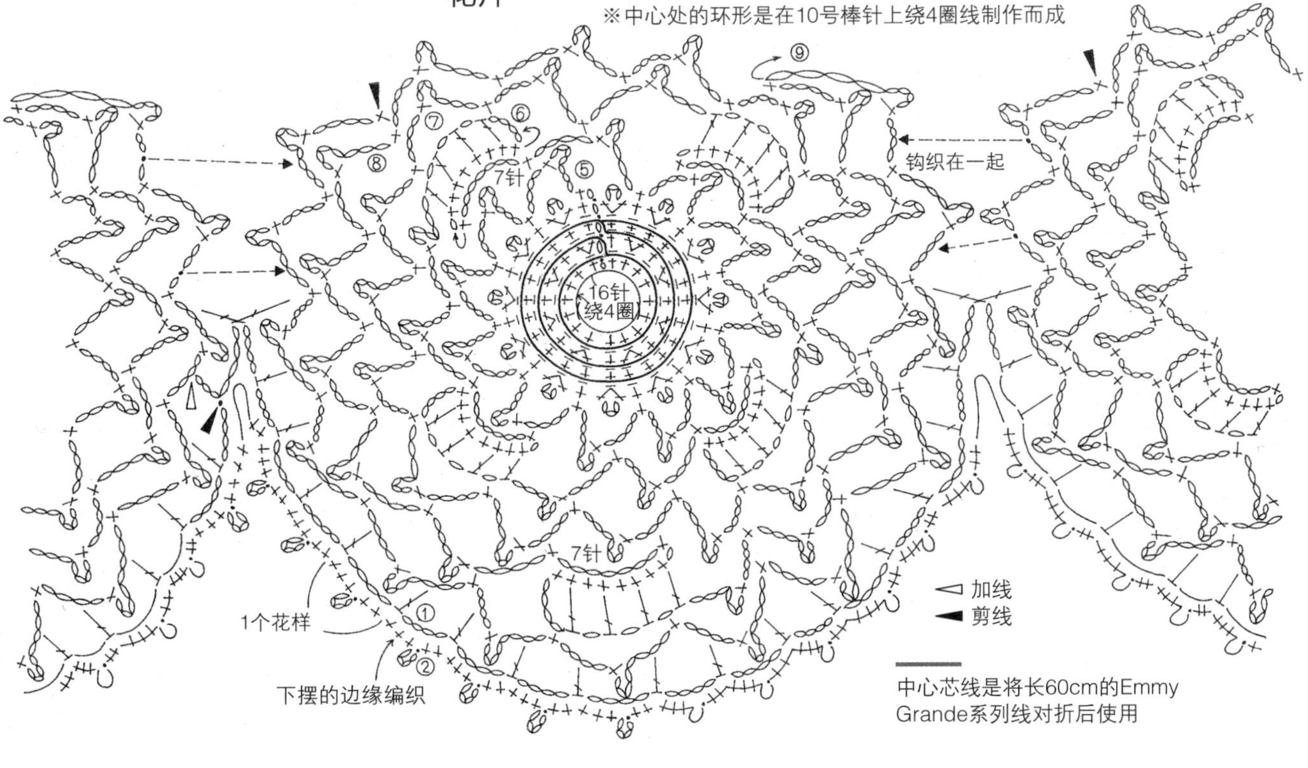

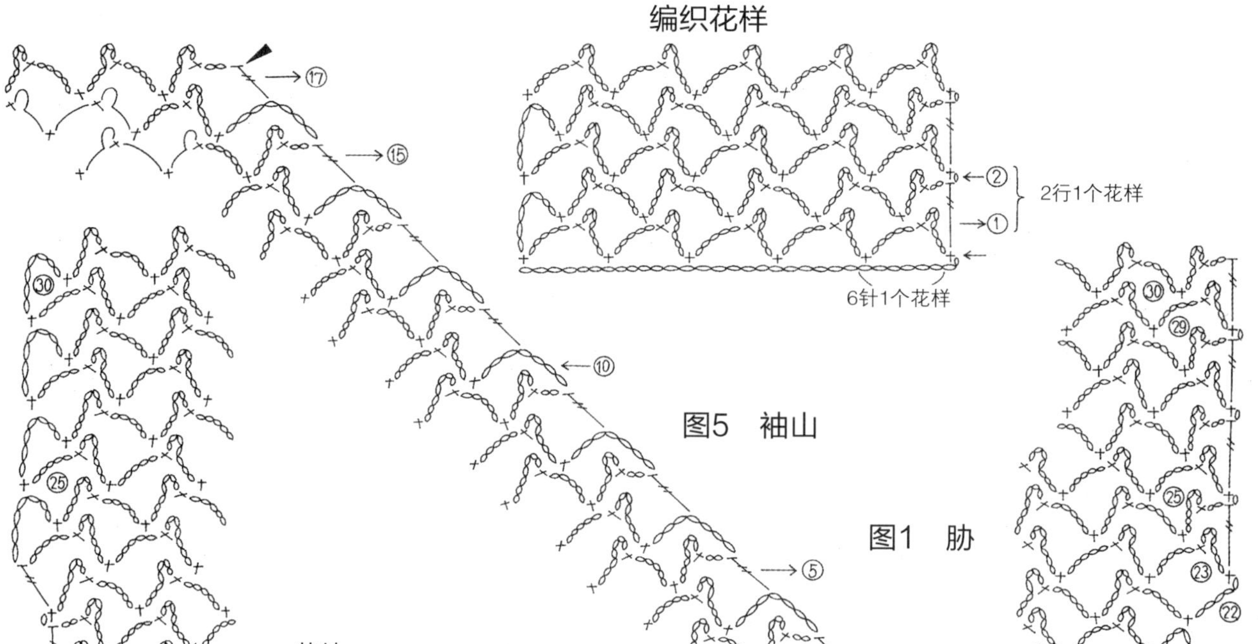

花片

中心处在10号棒针上绕4圈线，制作环。第1圈　立织1针锁针，钩织16针短针连接成环形，在使用引拔针连接成环形时，加入对折后的芯线。第2~4圈　包裹着芯线钩织。第5圈　最后的网眼针在最初钩织的网眼针上固定。第6圈　接着第5圈的短针，钩织7针锁针，翻转织片后，钩织1针锁针和8针短针，将织片翻回正面，钩织3针锁针，在4个指定位置使用“1针锁针和1针长针”的方眼针钩织出转角。中间的钩织方法与第5圈相同，最后使用短针固定在第1个转角的锁针上。第7圈　与第5圈的钩织方法相同。第8圈　钩织5次网眼针后，与第6圈使用同样的方法钩织转角。第9圈　翻转织片后钩织。

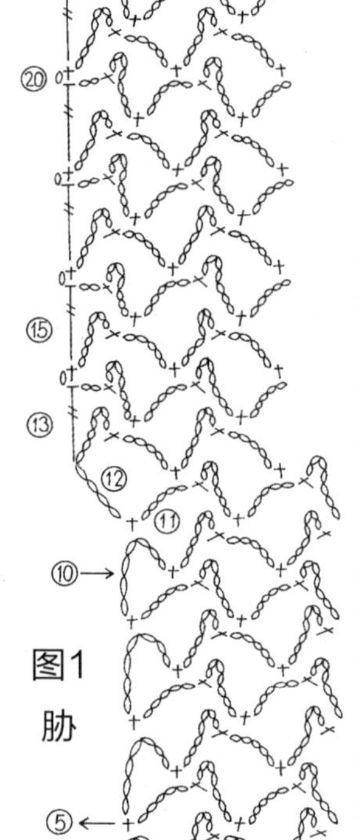

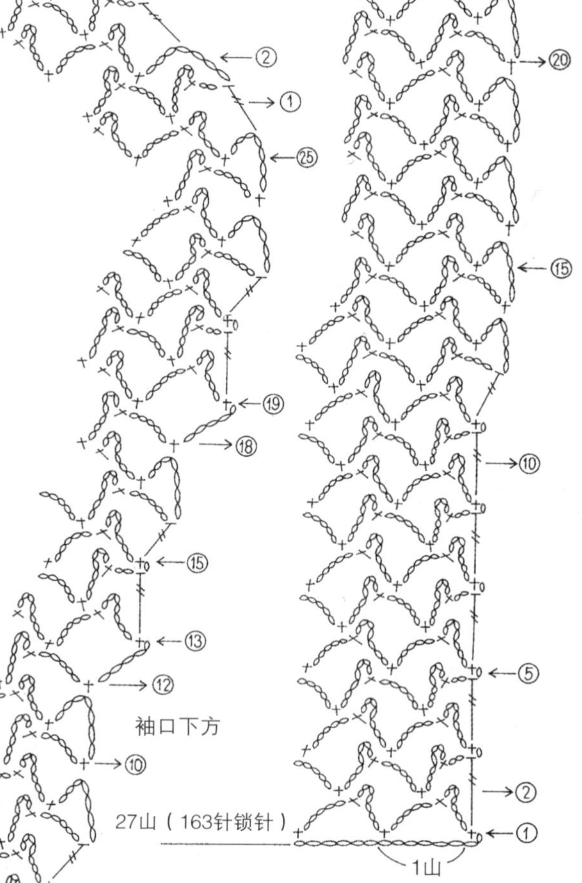

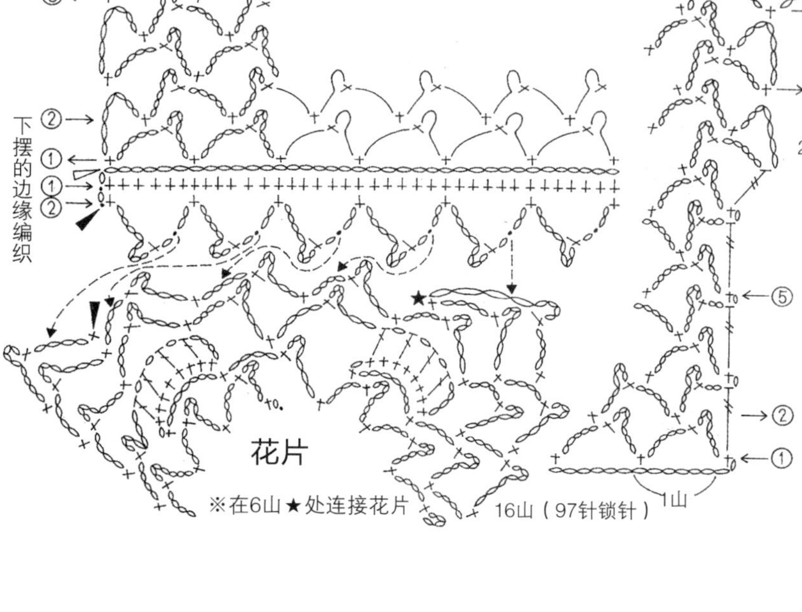

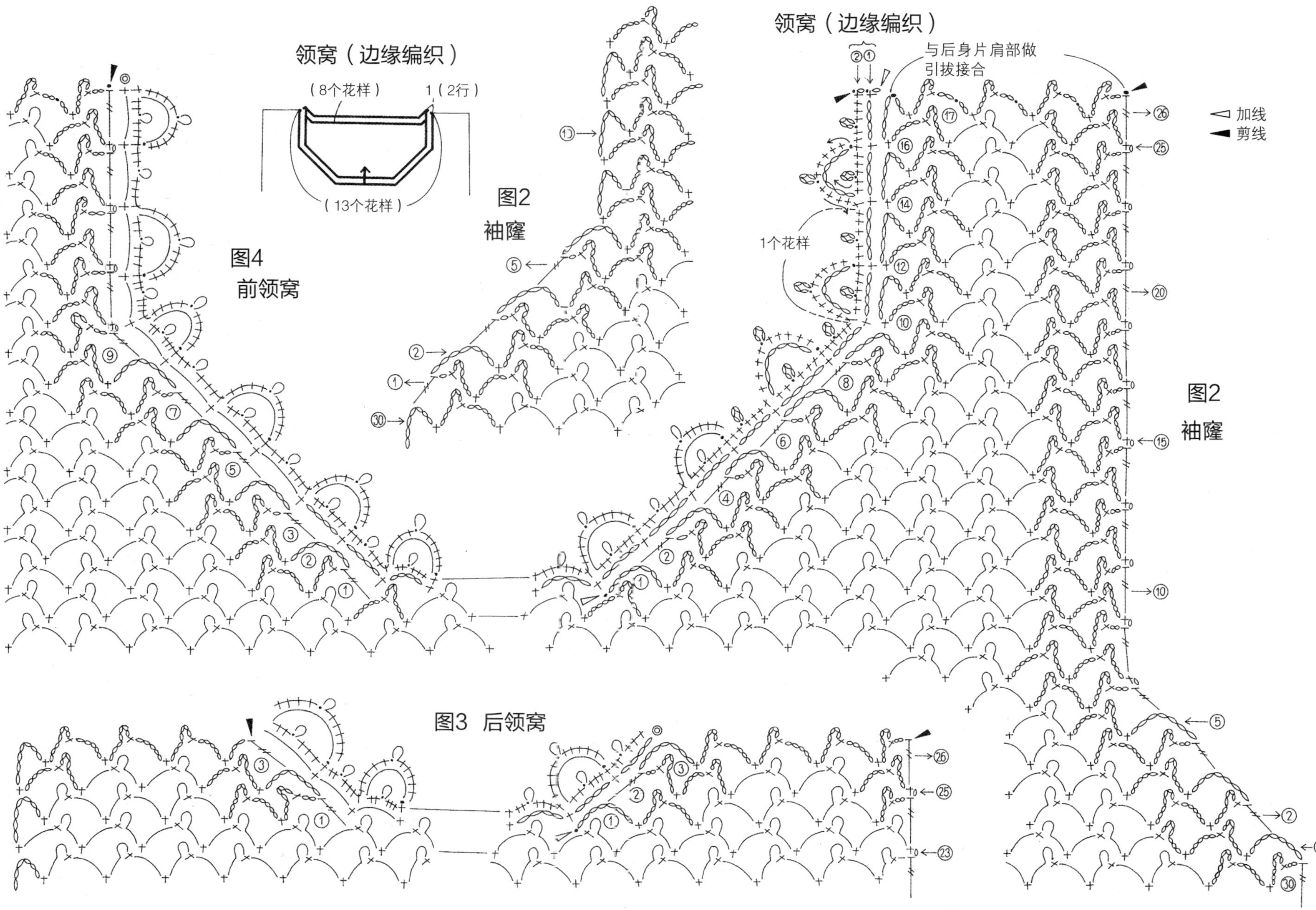
领窝（边缘编织）
（8个花样）
1（2行）
（13个花样）
图2
袖窿
图4
前领窝
领窝（边缘编织）
与后身片肩部做
引拔接合
1个花样
加线
剪线
图2
袖窿
图3 后领窝

4

（第11页作品）

◆准备材料：Olympus Emmy Grande纯白色（801）280克；2/0号钩针

◆成品尺寸：胸围88cm，肩宽34cm，衣长49.5cm，袖长39.5cm

◆编织密度：10cm×10cm面积内：8.5山、19行（身片），8.5山、18行（袖子）；花片A直径为4cm，花片B直径为9cm，花片C直径为2cm

◆风工房的建议：连接花片时，需将网眼针部分略微拉伸。由中心向外侧逐个连接，将已连接好的部分的疏缝线拆开的话，钩织起来会比较方便。需调整尺寸时，请增加对减针不会产生影响的网眼针的数目。

◆编织要点：前身片、后身片和袖子均做编织花样，请参照图示钩织。育克与袖口部分为花片连接，按照实物大小排列好后，使用网眼针连接。连接的位置钩织短针，连接时要把握好间距。肩部钩织锁针接合，胁、袖下做锁针接合，使用引拔针将衣袖缝合到身片上。

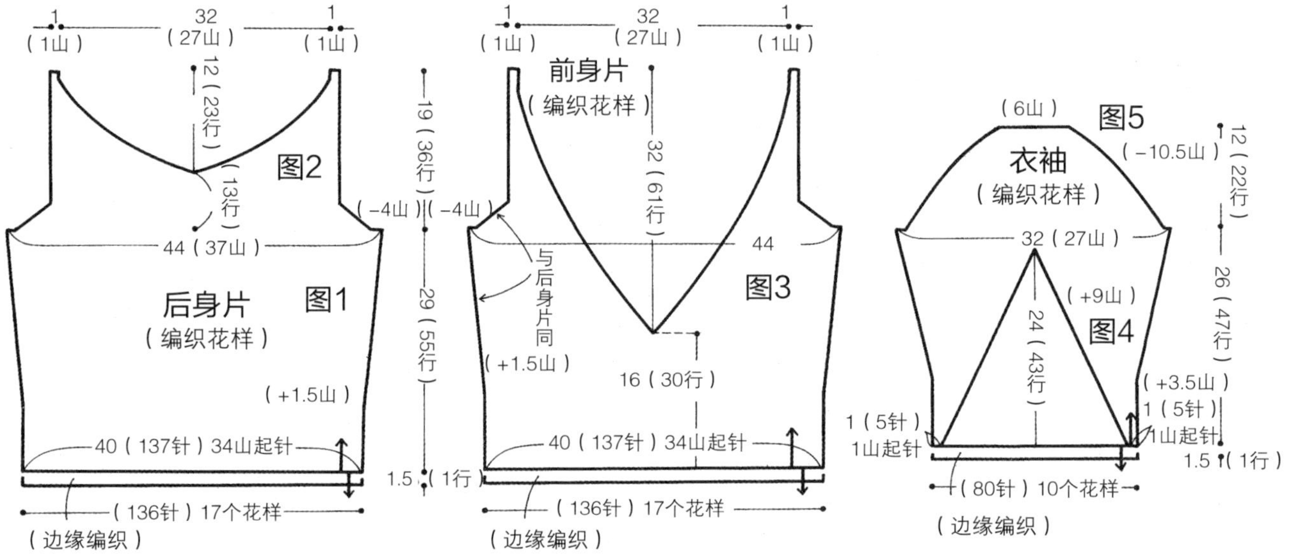

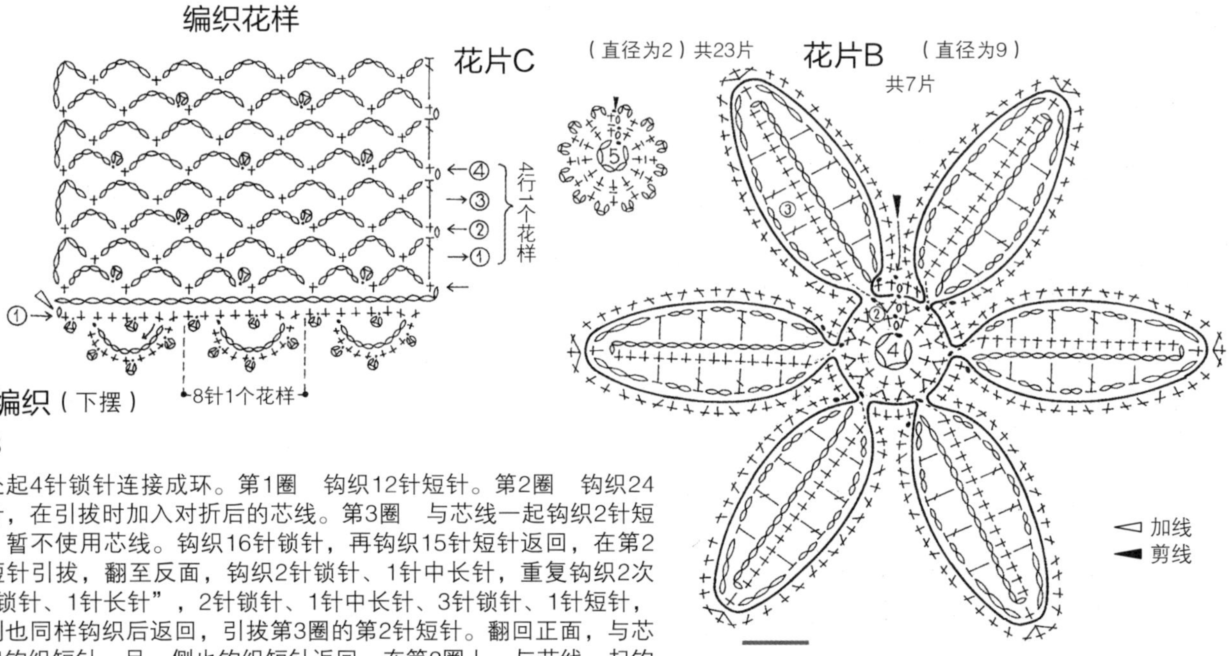

花片B

中心处起4针锁针连接成环。第1圈　钩织12针短针。第2圈　钩织24针短针，在引拔时加入对折后的芯线。第3圈　与芯线一起钩织2针短针后，暂不使用芯线。钩织16针锁针，再钩织15针短针返回，在第2圈的短针引拔，翻至反面，钩织2针锁针、1针中长针，重复钩织2次“2针锁针、1针长针”，2针锁针、1针中长针、3针锁针、1针短针，另一侧也同样钩织后返回，引拔第3圈的第2针短针。翻回正面，与芯线一起钩织短针，另一侧也钩织短针返回。在第2圈上，与芯线一起钩织4针短针，暂不使用芯线，开始钩织第2片花瓣。

中心芯线为将长150cm的Emmy Grande系列线对折后使用

※将花片C连接到中心上

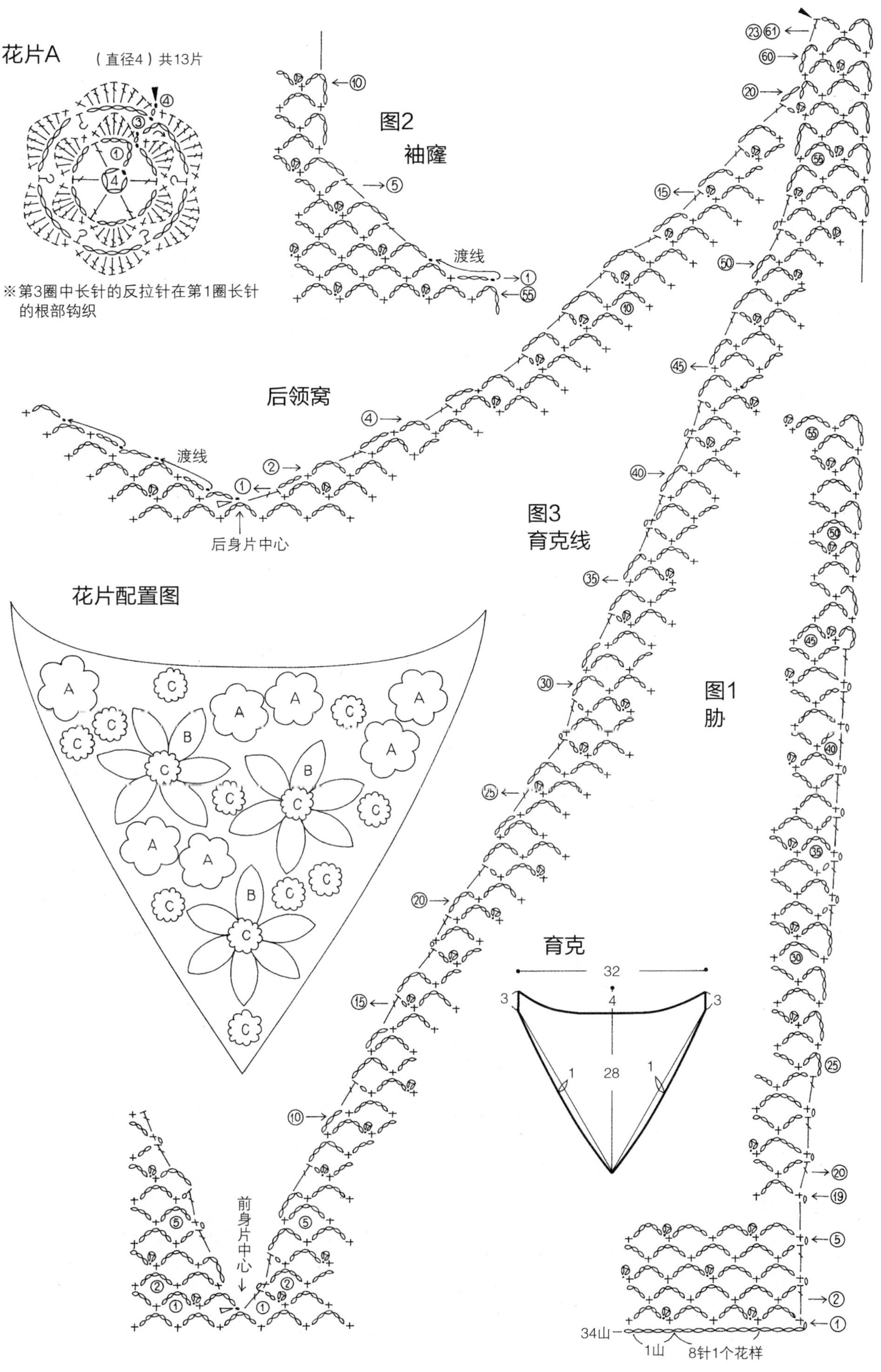

花片A
（直径4）共13片
①
③
④
4
※第3圈中长针的反拉针在第1圈长针的根部钩织
图2
袖窿
⑩
⑤
渡线
①
55
后领窝
渡线
②
①
后身片中心
花片配置图
A
B
C
图3
育克线
23 61
60
20
15
10
4
55
50
45
40
35
30
25
20
15
10
5
2
1
前身片中心
育克
32
3
4
3
1
28
1
图1
肋
55
50
45
40
35
30
25
20
19
5
2
1
34山
1山
8针1个花样

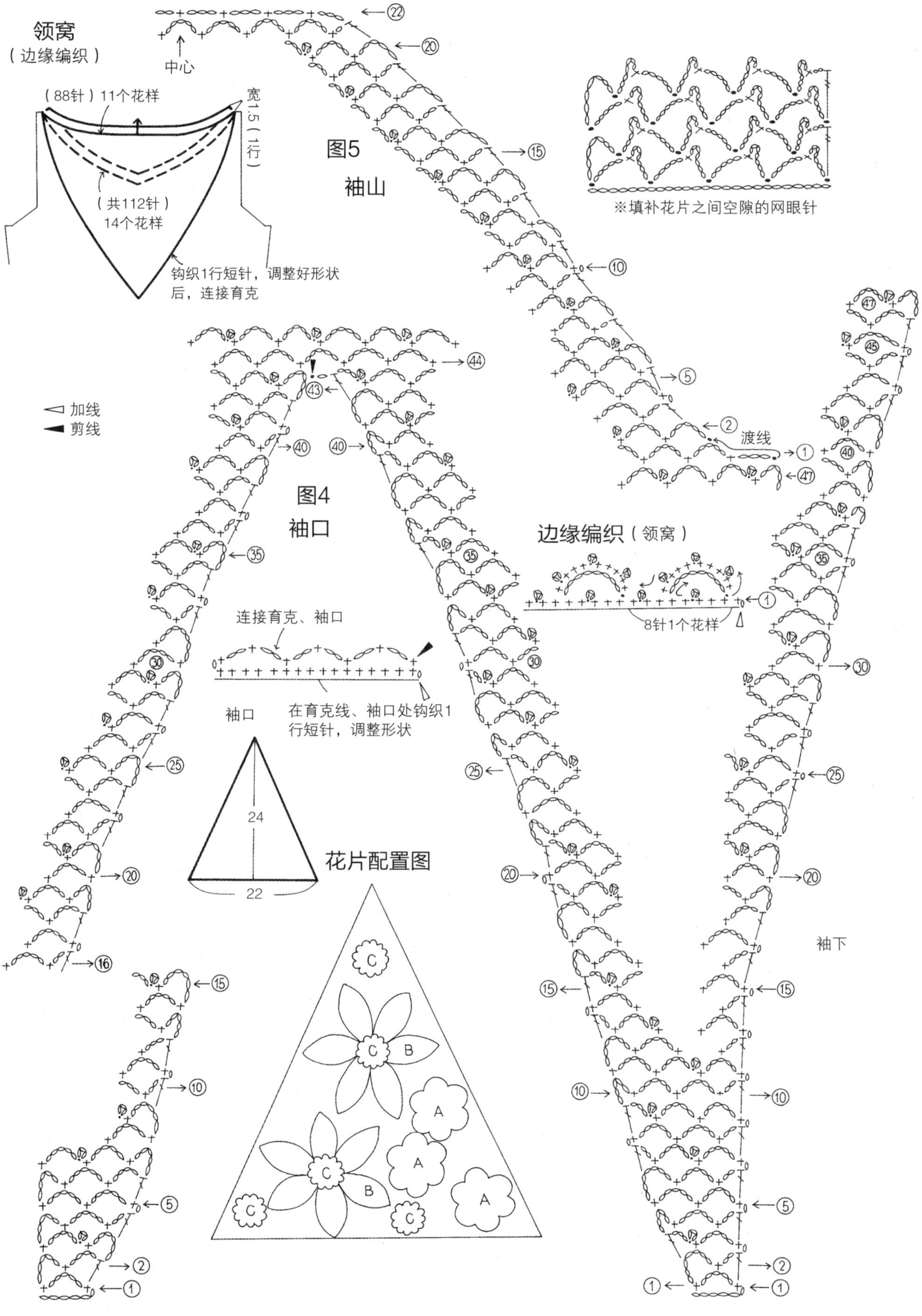

领窝
（边缘编织）
（88针）11个花样
宽1.5（1行）
（共112针）
14个花样
钩织1行短针，调整好形状后，连接育克
中心
图5
袖山
渡线
※填补花片之间空隙的网眼针
加线
剪线
图4
袖口
边缘编织（领窝）
8针1个花样
连接育克、袖口
在育克线、袖口处钩织1行短针，调整形状
袖口
24
22
花片配置图
C
B
A
袖下

5

（第13页作品）

◆**准备材料**：Olympus Emmy Grande黑色（901）250克；直径为1.2cm的纽扣7枚；2/0号钩针

◆**成品尺寸**：胸围86.5cm，肩宽34cm，衣长49.5cm

◆**编织密度**：编织花样10cm×10cm面积内：7山，14行；花片直径为3.7cm，树叶宽度为5.5cm

◆**风工房的建议**：包裹着芯线钩织茎，钩织完成后，拉伸第1行的芯线，使其呈一定弧度。为了不使镶嵌花片的部分出褶，在缝合的时候，要将身片花样上的网眼针拉伸后再缝合。

◆**编织要点**：前、后身片均参照图示钩织编织花样。缝合上花片后，肩部钩织锁针接合，胁部钩织锁针接合。在钩织下摆、前门襟和领窝的边缘编织时，要注意编织的方向，下摆、袖窿钩织2行，前门襟、领窝钩织3行。

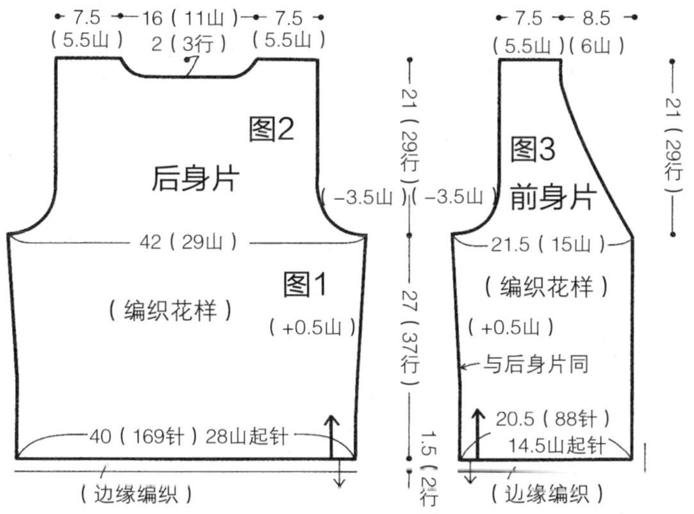

下摆、前门襟、领窝、袖口（边缘编织）

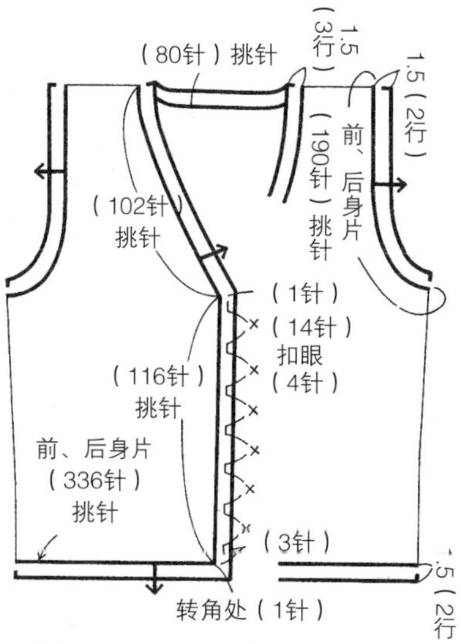

花片（直径为3.7）

共21片

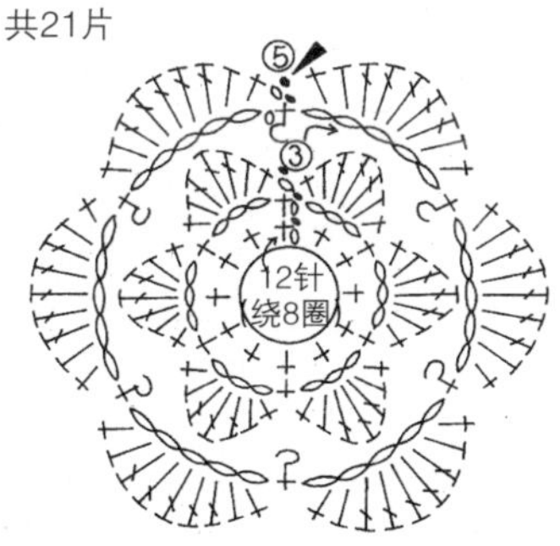

※中心处的环形是在10号棒针上绕8圈线制作而成，第4圈短针的反拉针在第2圈短针的根部钩织

树叶

共16片

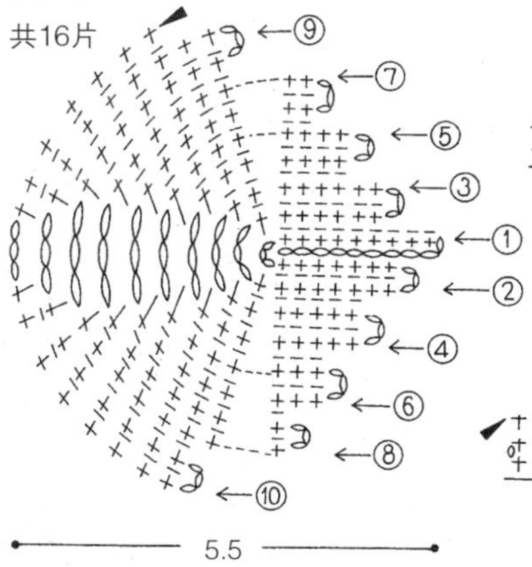

※起针为9针锁针

边缘编织（下摆、袖窿）

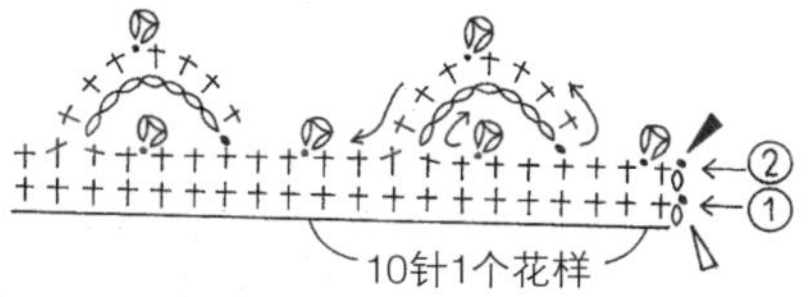

边缘编织（前门襟、领窝）

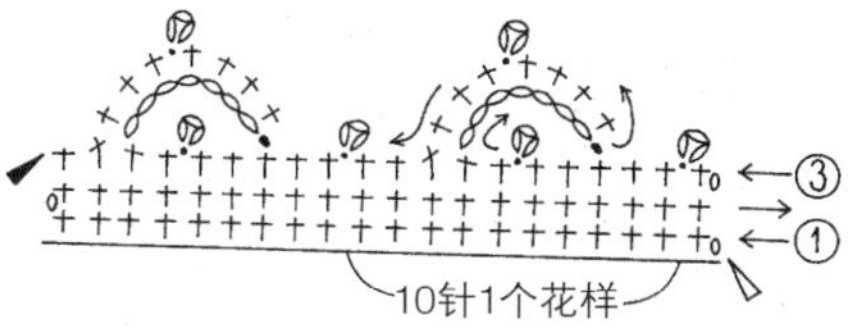

茎（2根）

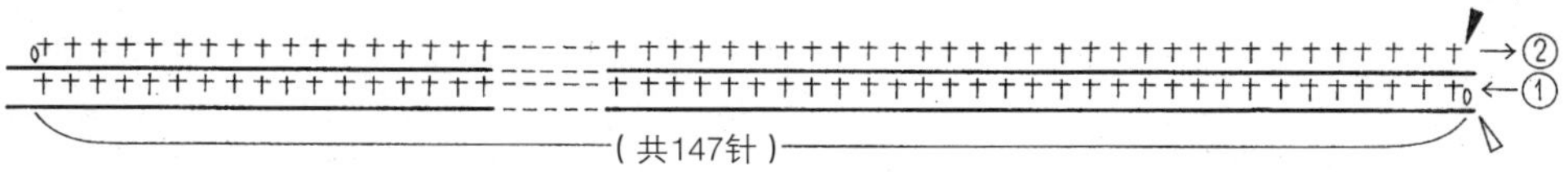

中心芯线为将长80cm的Emmy Grande系列线对折后使用，准备2根

◁ 加线
◀ 剪线

茎

第1行　在对折后的芯线顶部加线，立织1针锁针后，在芯线上钩织短针。第2行　与第2根芯线一起钩织短针返回。

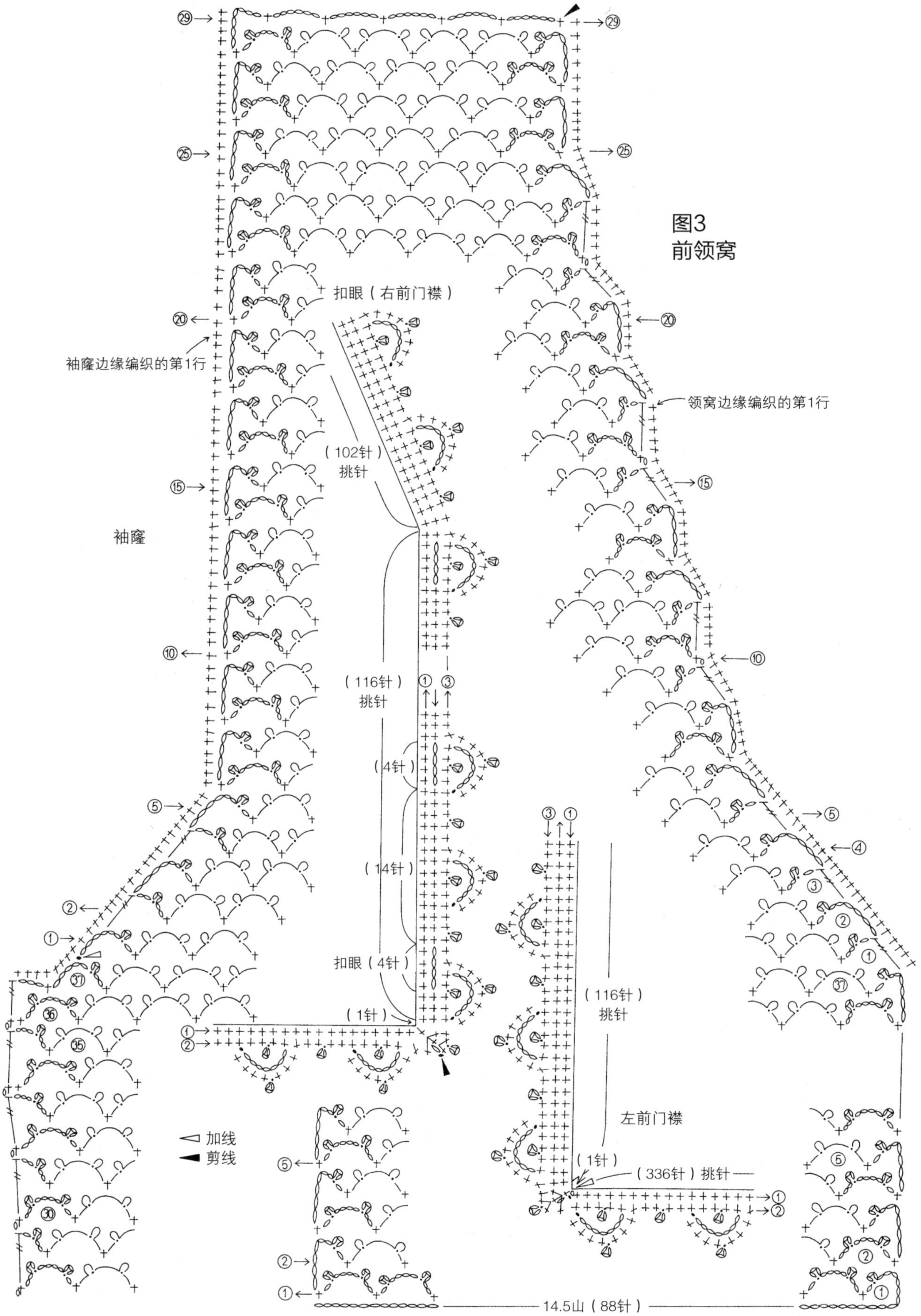
图3
前领窝
扣眼（右前门襟）
袖窿边缘编织的第1行
领窝边缘编织的第1行
（102针）
挑针
袖窿
（116针）
挑针
（4针）
（14针）
扣眼（4针）
（1针）
（116针）
挑针
左前门襟
（1针）
（336针）挑针
加线
剪线
14.5山（88针）

后领窝

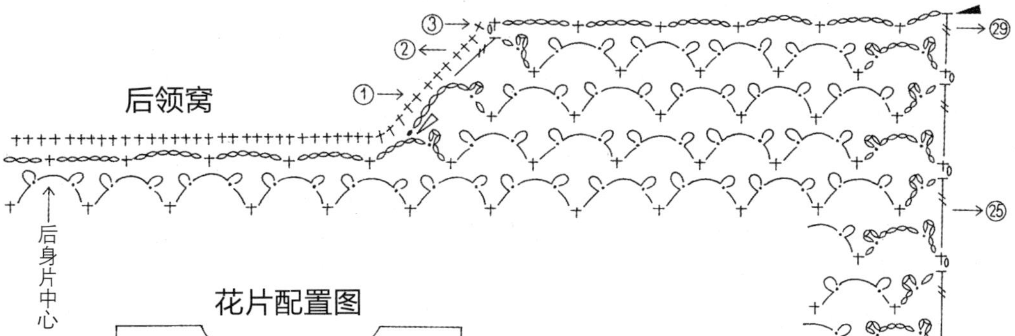

花片配置图

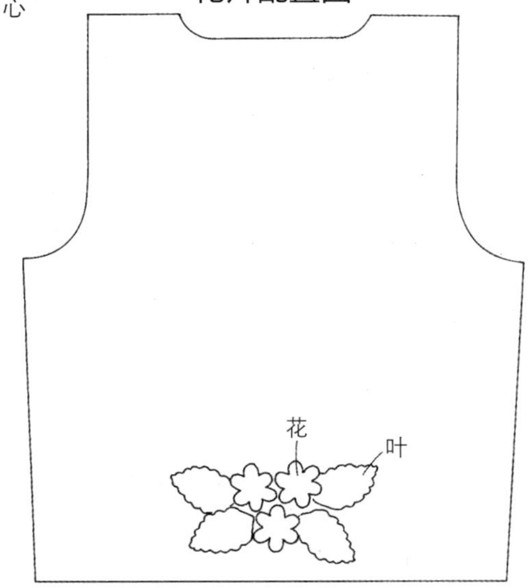

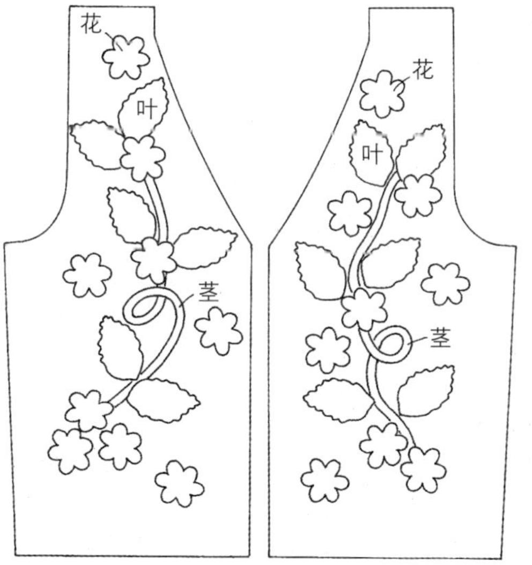

图1 肋

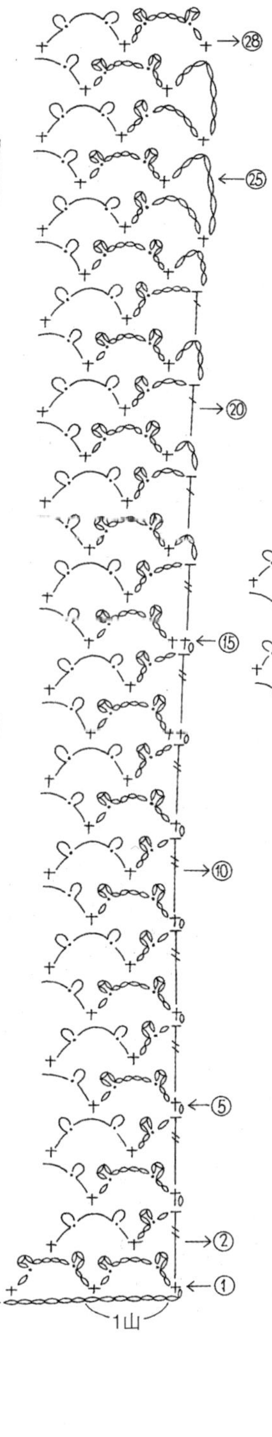

图2 袖窿

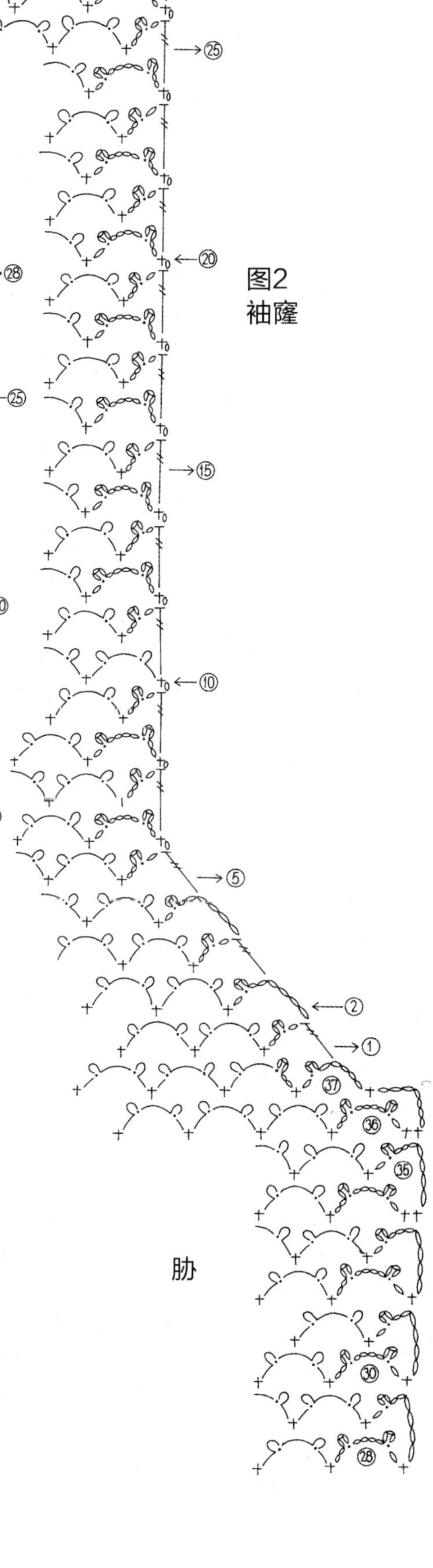

编织花样

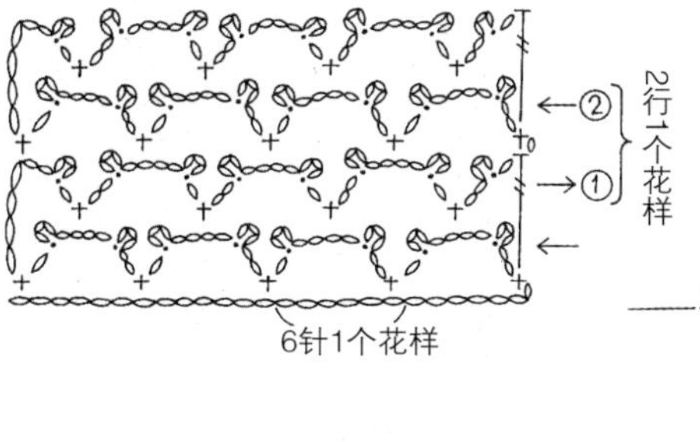

6

（第14页作品）

◆**准备材料**：Olympus Emmy Grande黑色（901）380克；直径为1.1cm的纽扣12枚；2/0号钩针

◆**成品尺寸**：胸围89cm，肩宽34cm，衣长50cm，袖长24cm

◆**编织密度**：编织花样为7山，11cm，10cm内14行；花片A直径为3.5cm，花片B宽度约5cm

◆**风工房的建议**：在钩织三叶草（花片B）时，每钩织1片叶子就收紧1次芯线。紧密地钩织短针，将上面的线拉紧，钩织出的效果会非常好。由于有许多扣眼，右侧的前门襟要钩织得紧密一些。

◆**编织要点**：前身片、后身片和袖子均做编织花样，请参照图示钩织。在后身片肩部的最后1行，与前身片的肩部之间做引拔接合。将各个花片缝合到身片、衣袖的指定位置，胁、袖下做锁针接合，衣袖也使用锁针接合，缝到身片上。

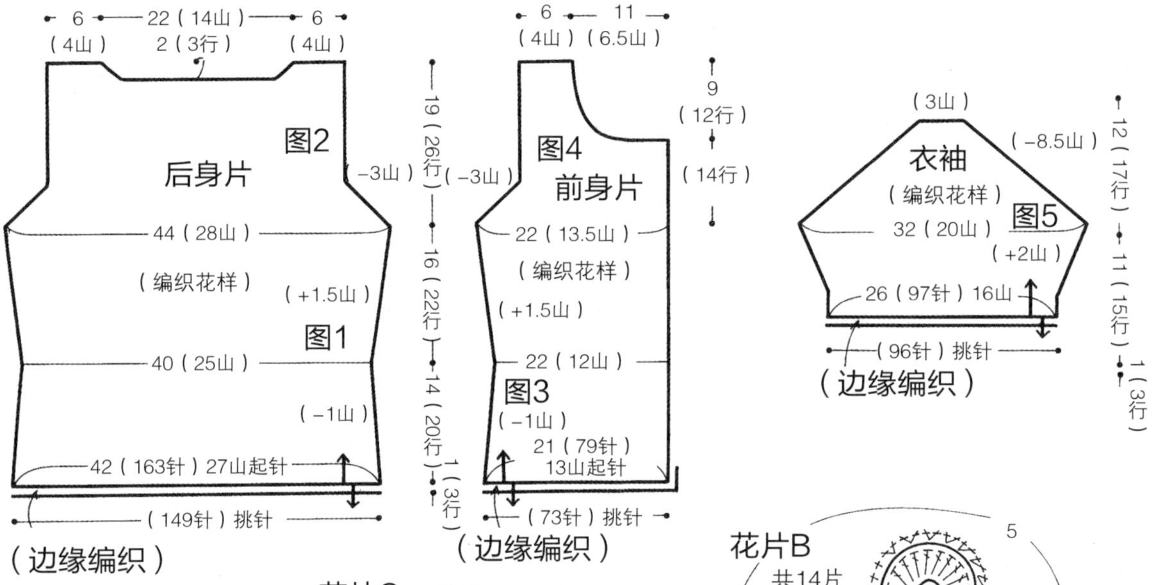

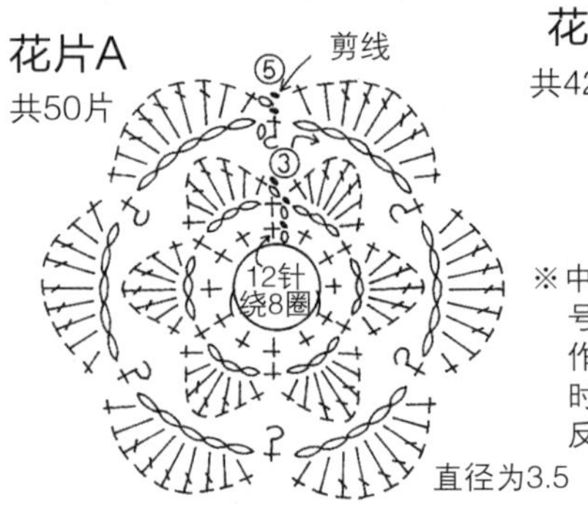

※中心处的环形是在10号棒针上绕8圈线制作而成，第4行短针的反拉针钩织在第2行的短针的下侧

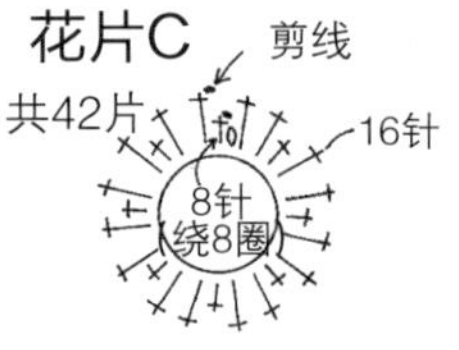

※中心处的环形是在10号棒针上绕8圈线制作而成，钩织第2行时，包裹着第1行，反面当作正面使用

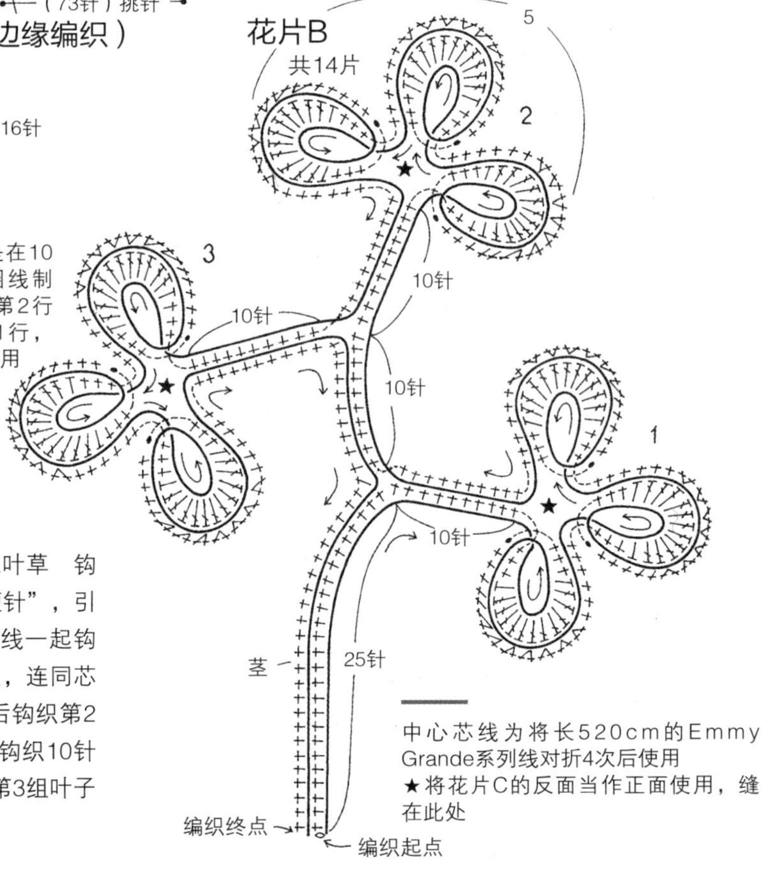

中心芯线为将长520cm的Emmy Grande系列线对折4次后使用

★将花片C的反面当作正面使用，缝在此处

花片B

在四折后的芯线的一端加线，在芯线上钩织35针短针。三叶草 钩织“3针短针、1针中长针、11针长针、1针中长针、3针短针”，引拔第1针短针，连接成环形。在前一行的针目上，连同芯线一起钩织短针，然后再钩织第2片。第3片钩织完成后，返回茎上，连同芯线一起钩织10针短针后，仅在芯线上钩织20针短针，然后钩织第2组叶子。第2组叶子钩织完成后，返回茎，连同芯线一起钩织10针短针，仅在芯线上钩织10针短针，然后钩织第3组叶子。第3组叶子钩织完成后，返回茎，连同芯线一起钩织短针。

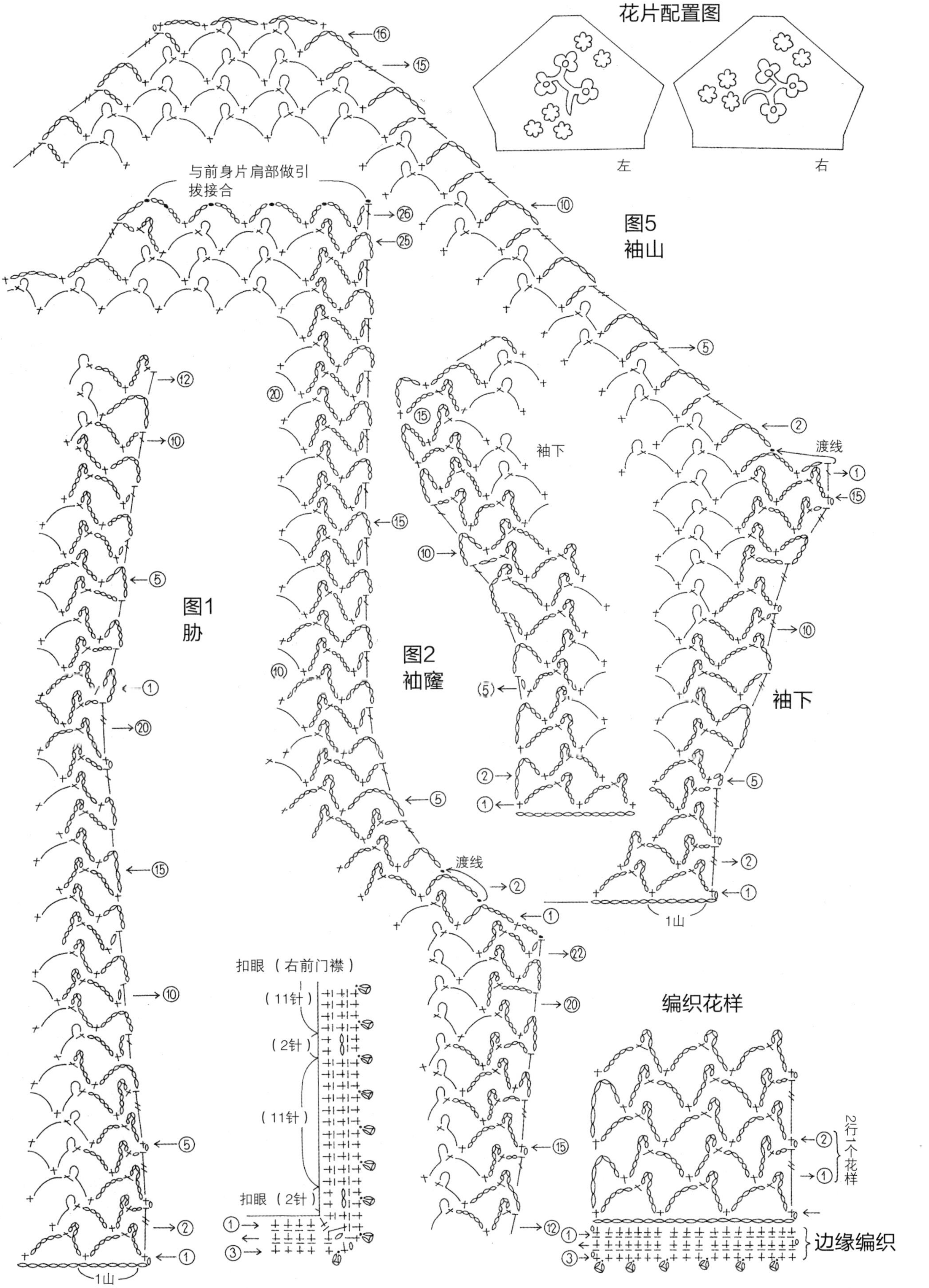
花片配置图
左
右
图5
袖山
与前身片肩部做引拔接合
渡线
袖下
图1
胁
图2
袖窿
1山
扣眼（右前门襟）
（11针）
（2针）
（11针）
扣眼（2针）
编织花样
2行1个花样
边缘编织

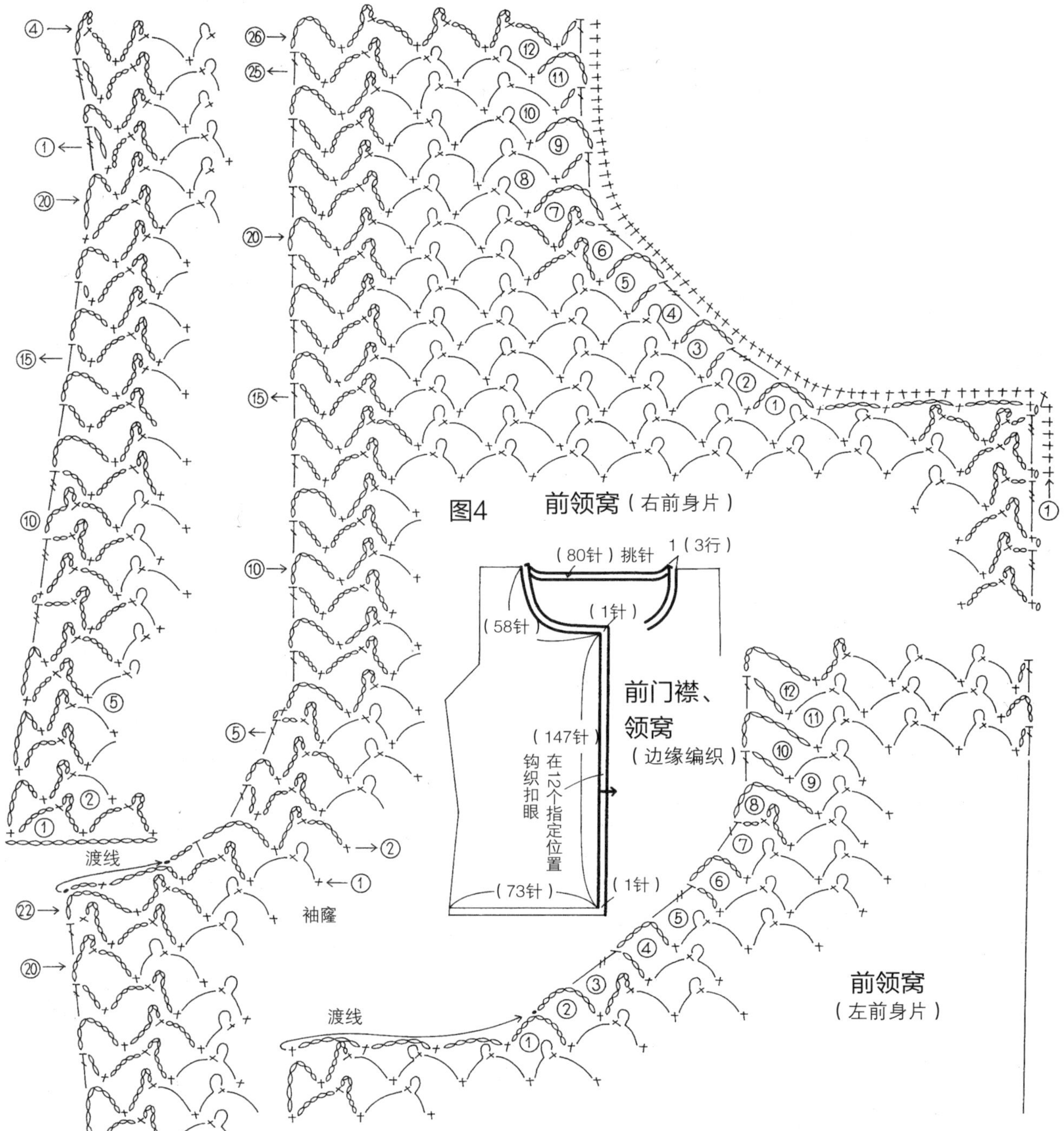
前领窝（右前身片）
（80针）挑针
1（3行）
（1针）
（58针）
前门襟、
领窝
（边缘编织）
（147针）
在12个指定位置
钩织扣眼
（73针）
（1针）
渡线
袖窿
前领窝
（左前身片）
渡线

图4

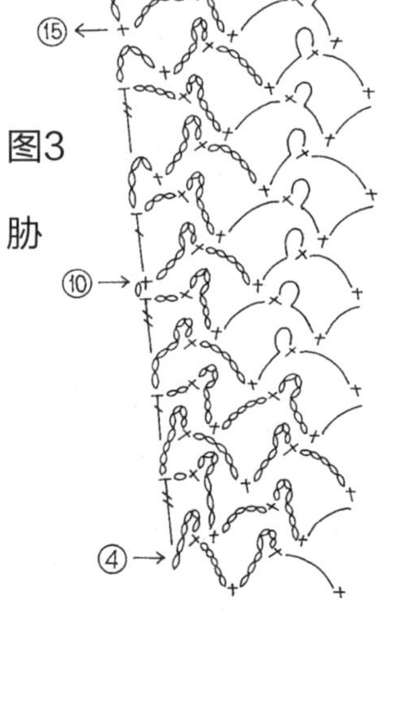

图3

肋

花片配置图

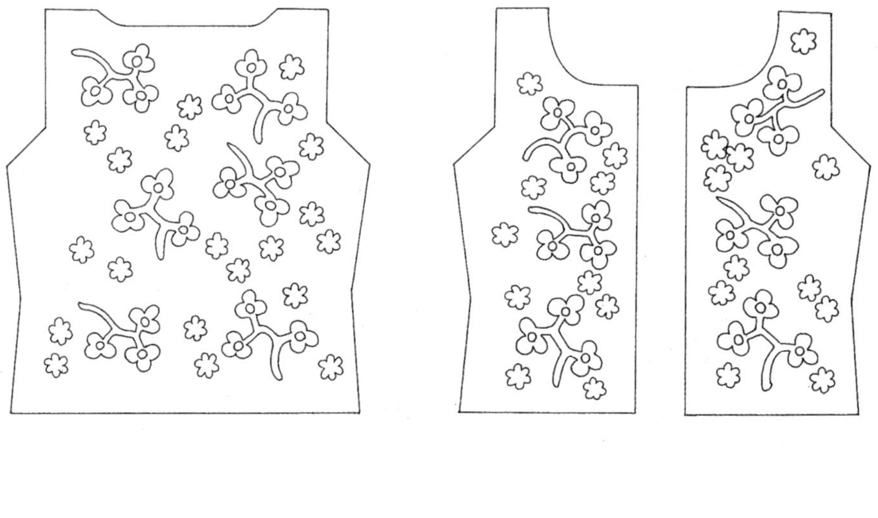

12

（第27页作品）

◆**准备材料**：Olympus Emmy Grande纯白色（801）400克；2/0号钩针

◆**成品尺寸**：胸围88cm，肩宽36cm，衣长51cm

◆**编织密度**：花片尺寸参照图示

◆**风工房的建议**：使用卷针缝固定花片，当固定好一个花片，再固定下一个花片时，将线藏在花片的背面，再连接到固定下一个花片的起针位置。在钩织填补空白处的网眼针时，要略微拉紧一些。需要调整尺寸时，在布上画上需要的尺寸，再一点点向外扩展。

◆**编织要点**：将各个花片排列在实物大小的图中，花片连接在一起的地方使用卷针缝缝合，其余的空隙处钩织网眼针。领窝处利用花片的轮廓，调整好形状。将花片连接好后，肩部钩织锁针接合，胁部钩织锁针接合。在领窝、袖窿和下摆处钩织边缘编织。下摆边缘处钩织的6卷狗牙针的编织方法参见第130页。

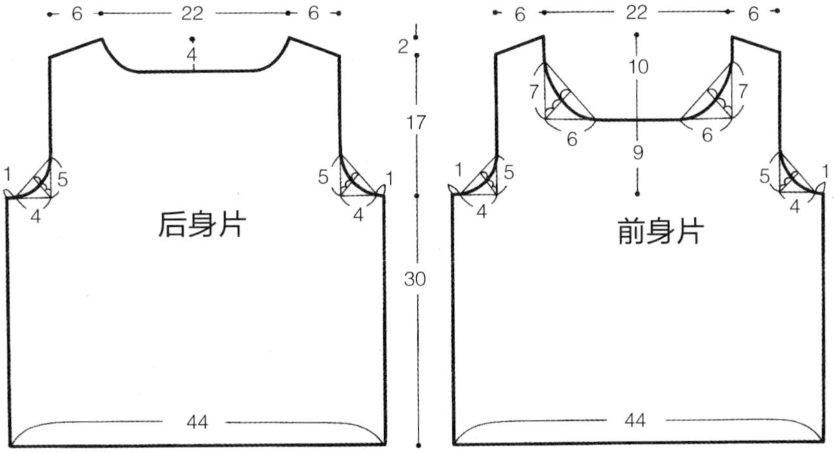

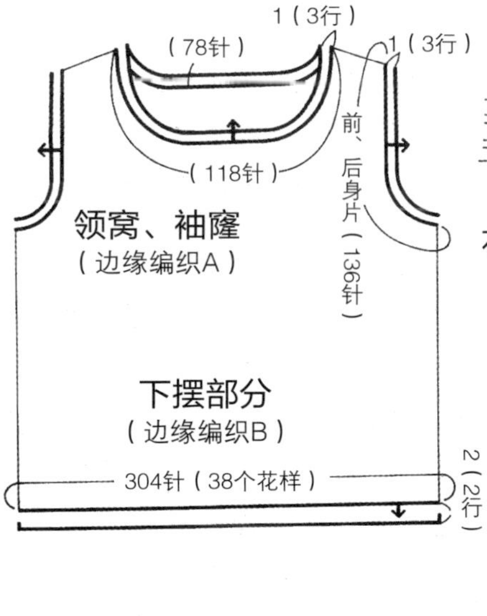

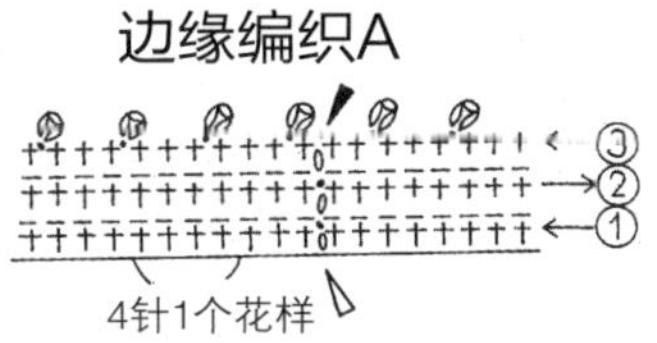

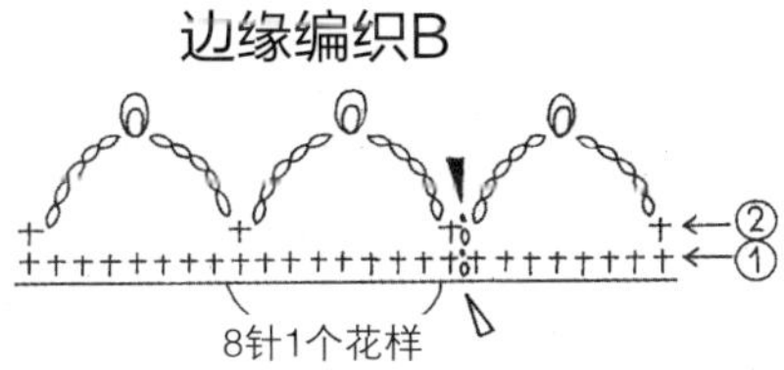

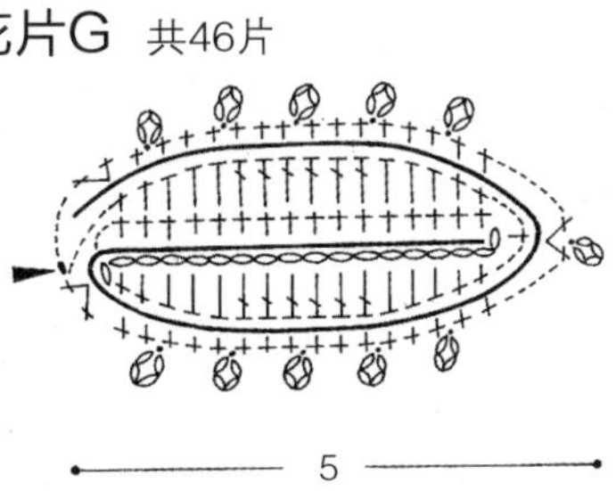

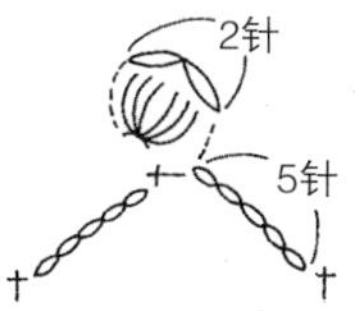

中心芯线为将长50cm的Emmy Grande系列线对折后使用

◁ 加线

◀ 剪线

花片E

中心处起5针锁针，连接成环。第1圈　包裹着5针锁针及线头钩织12针短针，引拔第1针短针头部的前半针。第2圈　在第1圈短针头部的前半针上钩织“1针短针、5针锁针、1针短针”。第3圈　引拔第1圈短针头部的后半针，立织3针锁针，钩织1针长针，之后重复“在1针上钩织2针长针”。引拔立织第3针锁针的半针。第4圈　在第3圈长针头部的前半针上钩织“1针短针、5针锁针、1针短针”。第5圈　在第3圈剩下的半针上钩织“1针长针、1针锁针”。第6圈　钩织“1针短针、5针锁针”。

花片F

中心处起6针锁针，连接成环。第1圈　包裹着6针锁针及线头钩织16针短针。第2圈　重复“1针短针、4针锁针”。第3圈　在4针锁针上钩织“1针短针、1针中长针、3针长针、1针中长针、1针短针”。第4圈　将花瓣向前倒，在中间的第1圈短针上钩织“1针短针、2针锁针”。第5圈　钩织12针锁针，钩织“1针短针、1针中长针、8针长针、1针中长针”后返回，引拔第4圈的短针。钩织1圈后，加入对折后的芯线。第6圈　连同芯线一起，在第5圈针目的头部钩织短针和4针锁针的狗牙拉针。

花片A（直径为3.5）
共33片

※第3圈中长针的反拉针在第1圈长针的根部钩织

花片B（直径为4.5）
共14片

※第3圈中长针的反拉针在第1圈长针的根部钩织，第5圈中长针的反拉针在第3圈中长针的根部钩织

花片D（直径为5.5）
共23片

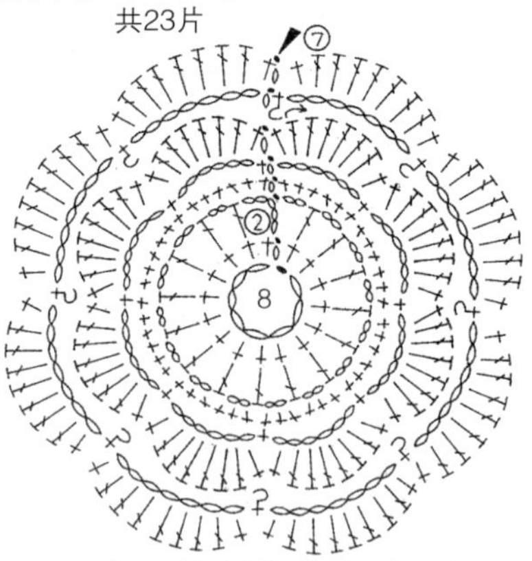

※包裹着8针锁针和线头一起钩织，第6圈短针的反拉针在第4圈短针的根部钩织

花片C
共24片

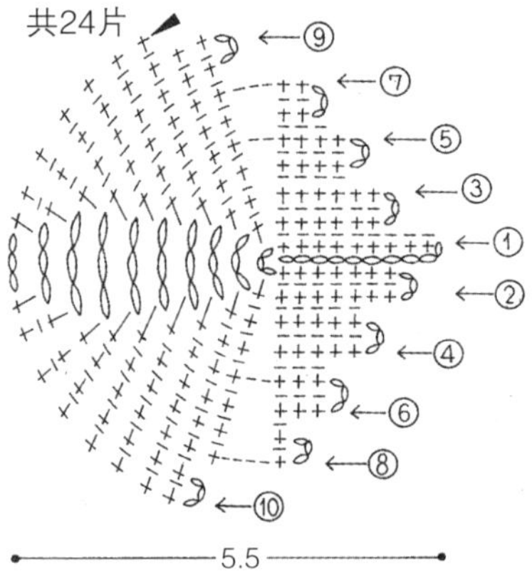

※起针为9针

8组

按图示缝合在一起

花片B按图示位置叠在上面

花片E（直径为5.5）
共24片

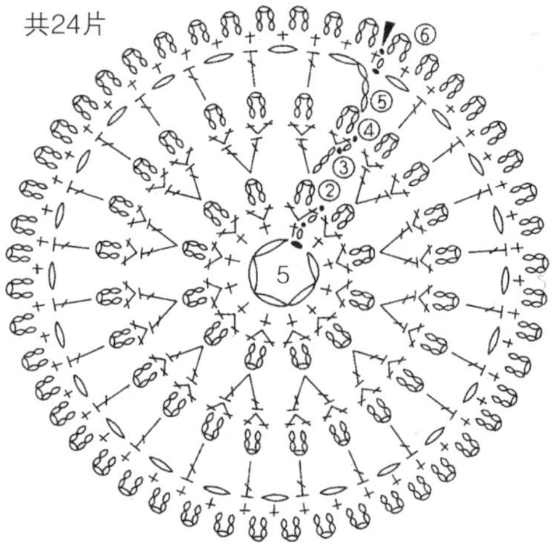

※包裹着5针锁针和线头一起钩织，
第2圈时，挑取第1圈短针头部的前侧半针钩织，
第3圈时，挑取第1圈短针头部的后侧半针钩织，
第4圈时，挑取第3圈长针头部的前侧半针钩织，
第5圈时，挑取第3圈的后侧半针钩织

花片F（直径为8.5）
共15片

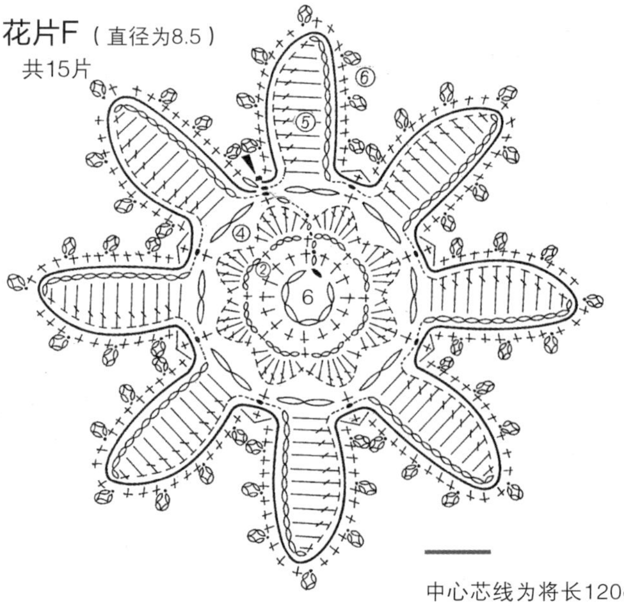

━━ 中心芯线为将长120cm的Emmy Grande系列线对折后使用

※包裹着6针锁针和线头一起钩织

◄ 剪线

花片配置图

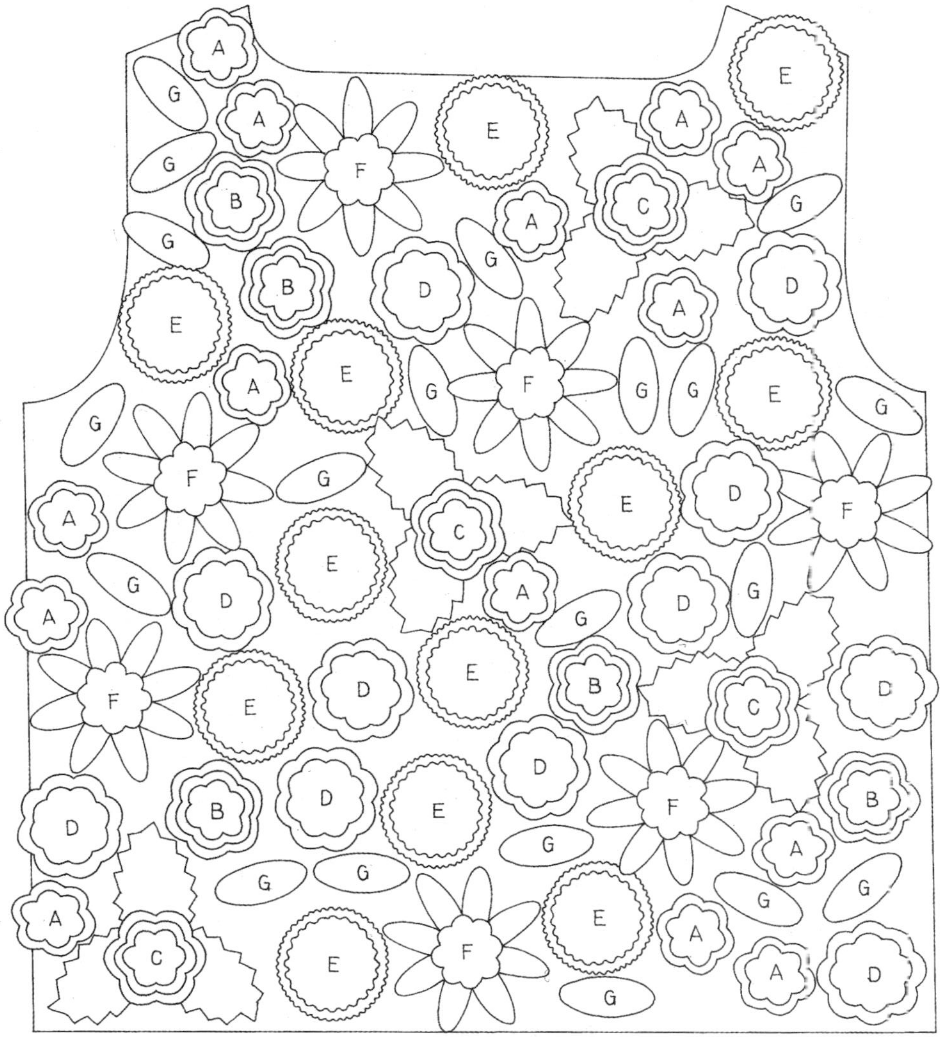

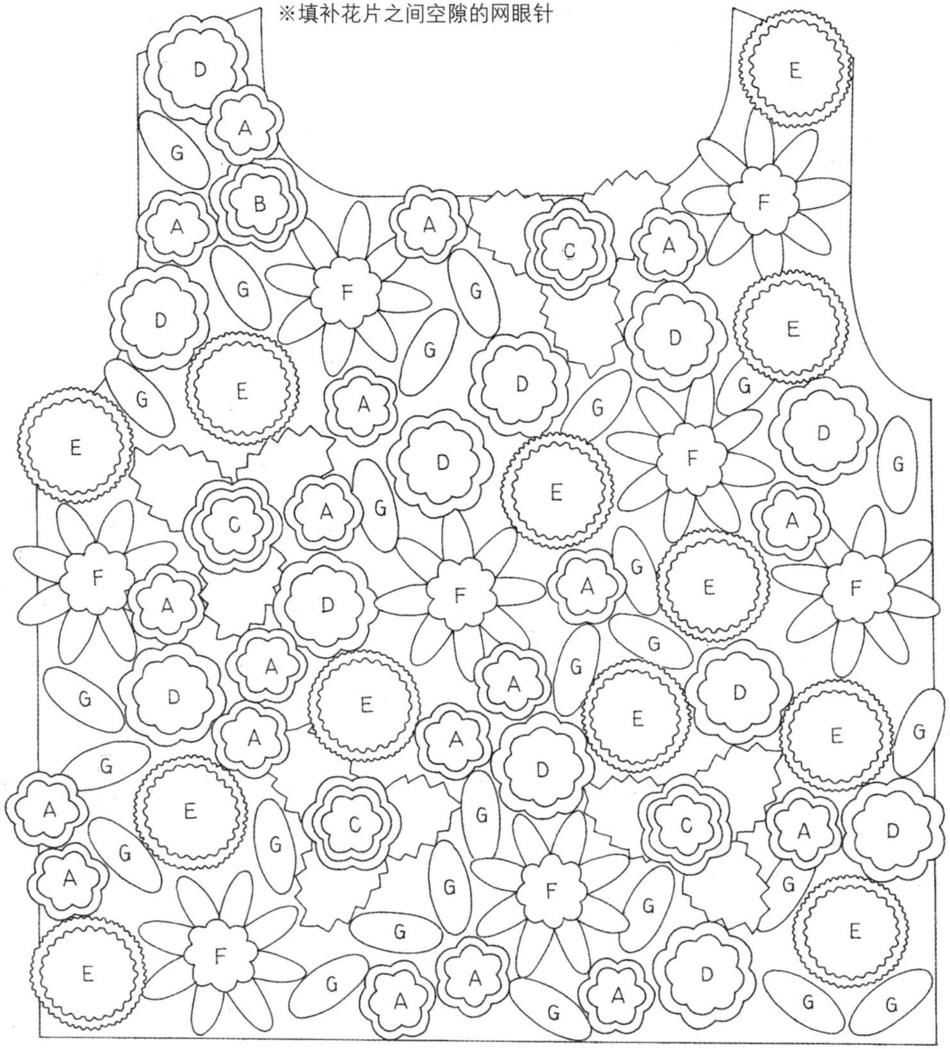

※填补花片之间空隙的网眼针

7

（第16页作品）

◆**准备材料**：Olympus Emmy Grande<HERBS>象牙白色（732）250克；2/0号钩针

◆**成品尺寸**：连肩袖长68cm

◆**编织密度**：花片A、B均为9cm×9cm

◆**风工房的建议**：可以通过增加1排花片调整尺寸。若带有狗牙针的网眼针钩织得较松的话，花片会较大，故锁针的针目应钩织得紧密一些。

◆**编织要点**：花片A、B的4个转角钩织1针短针、5针锁针、1针短针，翻转织片后钩织1针锁针、9针短针，翻回正面后钩织3针锁针、7针长针、2针锁针、2针引拔针。衣袖是先将袖下连接成环形，再连接腋下的部分。在钩织花片C的同时，与花片A、B的4个转角连接在一起。花片C'在腋下与花片A、B5个转角的位置连接在一起。钩织边缘编织后即完成。

雏菊

（花片连接）

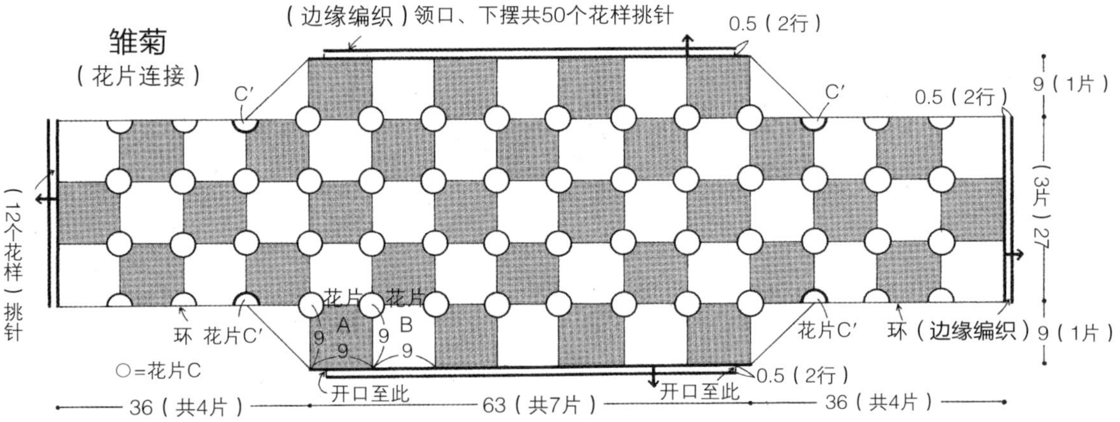

花片A

共30片

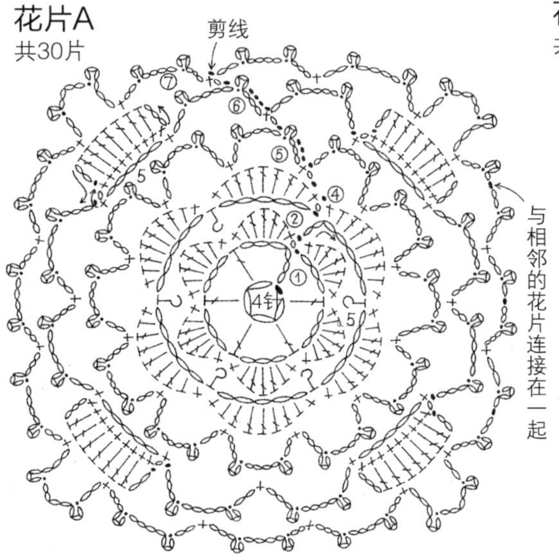

※第3圈中长针的反拉针在第1圈长针的根部钩织

花片B

共31片

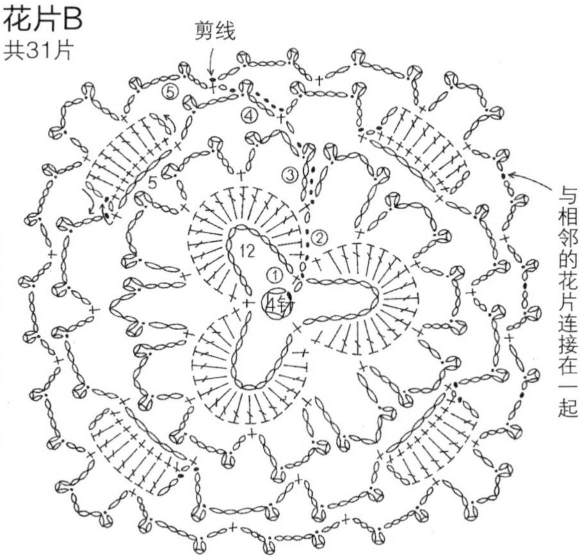

花片C

共48片

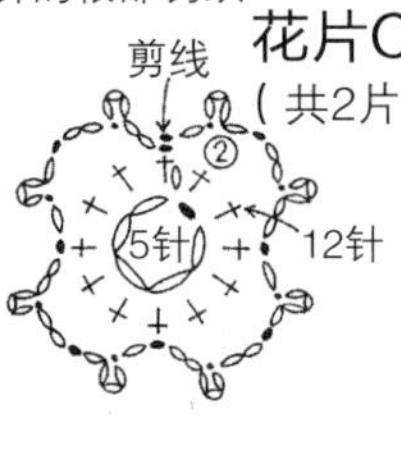

花片C'

（共2片）

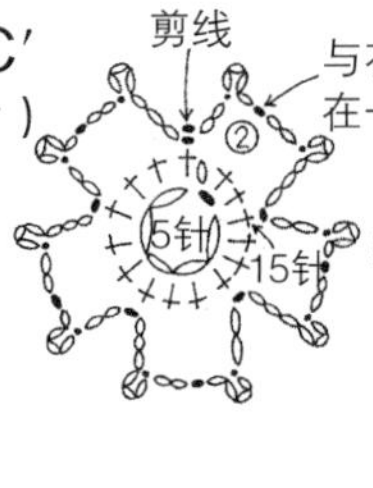

※包裹着5针锁针和线头一起钩织

花片D

共31片

※固定在花片B的中心，将反面当作正面使用，中心处的环形是在10号棒针上绕8圈线制作而成，第2圈包裹着第1圈钩织

花片的连接方法

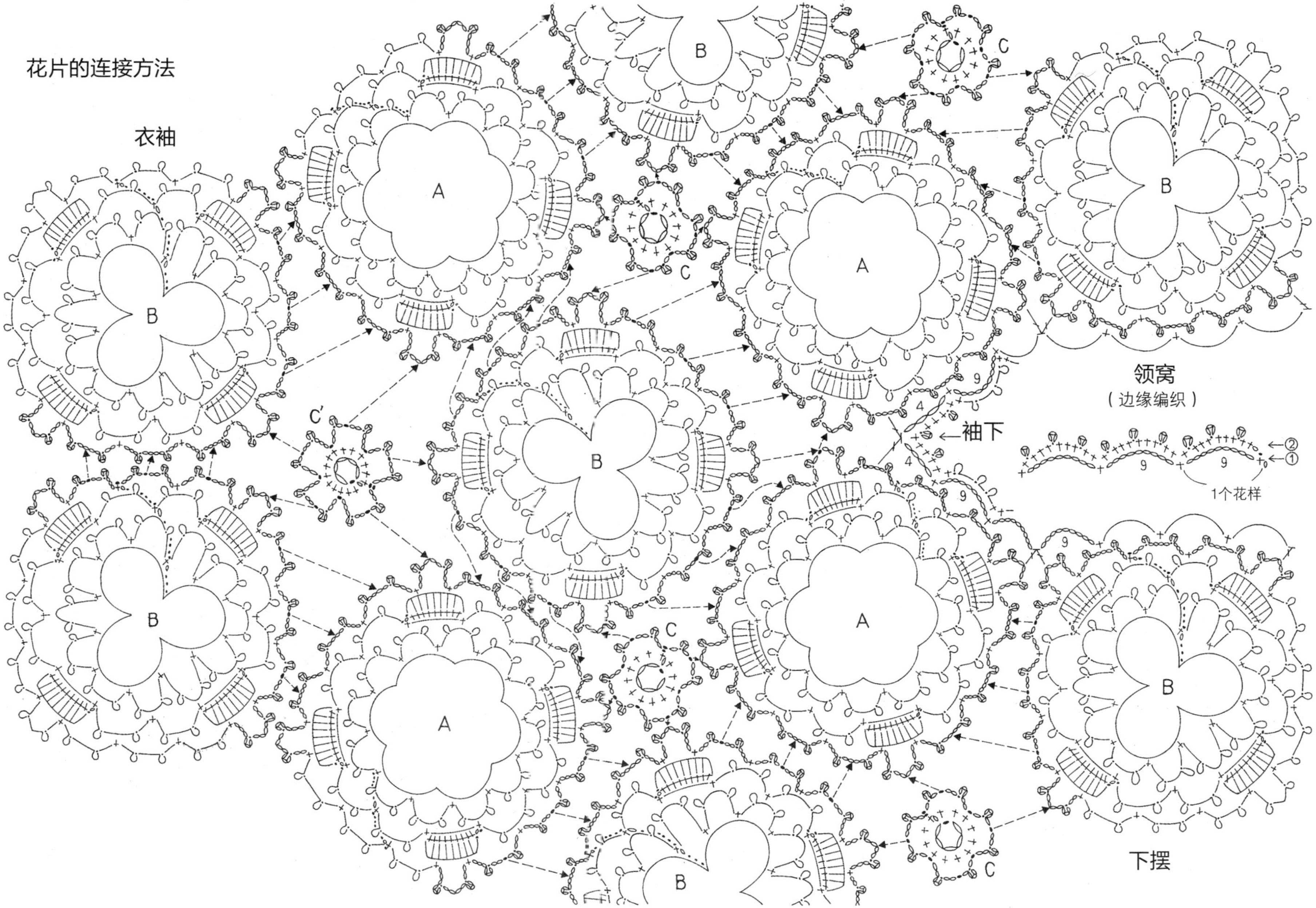

8

（第19页作品）

◆**准备材料**：Olympus Emmy Grande <HERBS>米白色（800）390克；2/0号钩针

◆**成品尺寸**：胸围88cm，肩宽34cm，衣长53cm，袖长43cm

◆**编织密度**：编织花样10cm×10cm面积内：6.5山，13行；花片A一边为6cm，花片B为8cm×3.5cm

◆**风工房的建议**：在连接扇形花片A时，领窝部分略微拉伸一下。花朵花片B周围的一圈，包裹着芯线钩织时，不要将芯线拉得过紧。如需调整尺寸，可在不影响加减针的部分增加网眼针的数目。

◆**编织要点**：前身片、后身片、衣袖均做编织花样，请参照图示钩织。连接花片A时，在连接的一侧钩织1圈短针及1针长针与2针锁针的方眼针，花片一侧则使用编织花样连接。胁、袖下、衣袖均钩织锁针接合。

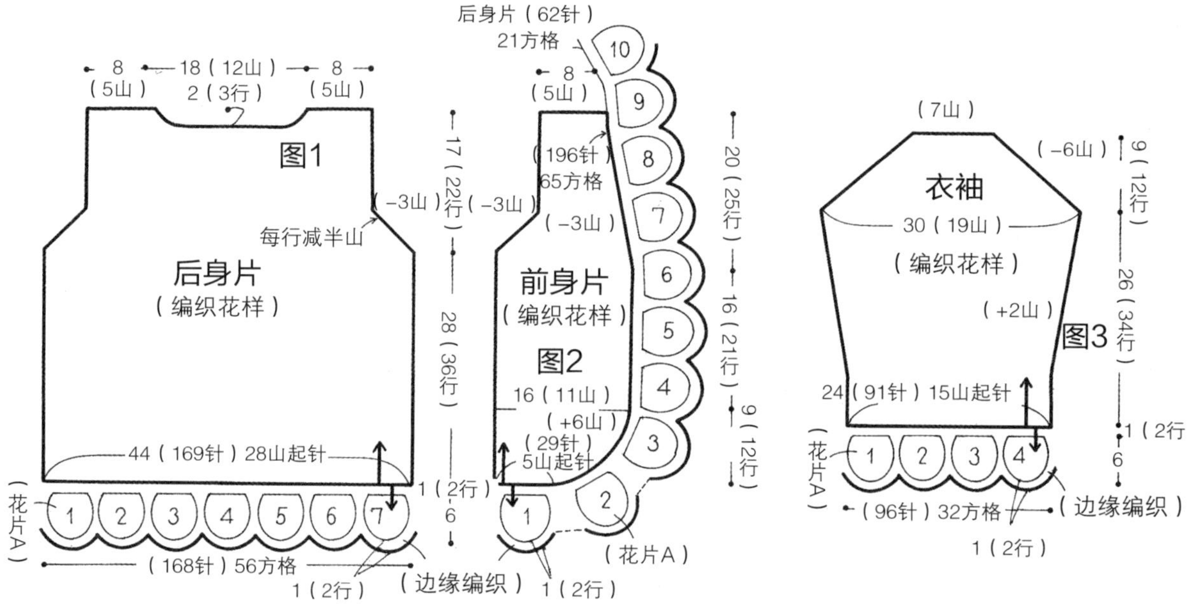

编织花样

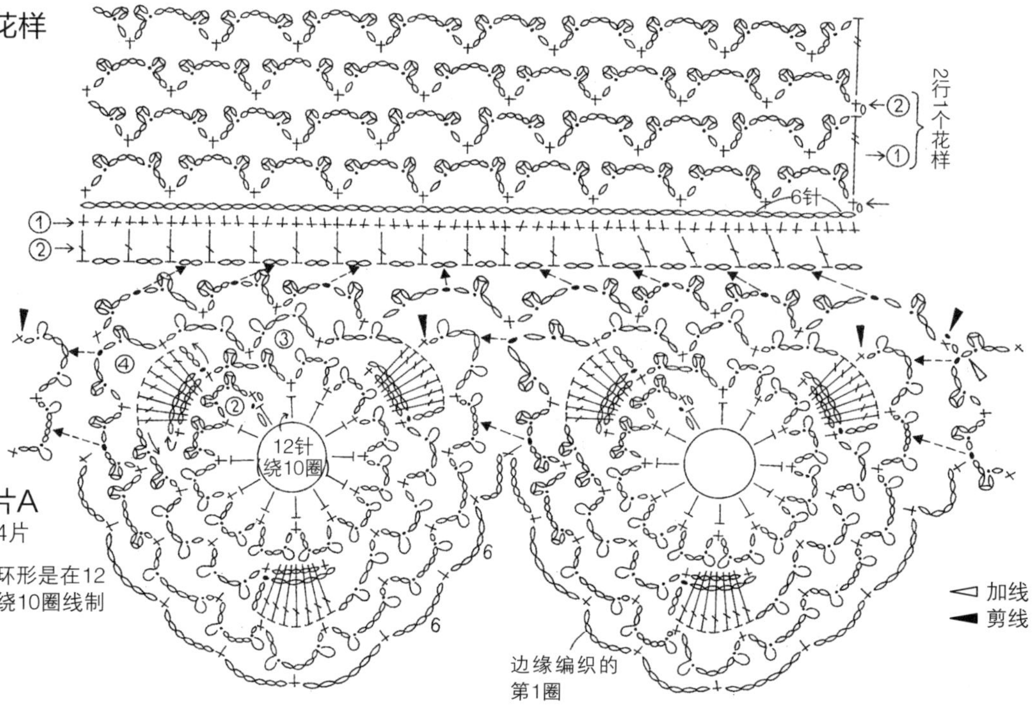

花片A
共34片

※中心处的环形是在12号棒针上绕10圈线制作而成

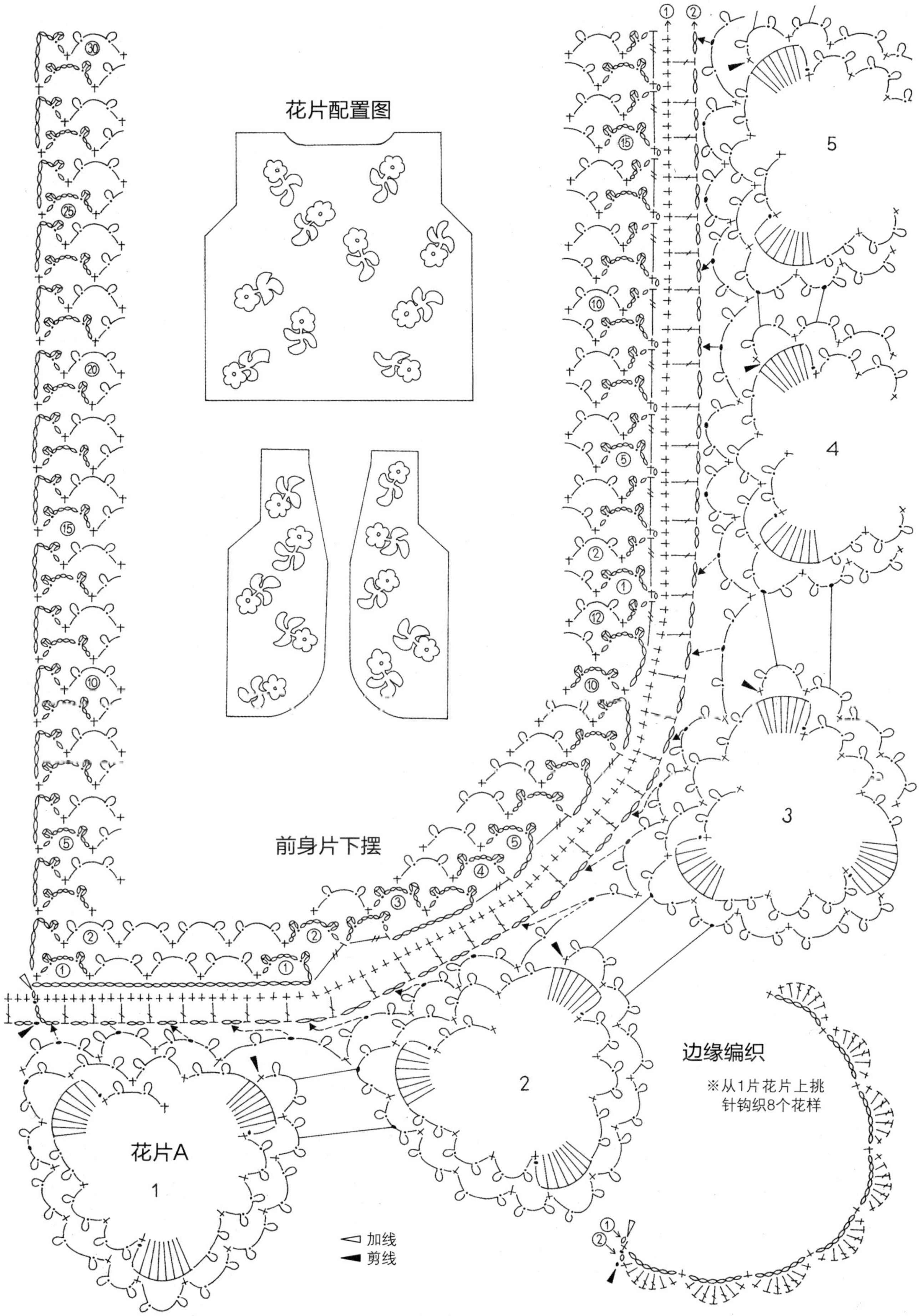
花片配置图
前身片下摆
5
4
3
2
花片A
1
边缘编织
※从1片花片上挑
针钩织8个花样
加线
剪线

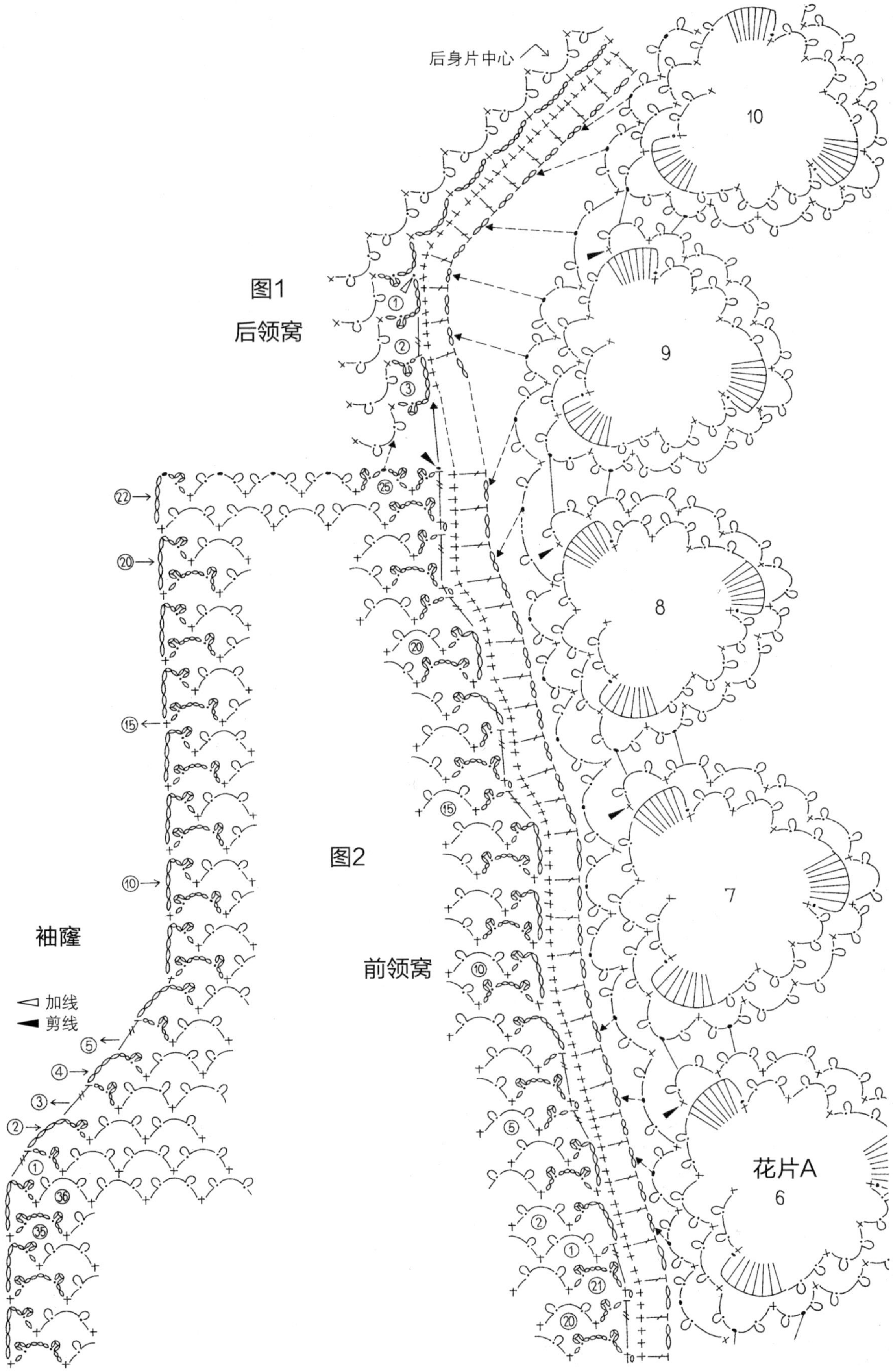

后身片中心
图1
后领窝
图2
袖窿
前领窝
加线
剪线
花片A
10
9
8
7
6

花片配置图

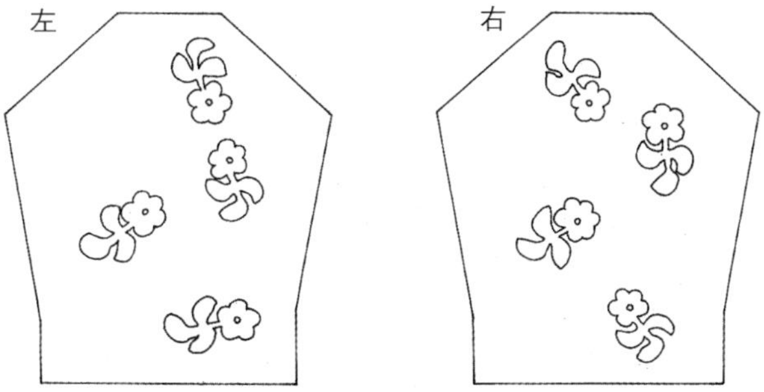

图3

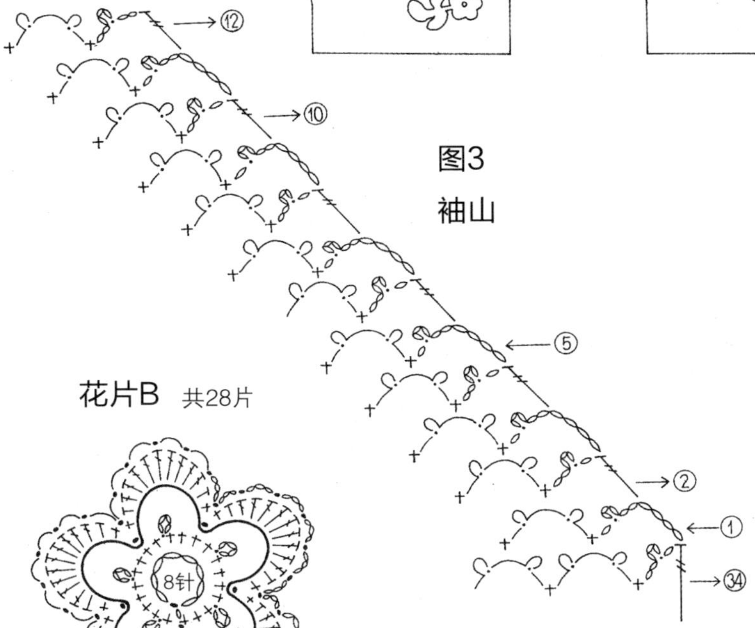

袖山

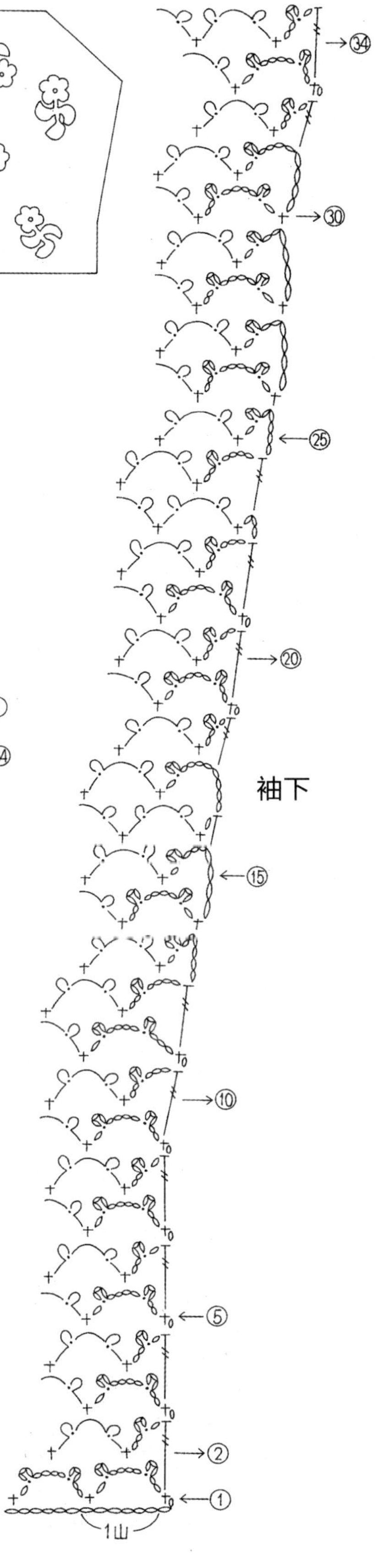

袖下

花片B 共28片

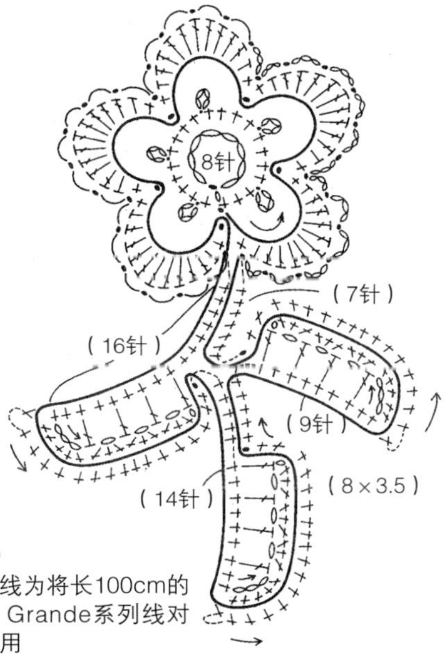

中心芯线为将长100cm的Emmy Grande系列线对折后使用

※包裹着8针锁针和线头一起钩织

花片B

①中心处起8针锁针，连接成环，包裹着8针锁针和线头钩织“4针短针、4针锁针的狗牙拉针”，使用引拔针固定时，加入对折后的芯线。②在芯线上钩织“1针短针、1针中长针、9针长针、1针中长针、1针短针”，在中心的短针上钩织引拔针。③在芯线上钩织16针短针，暂不使用芯线。④钩织3针锁针，重复钩织3次“1针长针、1针锁针”，钩织1针长针。⑤重复钩织3次“在1针锁针上钩织3针短针”，在3针锁针上钩织5针短针，在芯线上钩织1针短针。⑥与芯线一起钩织短针返回，在长针上钩织2针短针，引拔下面的短针。⑦在芯线上钩织14针短针后，暂不使用芯线，重复步骤④~⑥。⑧钩织5针短针后返回，在芯线上钩织9针短针，重复步骤④~⑥，钩织7针短针后返回至花瓣，之后不使用芯线。⑨在花瓣上钩织6次“1针引拔针、3针锁针”，再钩织1针引拔针后，开始钩织下一片花瓣。

9

（第20页作品）

◆**准备材料**：Olympus Emmy Grande纯白色（801）350克；2/0号钩针；宽2.5cm的橡皮筋64cm

◆**成品尺寸**：腰围74cm，裙长60cm

◆**编织密度**：花片A为每边长4.5cm的六边形

◆**风工房的建议**：只需增加花片的数量，即可调整尺寸，十分简单。也可用以调整裙长。在使用网眼针连接3片花片时，在第2片的针目上引拔，固定第3片的网眼针，注意不要弄错。

◆**编织要点**：花片A是基础花片。花片第3圈中长针的反拉针在第1圈长针的根部钩织。花片B、C、D到第5圈为止钩织方法相同，钩织第6圈时，要注意它们的锁针针数不同。花片E钩织成五边形。在下摆钩织边缘编织。腰头是在腰线的位置挑针后钩织短针，然后包裹着环形的橡皮筋钩织长针，折回后，使用藏针缝固定在短针上。

边缘编织

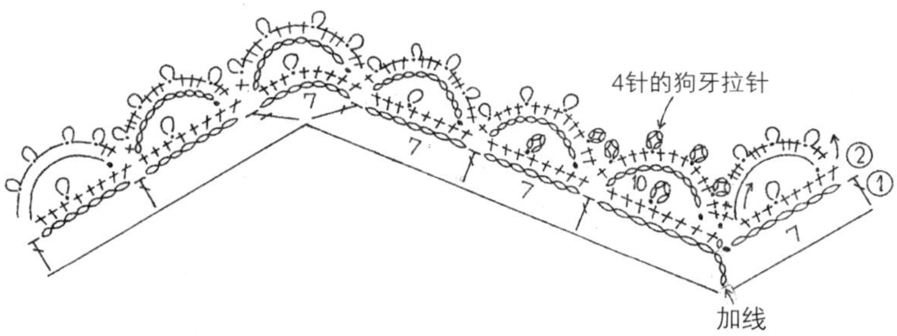

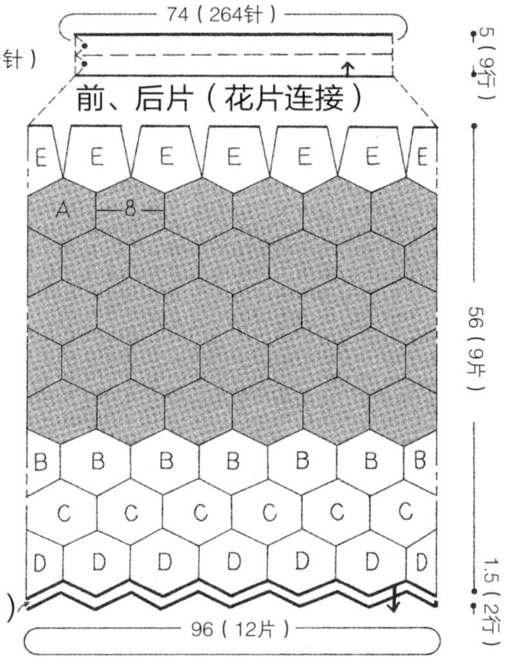

各花片数量
A 60片
B 12片
C 12片
D 12片
E 12片

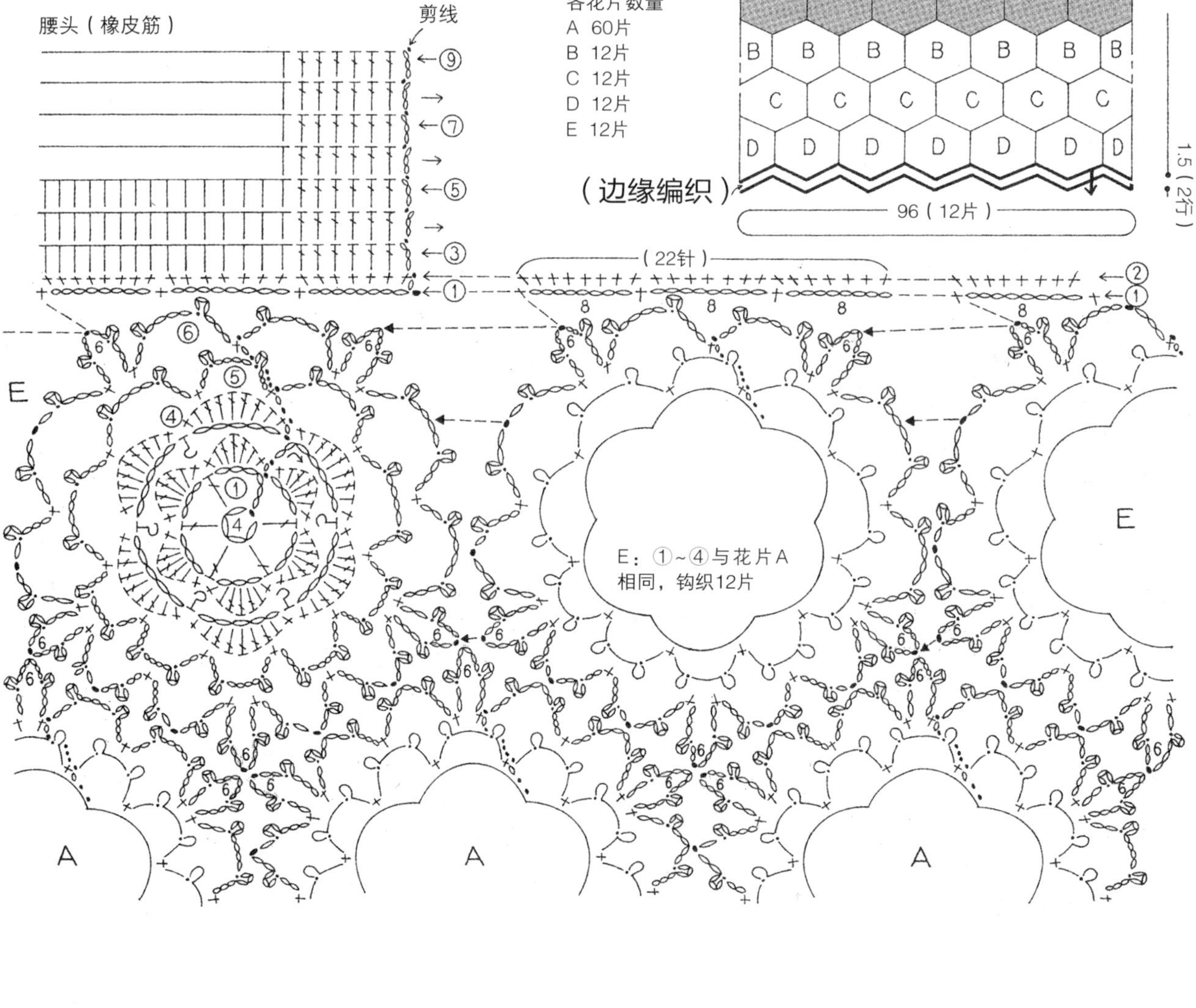

花片A、B、C、D的连接方法

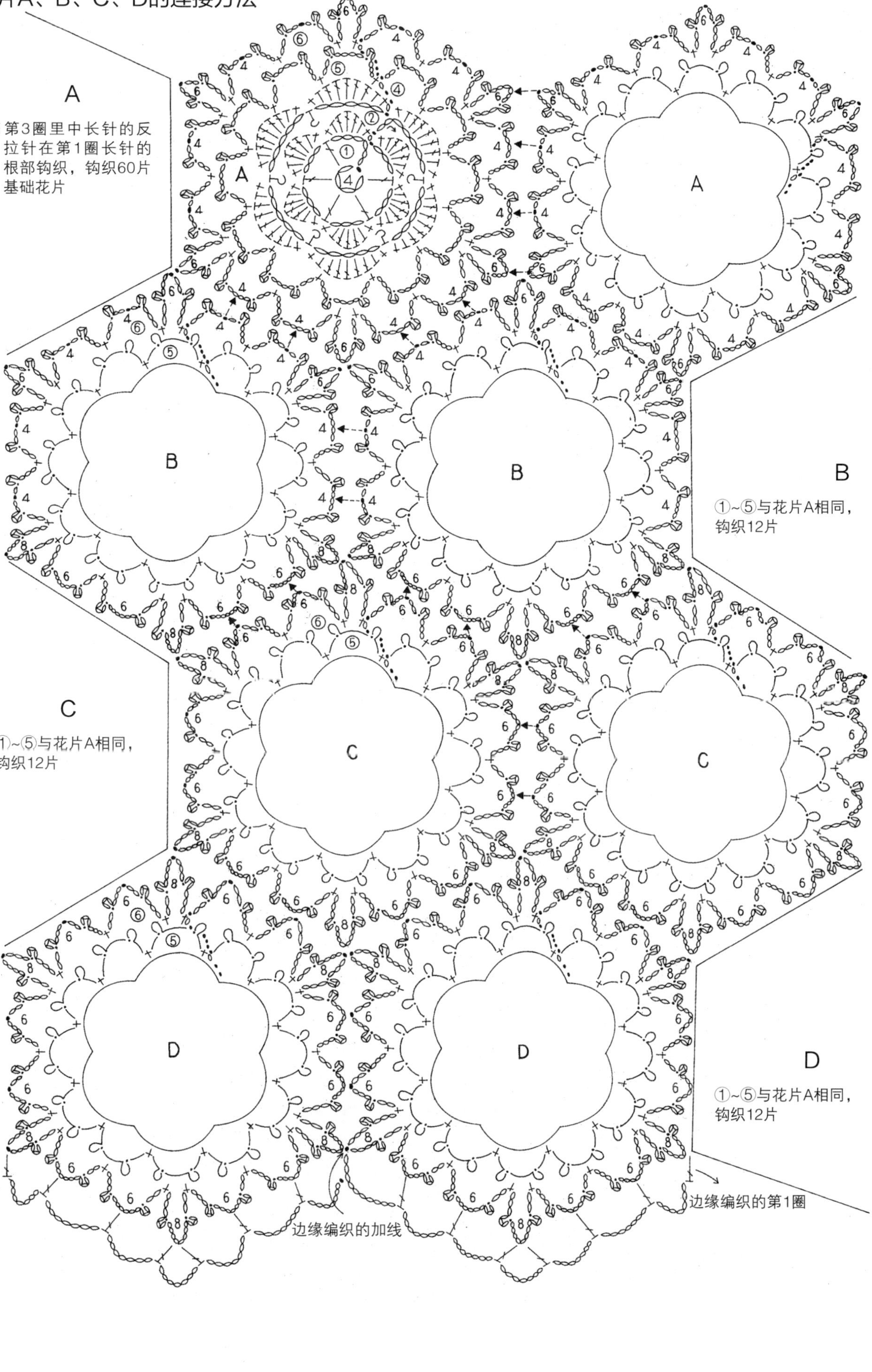

A

※第3圈里中长针的反拉针在第1圈长针的根部钩织，钩织60片基础花片

B

①~⑤与花片A相同，钩织12片

C

①~⑤与花片A相同，钩织12片

D

①~⑤与花片A相同，钩织12片

10

（第22页作品）

◆**准备材料**：Olympus Emmy Grande <HERBS> 米白色（800）260克；2/0号钩针；直径1cm的纽扣12颗

◆**成品尺寸**：胸围88.5cm，肩宽39.5cm，衣长47.9cm

◆**编织密度**：花片大小为6.25cm×6.25cm

◆**风工房的建议**：若需调整尺寸，只需在胁部增加一排花片即可。为了不使边缘编织3个狗牙针的部分太松，最后一行要钩织得紧密一些。右前门襟扣眼较多，钩织时要特别注意。

◆**编织要点**：在12号棒针上绕8圈线，做成环形，作为花片的中心，开始起针钩织。第4圈在前一圈的8个指定位置的1针长针上钩织3次“1针短针、5针锁针”和1针短针。第5圈在第4圈的1针锁针上钩织与第4圈相同的针法。把所有花片连接在一起后，在下摆、前门襟、领窝和袖窿处钩织边缘编织。

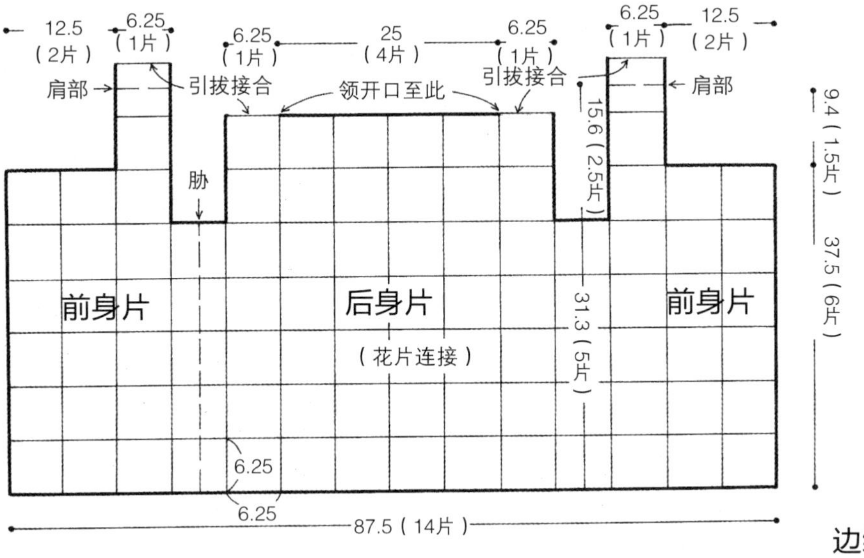

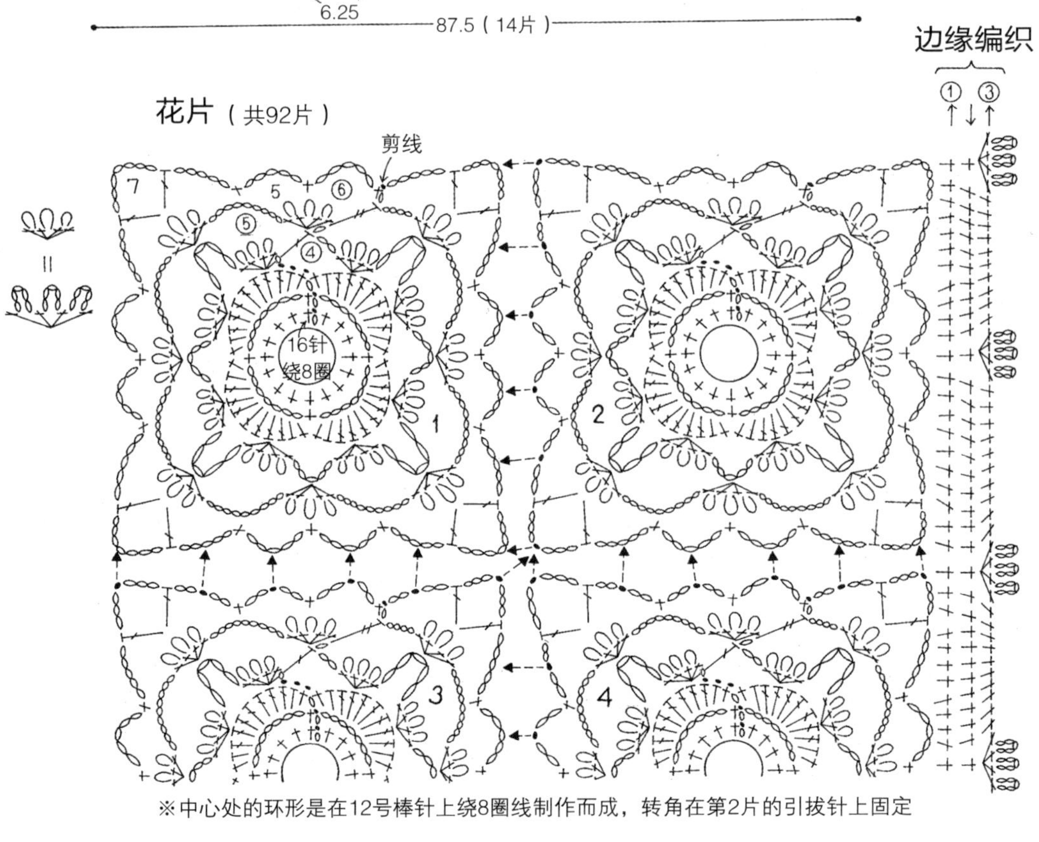

※中心处的环形是在12号棒针上绕8圈线制作而成，转角在第2片的引拔针上固定

花片的连接方法

下摆、前门襟、领窝 （边缘编织）

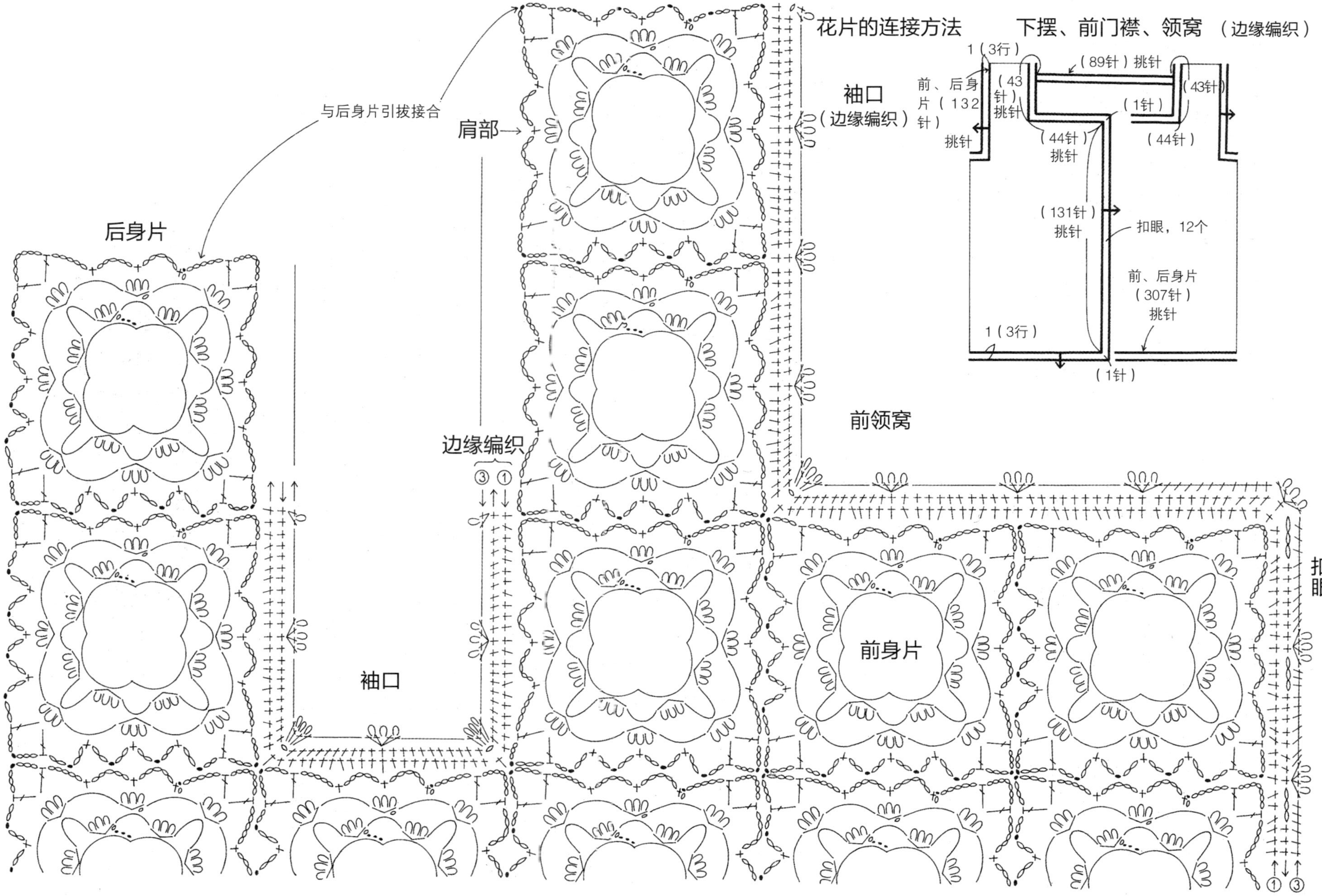

11

（第24页作品）

◆**准备材料：** Olympus Emmy Grande黑色（901）220克；2/0号钩针

◆**成品尺寸：** 胸围84cm，肩宽33cm，衣长51cm

◆**编织密度：** 编织花样10cm×10cm面积内：6.5山，13行；花片A直径为7cm，花片B为10cm×10cm

◆**风工房的建议：** 向日葵花片A周围的花瓣，若使用蒸汽熨烫定型，效果会更好。一边收紧每一根芯线，一边钩织。如需调整尺寸，可在后身片一侧的肋部增加网眼针。

◆**编织要点：** 后身片做编织花样，前身片从连在一起的6片花片A上挑针，除指定位置的花片A、B外，其余部分使用编织花样连接，请分别参照图示钩织。在后身片肩部的最后一行与前身片的肩部做引拔接合。肋部做锁针接合后，钩织边缘编织。钩织下摆、领窝、袖窿的边缘编织时，需注意其行数的不同。

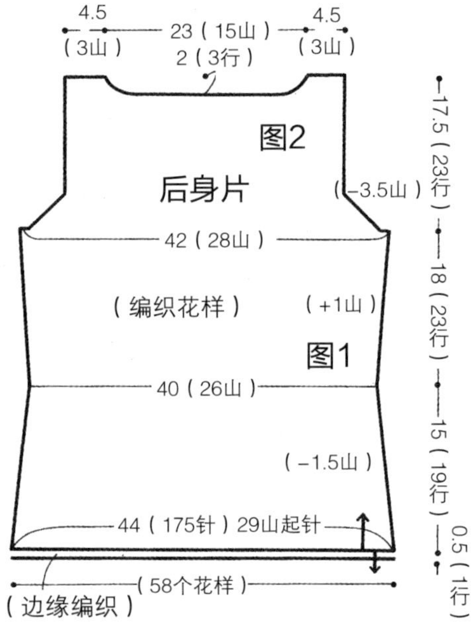

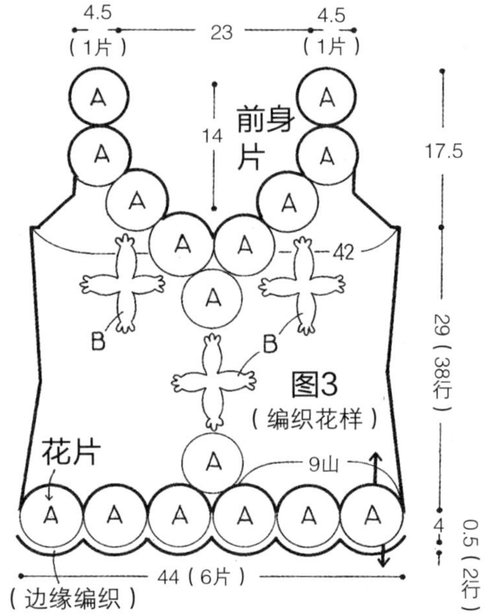

※从1片花片上挑针钩织5个花样

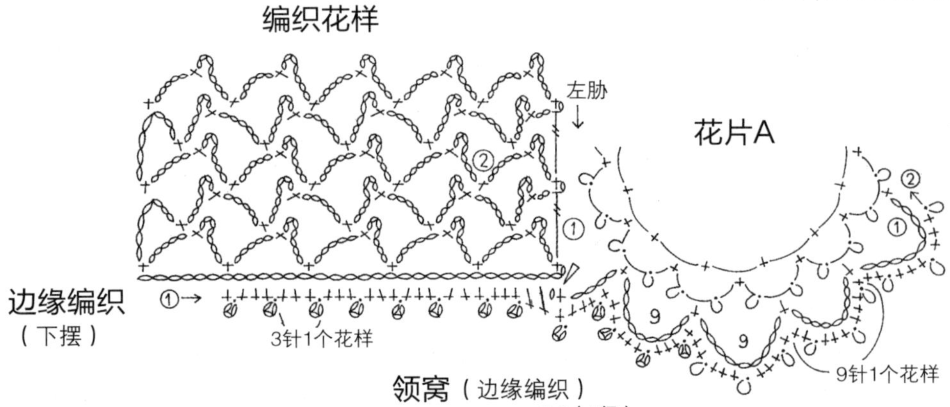

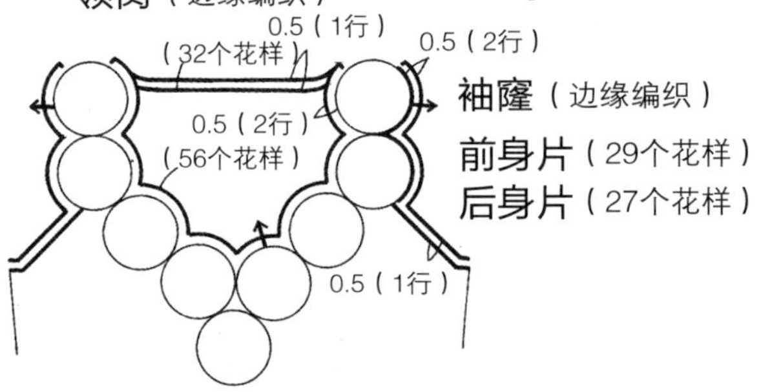

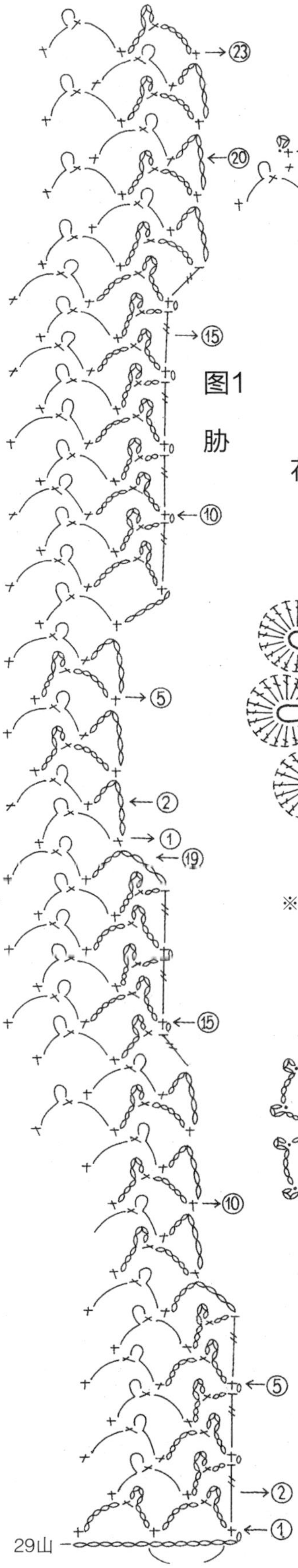

图1
肋

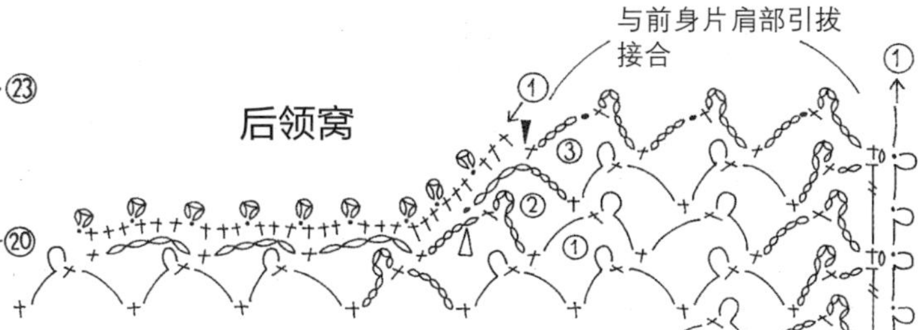

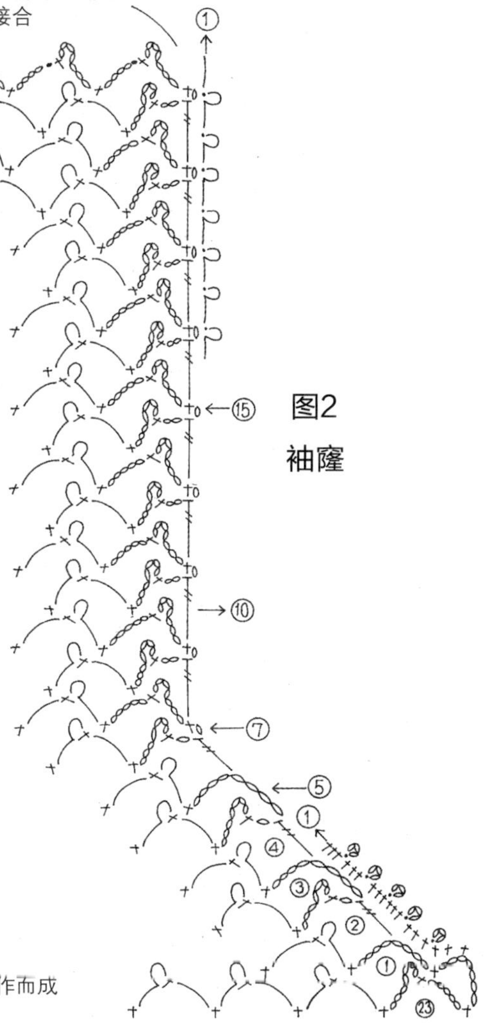

图2
袖窿

花片A（直径为7）
共16片

※中心处的环形是在12号棒针上绕10圈线制作而成

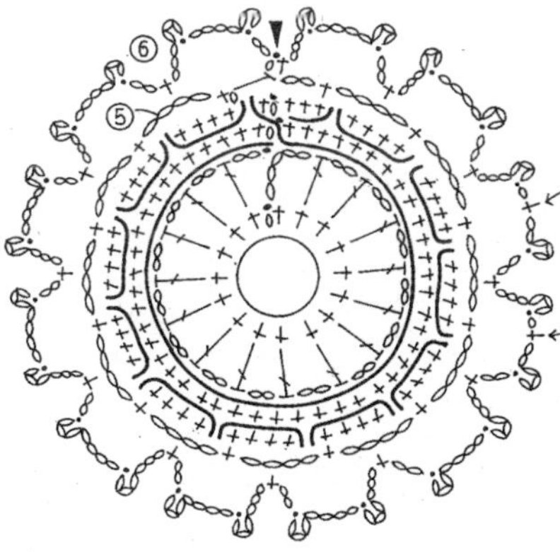

中心芯线为将长100cm的Emmy Grande系列线对折后使用

◁ 加线
◀ 剪线

花片A

中心处是在12号棒针上绕10圈线。第1圈 钩织16针短针，翻转织片。第2圈 除起立针外，重复钩织“1针长针、2针锁针”。第3圈 翻转织片，立织锁针时，加入对折后的芯线。与芯线一起钩织短针。第4圈 与芯线一起钩织1针短针，在芯线上钩织“1针短针、1针中长针、15针长针、1针中长针、1针短针”的花瓣。收紧芯线，扭出花瓣，拿开芯线，引拔花瓣第1针短针，与芯线一起钩织4针短针。再重复11次，第12片花瓣钩织完成后，再钩织3针短针然后使用引拔针固定。第5圈 看着反面，重复钩织“1针短针、4针锁针”。第6圈 翻回正面，重复钩织带有双狗牙针的网眼针。

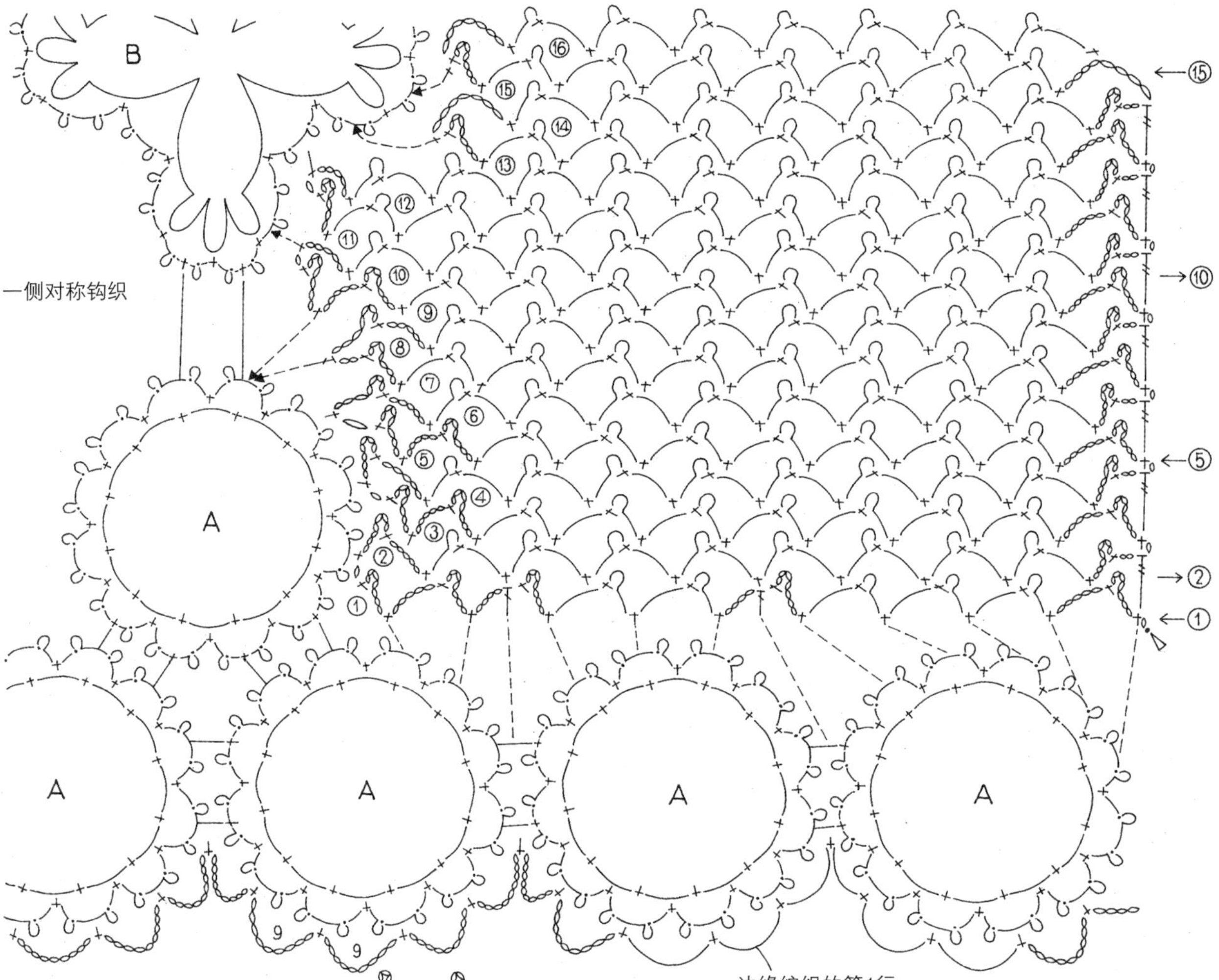

花片B

（10cm × 10cm）

共3片

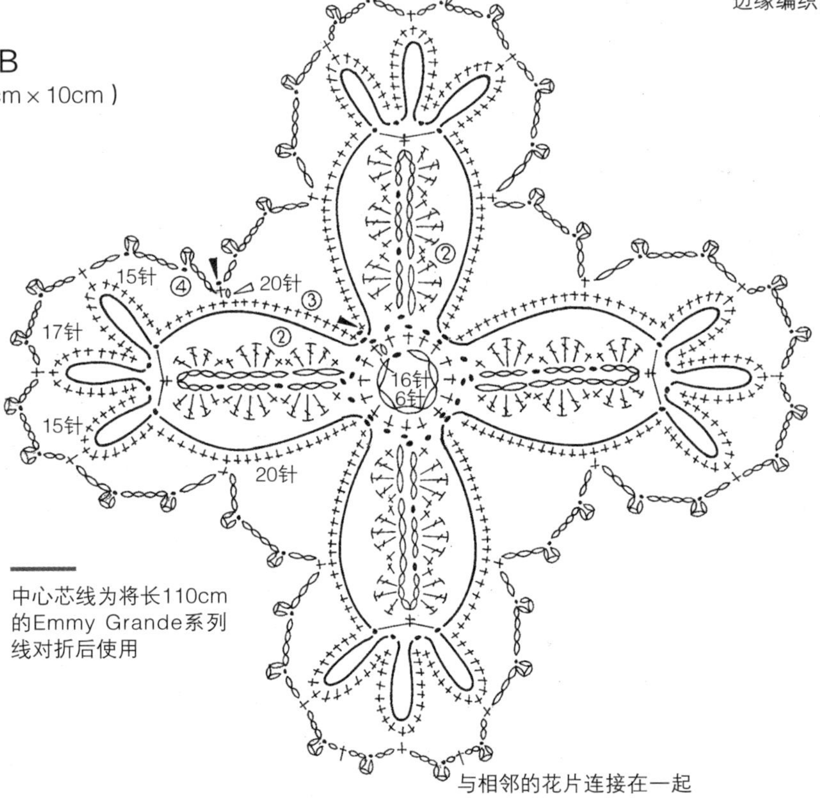

花片B

中心处起6针锁针，连接成环。第1圈　钩织16针短针。第2圈　钩织2针引拔针，“钩织12针锁针、引拔倒数第7针，3针锁针，1针引拔针，3针锁针”，在上一次引拔的针目上再引拔1次。然后重复钩织2次“1针短针、3针长针、1针短针”，钩织1次“1针短针、3针长针、1针短针、3针长针、1针短针”，钩织2次“1针短针、3针长针、1针短针”后返回，在前1圈的短针上钩织4针引拔针。再重复3次。第4次的最后，使用1针引拔针，返回第2圈的起点，加入折4次后的芯线。第3圈　“在芯线上钩织20针短针，暂不使用芯线，钩织引拔针，在芯线上钩织15针短针，引拔，在芯线上钩织17针短针，引拔，在芯线上钩织15针短针，引拔，在芯线上钩织20针短针”，使用引拔针固定在第2圈上，随后继续钩织。第4圈　需连接在花片A或是编织花样上。

图3
前领窝

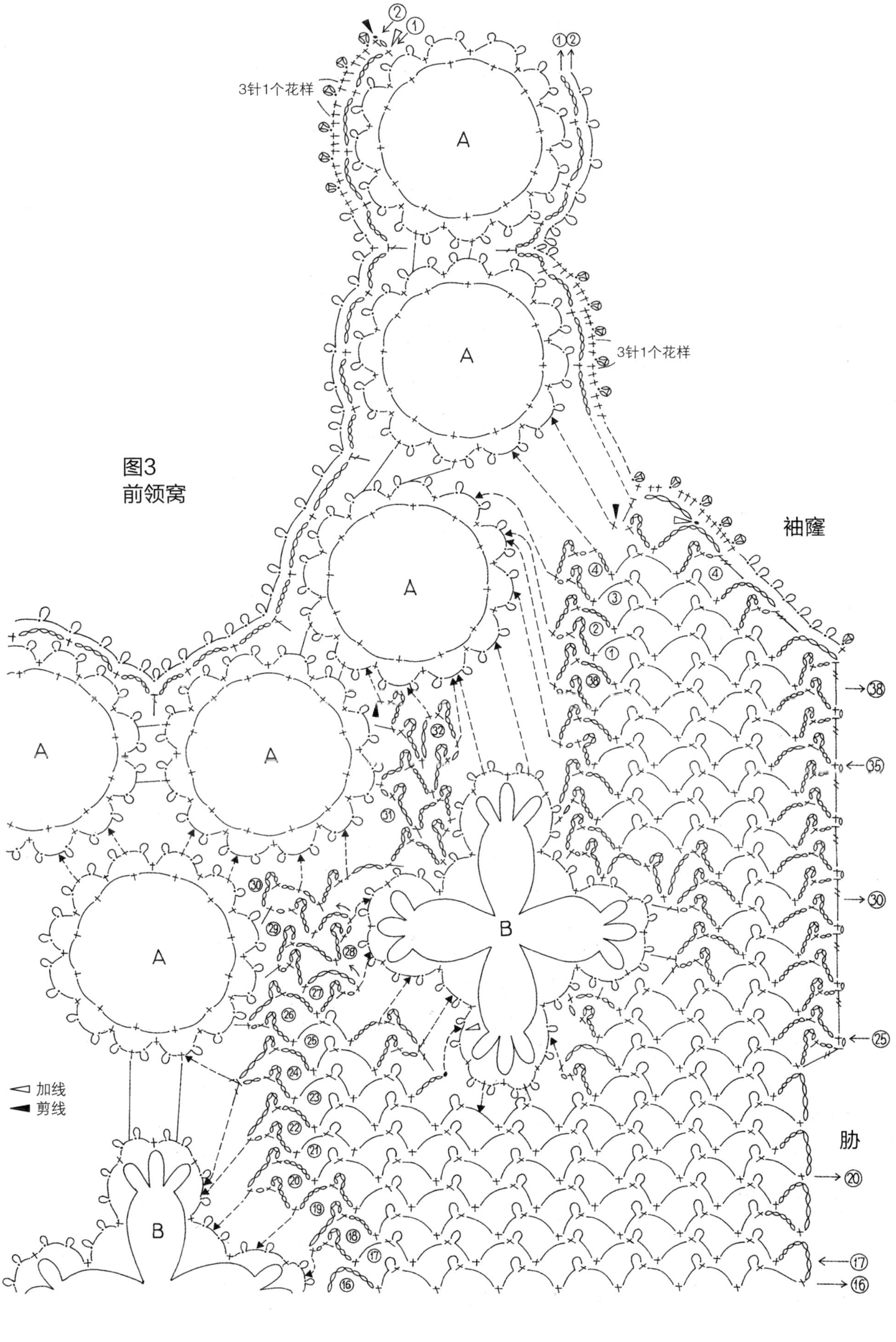

13

（第28页作品）

◆**准备材料**：Olympus Emmy Grande <HERBS>米白色（800）460克，直径1.4cm的纽扣10颗，2/0号钩针

◆**成品尺寸**：胸围90.5cm，肩宽37cm，衣长50.5cm，袖长33.5cm

◆**编织密度**：花片大小请参照图示

◆**风工房的建议**：在布上画出实物大小的图形，将各个花片摆放到指定位置，疏缝固定。前、后身片放在不同的部分，分别钩织网眼针，最后再将胁部缝合在一起。若想调整尺寸，可改变花片排列的密度。

◆**编织要点**：肩部、袖下、衣袖，均使用网眼针连接在一起。在下摆、前门襟、领窝和袖口处钩织边缘编织后即完成。花片D 中心处在12号棒针上绕8圈线。第1圈 立织1针锁针，钩织16针短针。第2圈 将钩针插入环的中心，包裹着第1圈的短针，钩织20针短针。

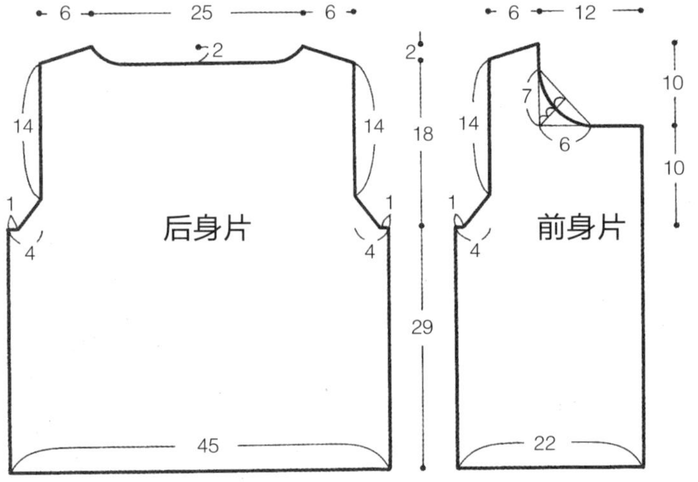

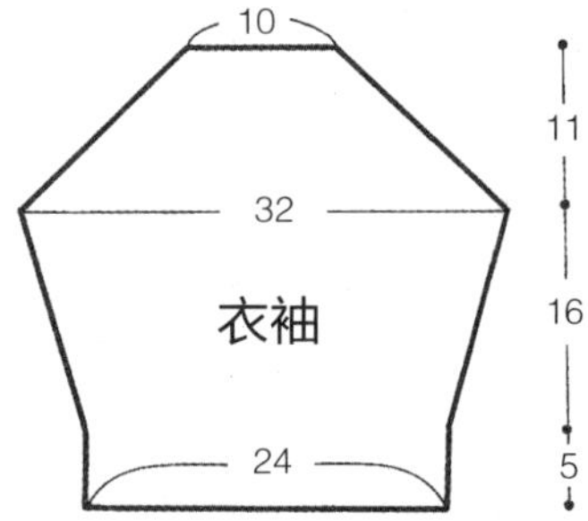

边缘编织

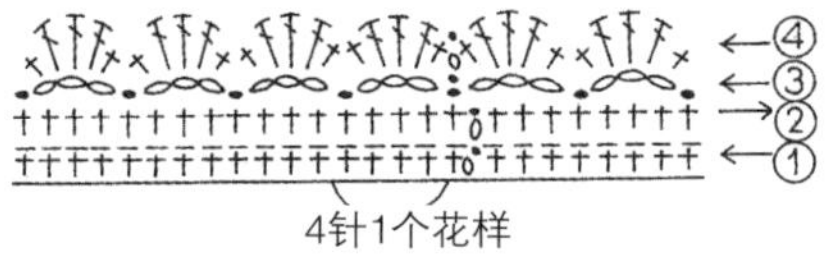

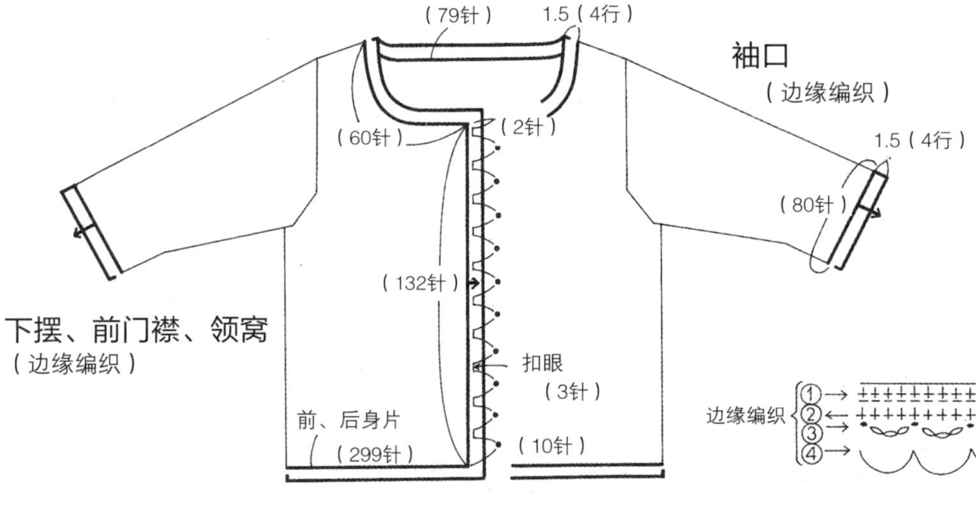

扣眼（右前门襟）

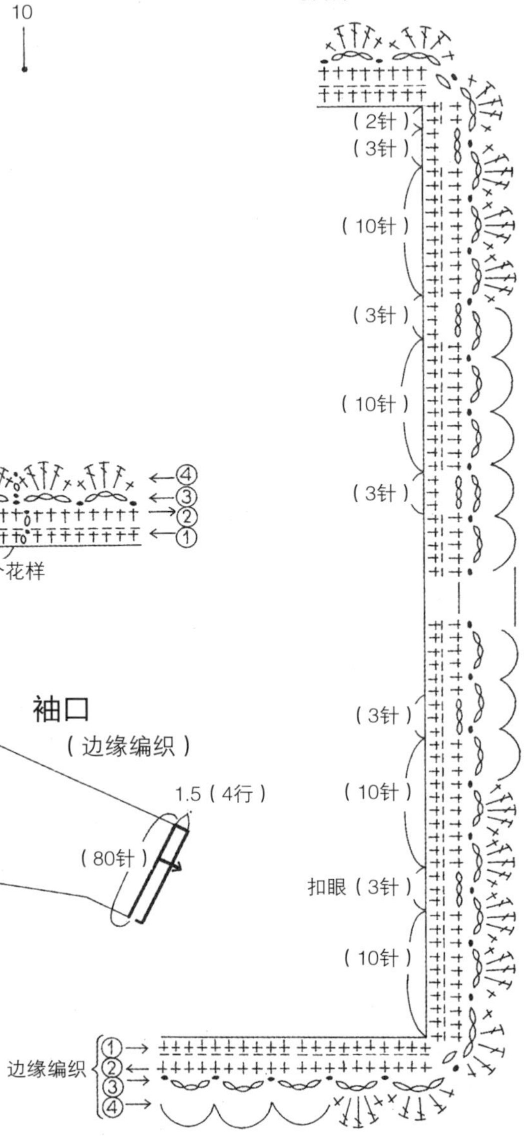

花片A

（直径为9）
共20片

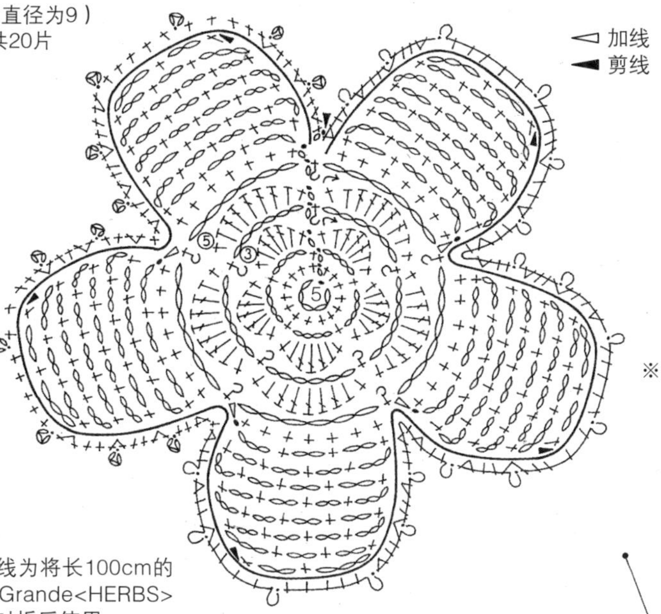

※包裹着5针锁针和线头一起钩织，第4、6圈短针的反拉针在第2、4圈短针的根部钩织

中心芯线为将长100cm的Emmy Grande<HERBS>系列线对折后使用

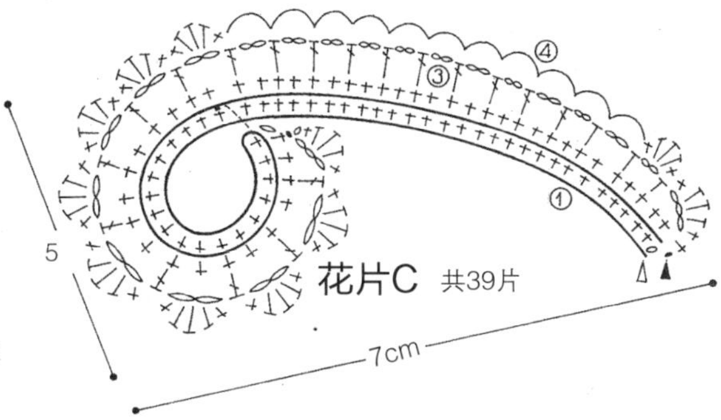

中心芯线为将长50cm的Emmy Grande<HERBS>系列线对折后使用

花片B

共27片

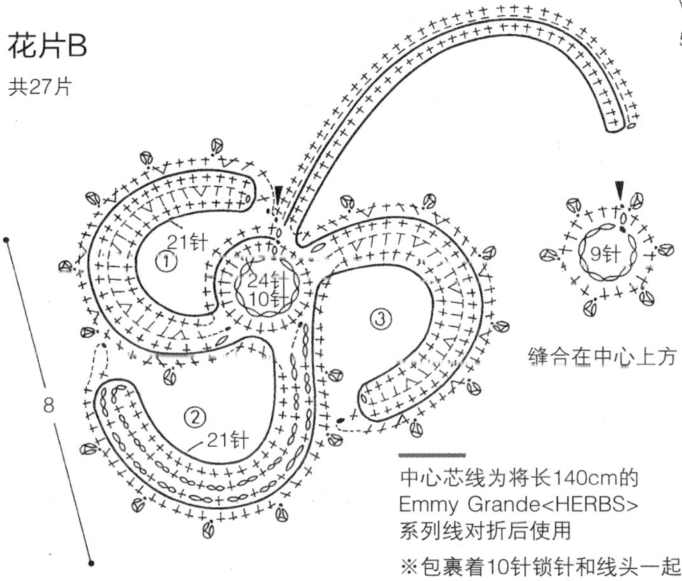

中心芯线为将长140cm的Emmy Grande<HERBS>系列线对折后使用

※包裹着10针锁针和线头一起钩织

花片D 共17组

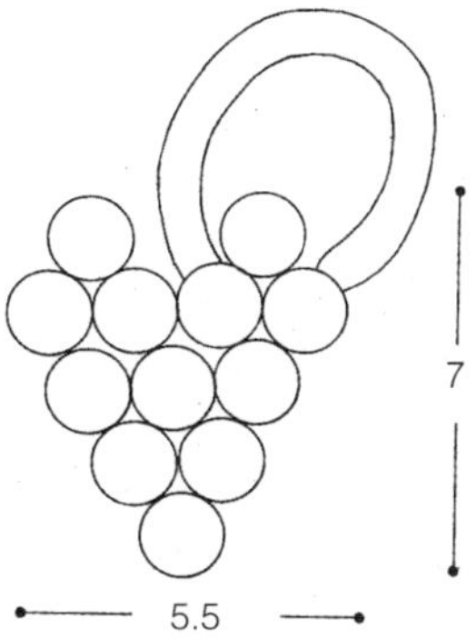

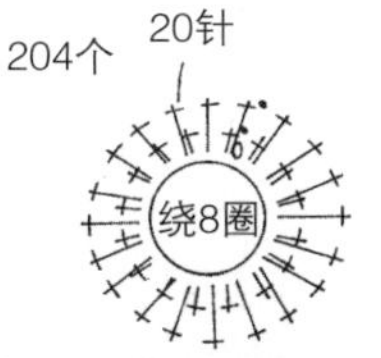

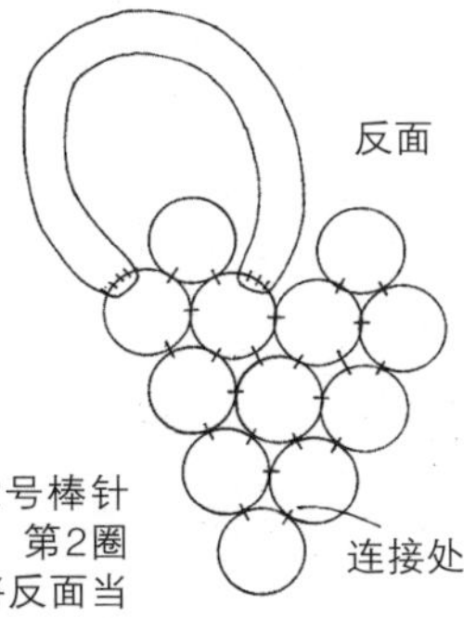

※中心处的环形是在12号棒针上绕8圈线制作而成，第2圈包裹着第1圈钩织，将反面当作正面使用

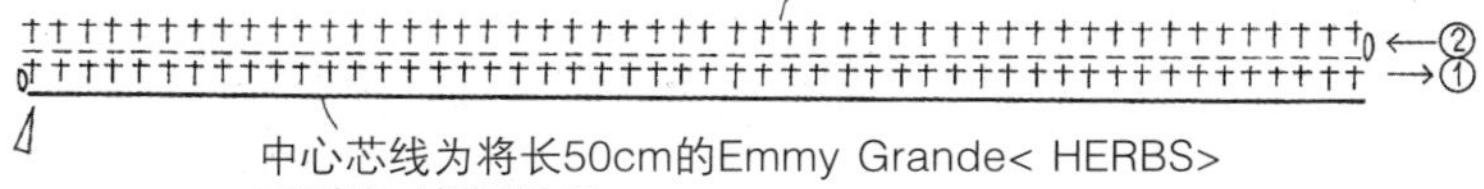

中心芯线为将长50cm的Emmy Grande< HERBS>系列线对折后使用

花片A

中心起5针锁针，连接成环。第1圈　包裹着5针锁针和线头，钩织15针短针。第2~6圈　第4圈、第6圈的短针的反拉针，看着织片的反面，分别在第2圈、第4圈的短针的根部钩织。第7圈　在6针锁针上钩织7针短针。花瓣使用2针锁针的网眼针一片一片地钩织。在花瓣的周围，即第7圈的短针的外侧加入芯线，连同芯线一起钩织短针和3针锁针的狗牙拉针。

花片B

中心处起10针锁针，连接成环，包裹着10针锁针和线头，钩织24针短针。使用引拔针固定时，加入对折后的芯线。①与芯线一起钩织9针短针，在芯线上钩织21针短针。暂不使用芯线，钩织"1针短针、24针中长针、1针短针"后返回，引拔固定后，钩织26针短针，加入芯线，钩织1针短针。引拔第1针短针以固定。与芯线一起钩织短针和3针锁针的狗牙拉针后返回，在中心的短针上钩织3针短针。②在芯线上钩织21针短针，暂不使用芯线，钩织"1针短针、2针锁针"后返回，引拔中心的短针，重复钩织"1针短针、2针锁针"返回。加入芯线，钩织1针短针，引拔步骤①中的短针固定后，与芯线一起钩织短针和3针锁针的狗牙拉针。在中心的短针上钩织3针短针。③与①的钩织方法相同。引拔固定到中心之后，在芯线上钩织38针短针，与芯线一起钩织菱形针后返回，引拔固定在中心上。

花片C

在芯线的一端加线。第1圈　在芯线上钩织45针短针，拿开芯线，在倒数第18针处引拔固定。第2圈　与芯线一起钩织45针短针后返回。第3、4圈　按照符号图钩织，第4片使用正面。

花片配置图

边缘编织

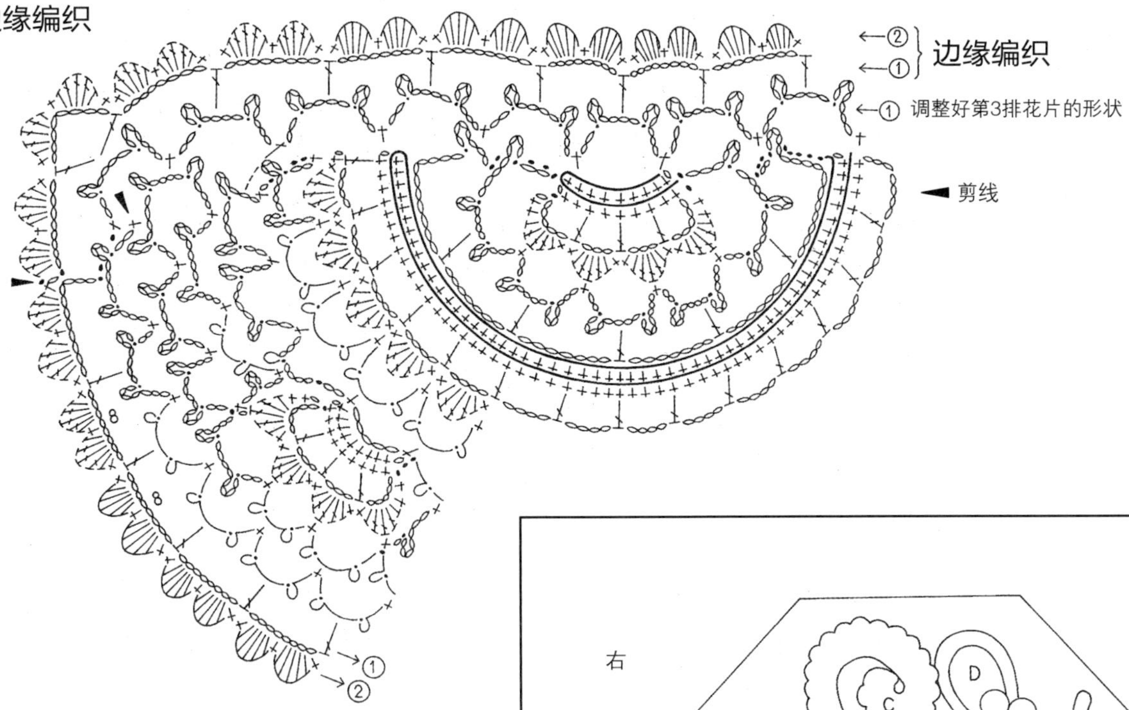

16

（接第129页）

花片配置图

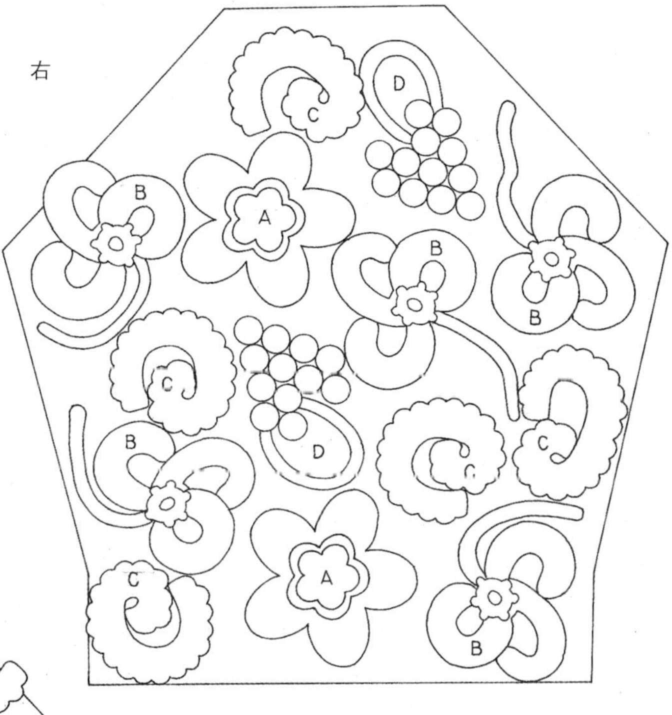

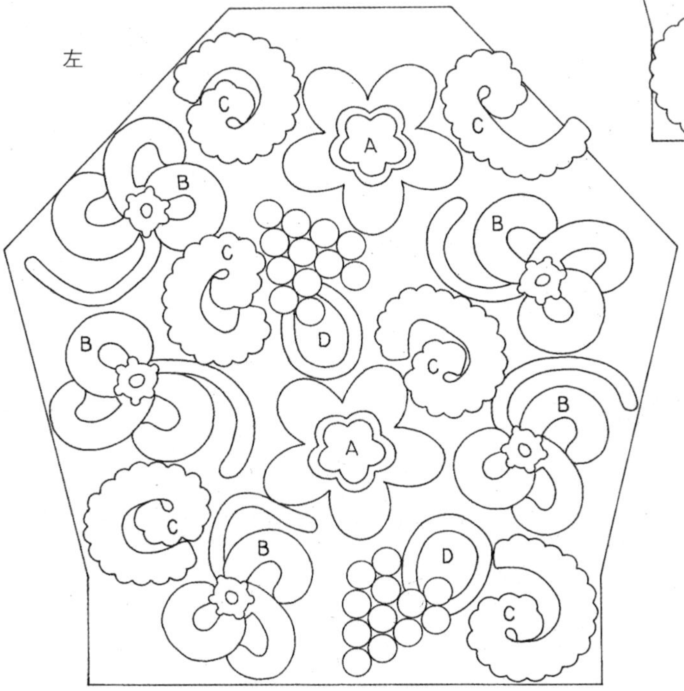

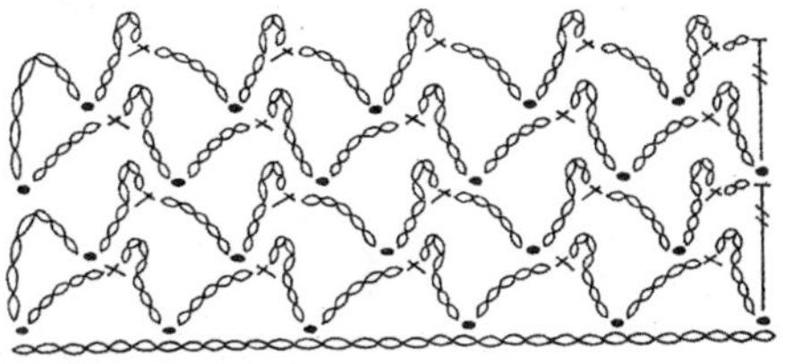

※填补花片之间空隙的网眼针

14

（第30页作品）

◆**准备材料**：Olympus金票40号蕾丝线　黑色（900）250克；6号蕾丝针

◆**成品尺寸**：胸围84cm，肩宽42cm，衣长50.5cm，袖长12.5cm

◆**编织密度**：花片大小请参照图示

◆**风工房的建议**：先在花片B叶子的周围钩织1圈网眼针，再在布上画上实物大小的形状，将花片摆放上去。疏缝后，从内向外钩织网眼针，将各个花片连接在一起。若想调整尺寸，可改变花片排列的密度。

◆**编织要点**：各个部分完成后，使用网眼针将肩部、胁、袖下和衣袖连接在一起。在领窝、袖口、下摆钩织网眼针后即完成。花片A　中心处是在10号棒针上绕8圈线，制作环形。第4圈、第6圈钩织短针的反拉针，将织片翻至反面，分别在第2圈、第4圈短针的根部钩织。

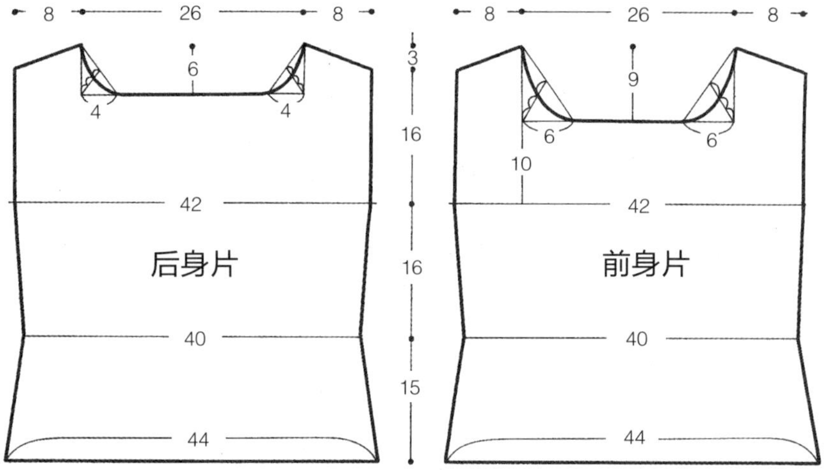

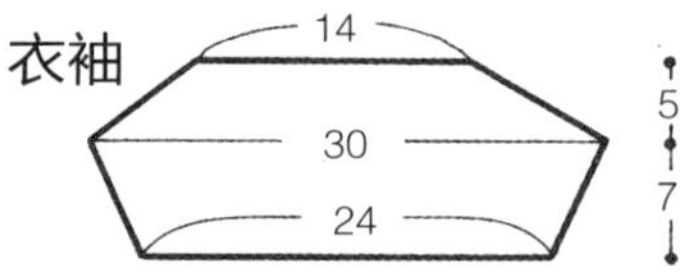

花片B

①在折4次后的芯线的一端加线，在芯线上钩织75针短针后，将钩针插入倒数第15针短针的下侧，钩织短针固定。每11针固定1次，共固定5次，然后再钩织5针短针。②翻至反面，连同芯线一起钩织17针菱形针。③在芯线上钩织16针，暂不使用芯线，翻转织片，立织1针锁针，钩织“2针短针的菱形针、3针中长针、6针长针、3针中长针、2针短针”，翻转织片，重复钩织4次“3针锁针、1针长针”，钩织3针锁针、1针引拔针。翻转织片，与芯线一起在第2圈立织的锁针上钩织1针短针，在3针锁针上钩织4针短针。在叶子的第1圈上钩织1针菱形针，在茎第1圈第17针上钩织短针固定，茎上的11针钩织菱形针。叶子2~5的钩织方法与步骤③相同，叶子6在菱形针的第8针上钩织，接着钩织11针菱形针，叶子7~11的钩织方法与步骤③相同。在剩下的短针上钩织菱形针。

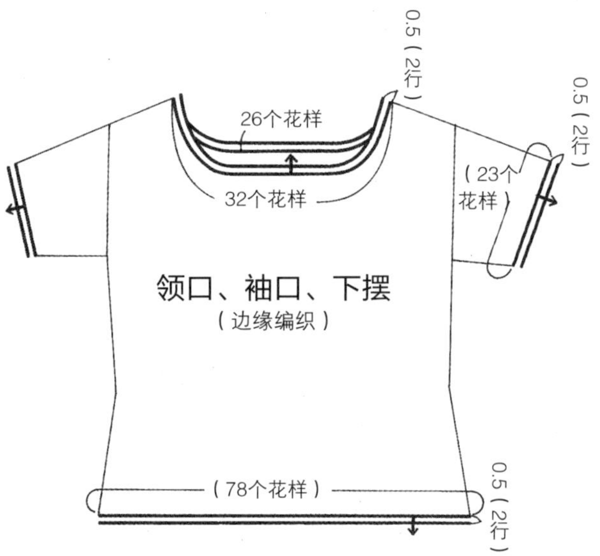

边缘编织

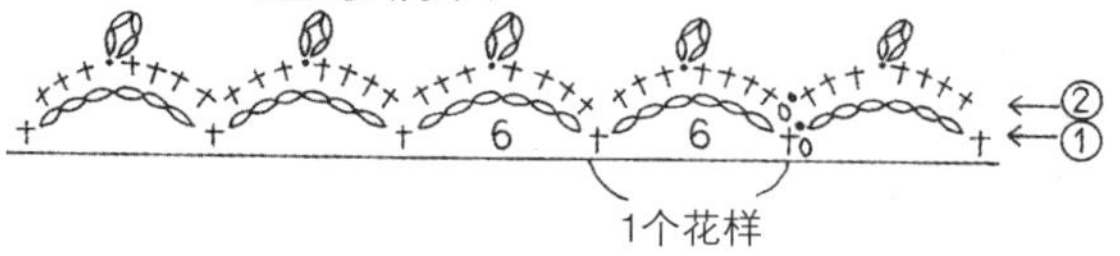

花片配置图

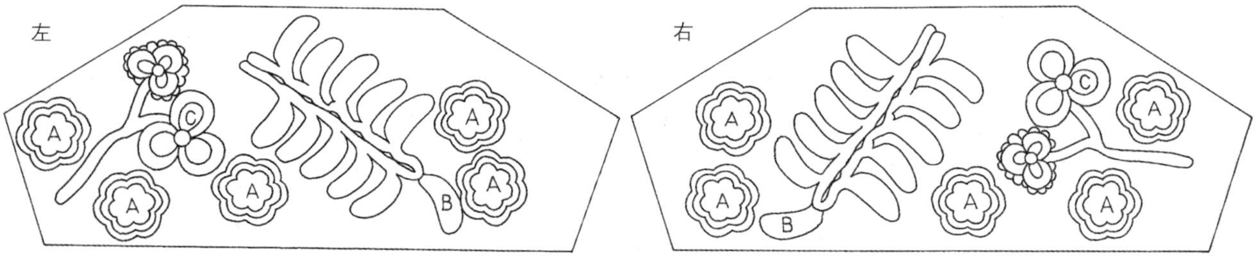

※中心处的环形是在10号棒针上绕8圈线制作而成，第4圈、第6圈短针的反拉针在第2圈、第4圈的短针的根部钩织

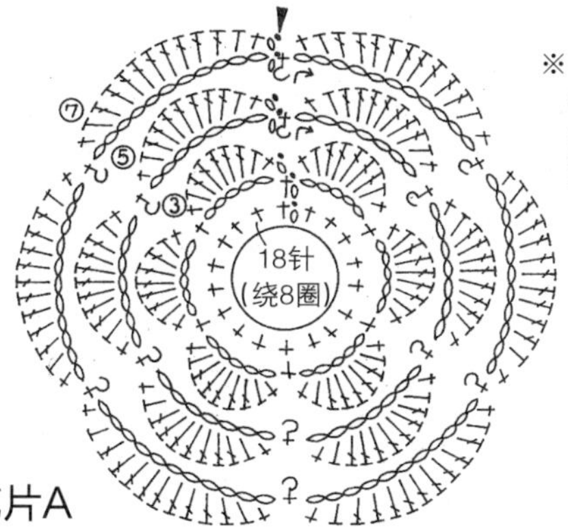

花片A
（直径为3.5）
共70片

花片C
（9×7）
共20片

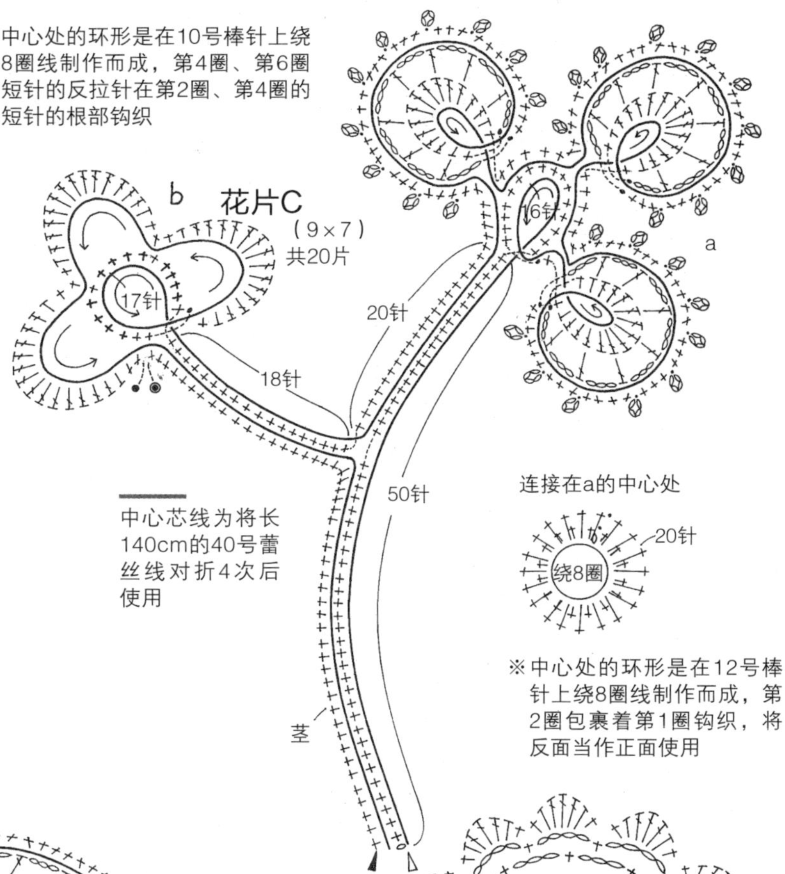

中心芯线为将长140cm的40号蕾丝线对折4次后使用

连接在a的中心处

※中心处的环形是在12号棒针上绕8圈线制作而成，第2圈包裹着第1圈钩织，将反面当作正面使用

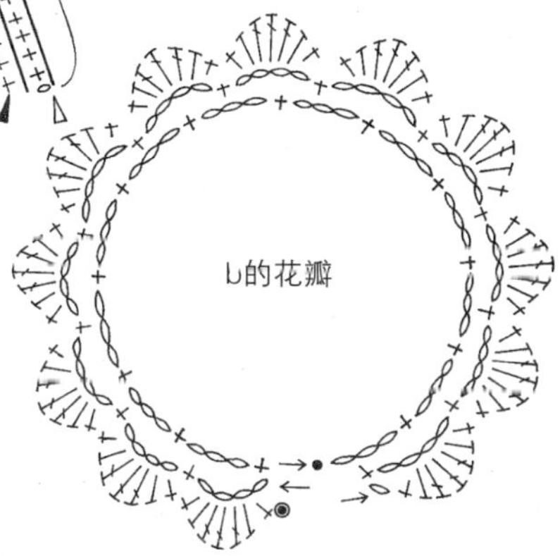

花片B
（12.5×6.5）
共20片

◁ 加线
◀ 剪线

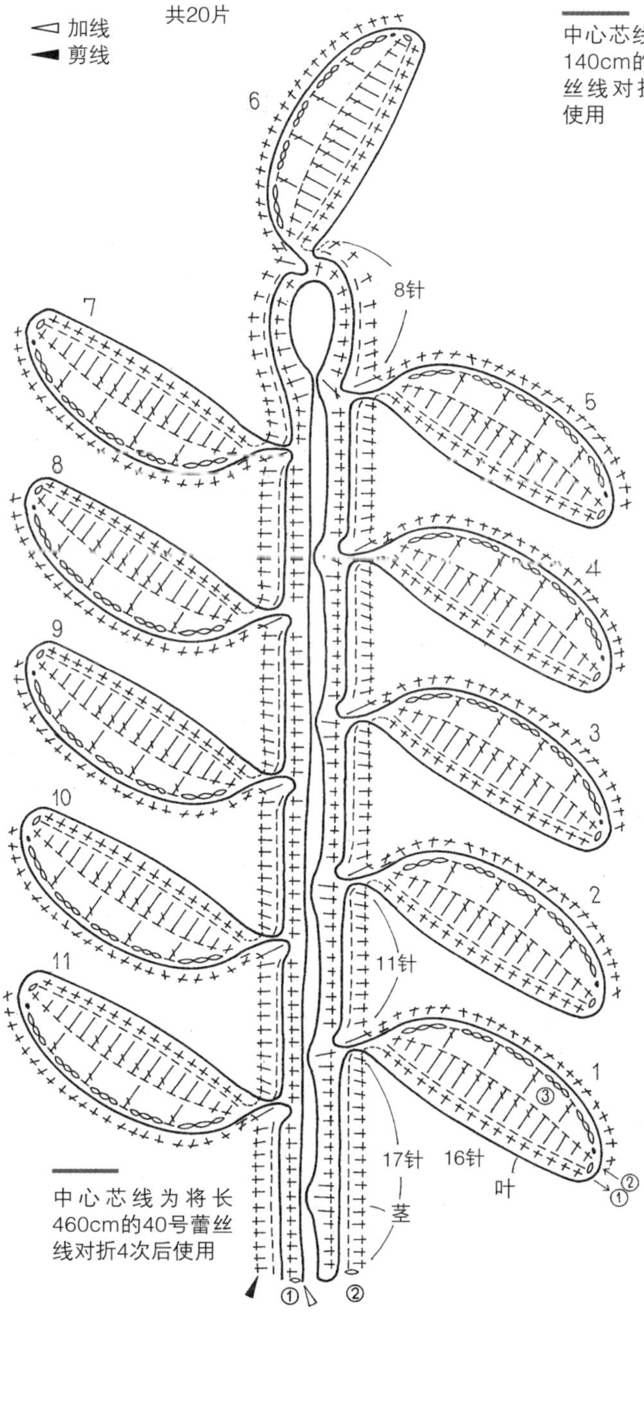

中心芯线为将长460cm的40号蕾丝线对折4次后使用

花片C

①在折4次后的芯线的一端加线，在芯线上钩织66针短针。②引拔固定在倒数第16针上，成为环形，与芯线一起钩织1针短针。③在芯线上钩织“1针短针、1针中长针、12针长针、1针中长针、1针短针”，引拔固定在第1针短针上，成为环形。④暂不使用芯线，重复钩织“3针锁针、1针长针”，引拔固定在第1针引拔针上。⑤与芯线一起钩织短针和4针锁针的狗牙拉针。⑥返回中心的环，与芯线一起钩织5针短针，重复步骤③~⑥1次、步骤③~⑤1次。⑦与芯线一起钩织4针短针，返回茎，在茎上返回钩织20针。⑧在芯线上钩织35针短针，引拔固定在倒数第17针上，成为环形。⑨在芯线上钩织“1针短针、1针中长针、13针长针、1针中长针、1针短针”，越过4针，钩织1针短针固定。重复此步骤3次后，暂不使用芯线。⑩钩织“3针锁针、1针短针”以穿过茎的第18针的下方，在步骤⑨中越过的短针上钩织短针。⑪翻至反面，重复钩织12次“4针锁针、1针短针”。⑫翻回正面，在4针锁针上钩织“1针短针、1针中长针、3针长针、1针中长针、1针短针”，共重复12次。⑬与芯线一起，在最初的环上钩织剩下的1针短针，钩织18针短针后返回茎，在最初的茎上钩织剩下的30针。

花片配置图

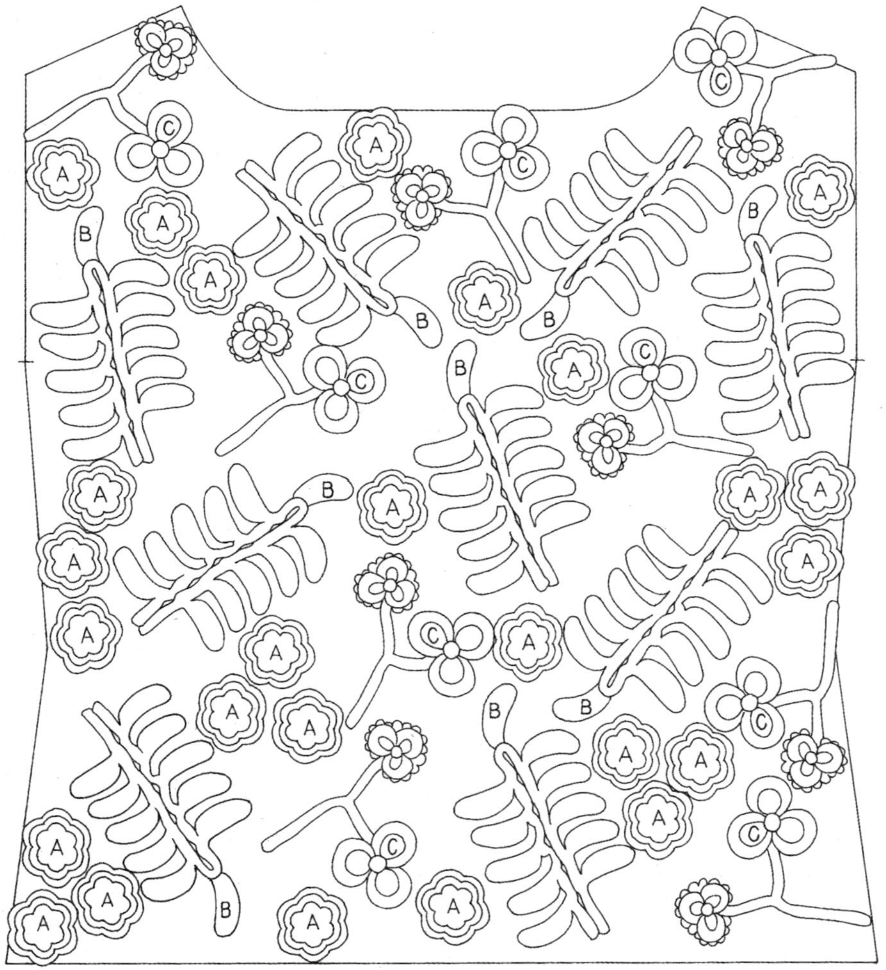

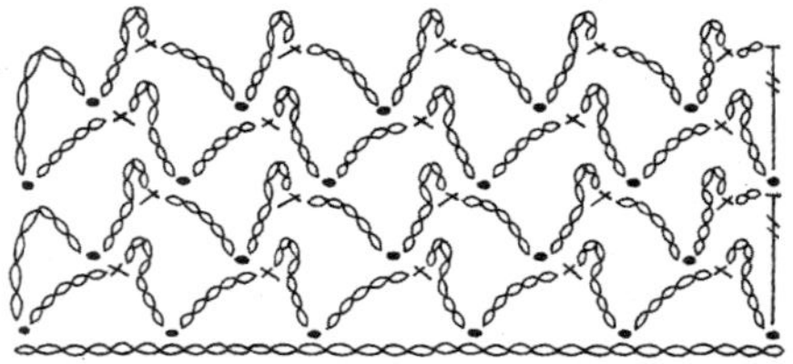

※填补花片之间空隙的网眼针

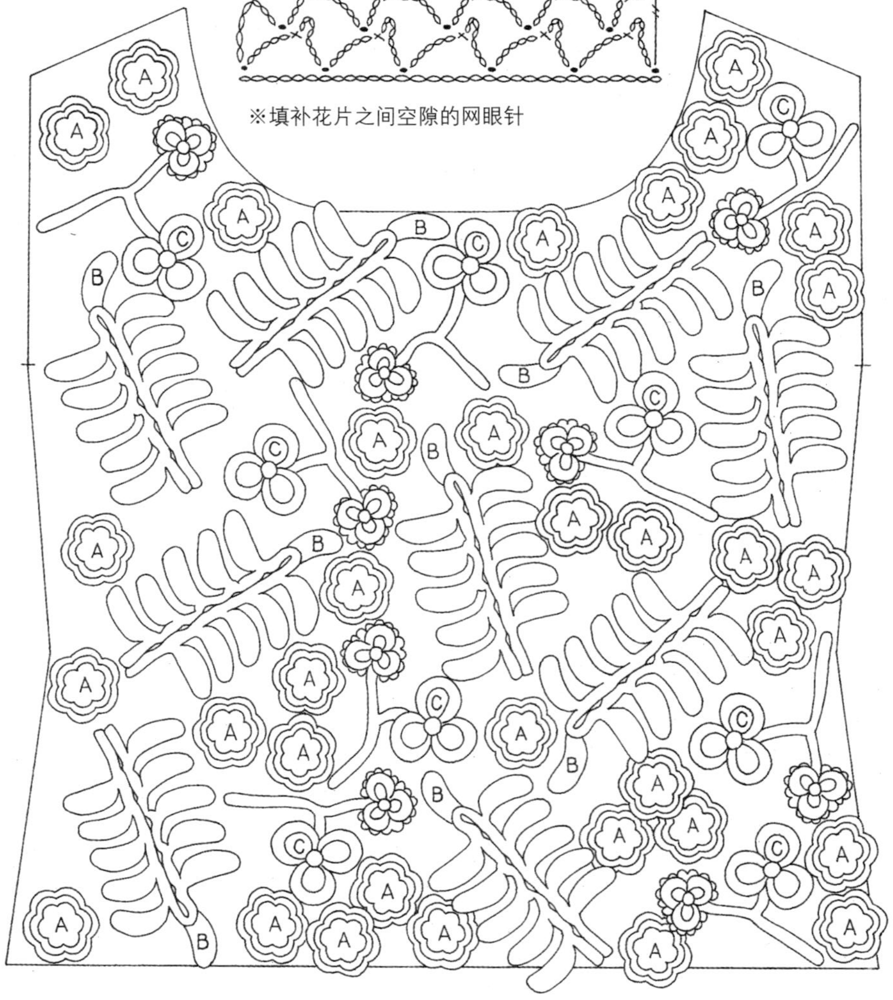

18

（第38页作品）

◆**准备材料**：Olympus Emmy Grande <HERBS>米白色（800）15克；2/0号钩针；直径1cm的纽扣1颗

◆**成品尺寸**：长41cm

◆**风工房的建议**：在芯线上钩织1行后，要拉紧芯线，使其成为弧形。一边在外侧钩织叶子一边返回。在草莓的编织起点处多留一些线，紧密地钩织球形，在钩织一半时，将线头塞入其中。

◆**编织要点**：在折4次后的芯线一端加线，在芯线上钩织204针短针。拉紧芯线，使其成为弧形。然后换用2根芯线。叶子的花片，是在芯线上钩织13针短针后，暂不使用芯线，钩织第2行、第3行，与芯线一起在第2行立起的锁针上钩织1针短针，在3针锁针上钩织4针短针。花朵和果实均使用引拔针固定，分别固定在花瓣上的长针上和3针锁针的顶部。

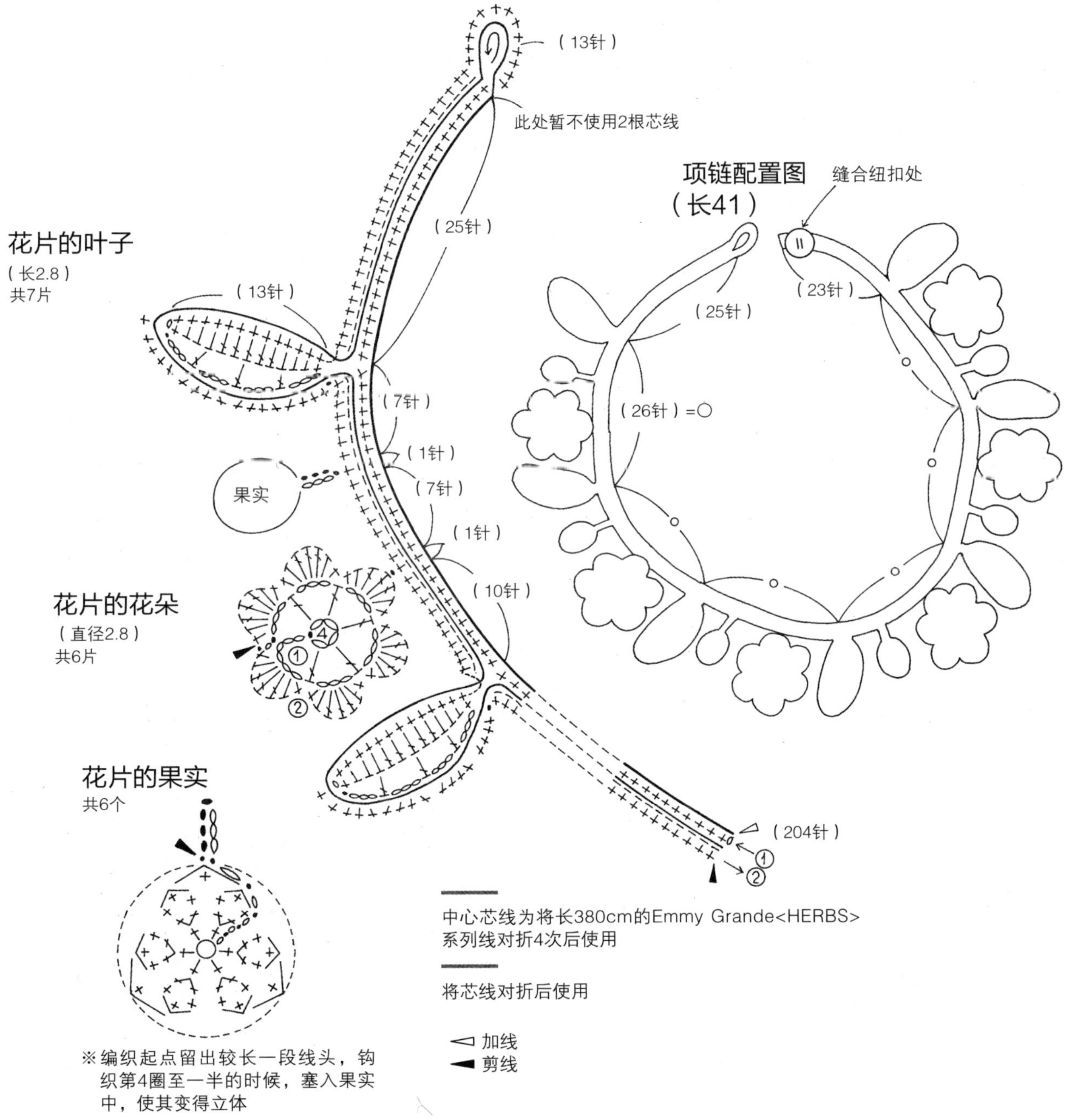

15

（第32页作品）

◆**准备材料**：Olympus Emmy Grande纯白色（801）500克；2/0号钩针

◆**成品尺寸**：胸围84cm，肩宽42cm，衣长55cm，袖长42cm

◆**编织密度**：花片的大小请参照图示

◆**风工房的建议**：除领窝处玫瑰花的位置外，其余的花片排列在布上，并疏缝一下。花片之间钩织网眼针连接。最后再连接领窝处的玫瑰花。分别制作前身片、后身片、衣袖，使用网眼针连接在一起。

◆**编织要点**：肩部使用网眼针接合，胁、袖下使用锁针接合，使用网眼针将衣袖连接到身片上。在领窝、袖口、下摆处钩织边缘编织。花片A、B 中心处是在12号棒针上绕8圈线，制作环形。花片A与B钩到第7圈为止，钩织方法相同。第4圈、第6圈的短针的反拉针分别钩织在第2圈、第4圈短针的根部。花片B的第8圈也如此。花瓣的圈数越多，钩织出来的玫瑰花就越大。

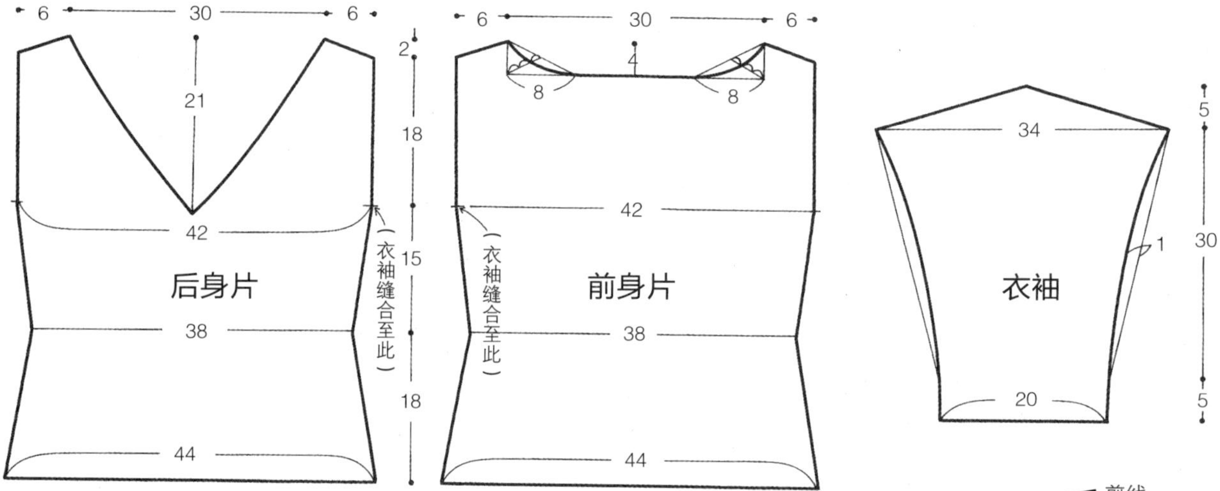

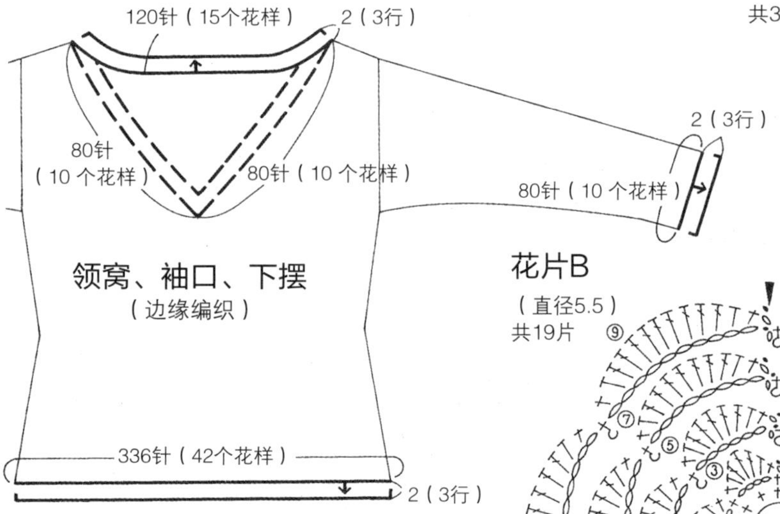

花片A

（直径5）

共31片

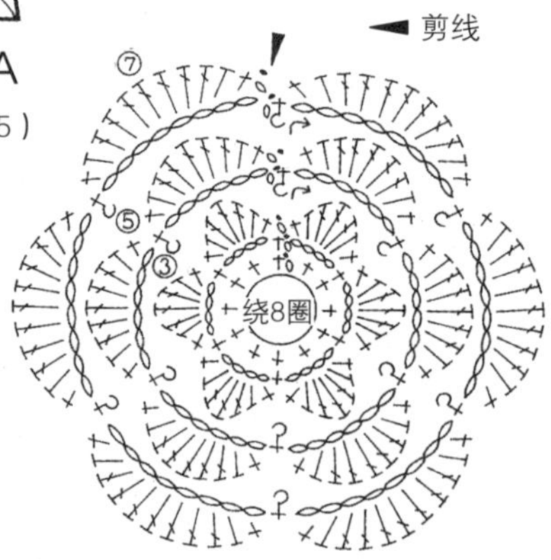

花片B

（直径5.5）

共19片

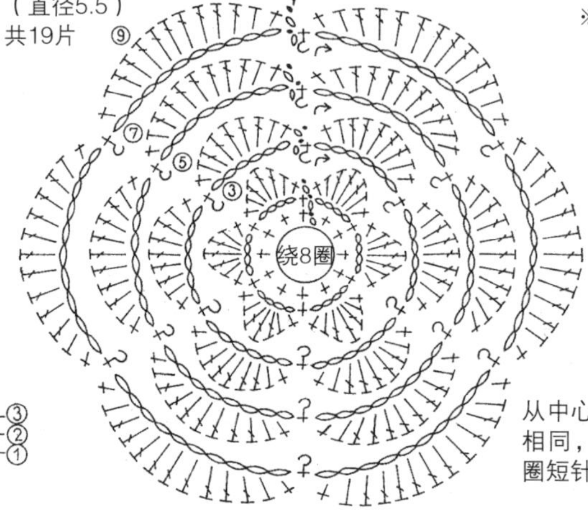

※中心处的环形是在12号棒针上绕8圈线制作而成，第4圈短针的反拉针在第2圈短针的根部钩织，第6圈短针的反拉针在第4圈短针的根部钩织

从中心的环线至⑦，步骤与花片A相同，第8圈短针的反拉针在第6圈短针的根部钩织

边缘编织

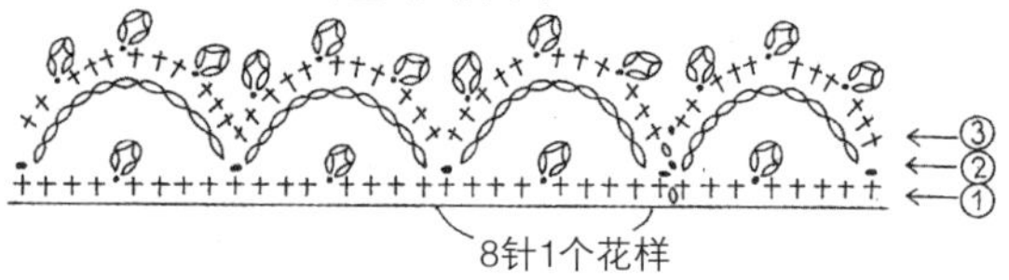

花片C

中心处起10针锁针，连接成环，包裹着线头和起针，钩织24针短针，使用引拔针固定时，加入对折后的芯线。①在芯线上钩织16针短针。暂不使用芯线，钩织1圈菱形针，与芯线一起，在第2圈钩织1针短针，再钩织19针菱形针，在中心的短针上钩织3针短针。②在芯线上钩织19针短针。引拔倒数第10针，成为环形，在芯线上钩织1针短针、6针菱形针，在步骤①的第4圈引拔固定，钩织菱形针后返回，在中心的短针上引拔固定。③与芯线一起钩织14针菱形针，在芯线上钩织2针短针，暂不使用芯线，钩织16针菱形针，在中心上引拔固定。钩织16针菱形针，与芯线一起在第2行上钩织1针短针，钩织19针菱形针后返回，在中心的短针上钩织3针短针。接着重复钩织7次“1针锁针、1针中长针”，钩织3针锁针，重复钩织5次“1针中长针、2针锁针”，钩织1针中长针、3针锁针。与芯线一起钩织23针短针，在芯线上钩织1针短针，与芯线一起钩织27针菱形针。④在芯线上钩织16针短针，暂不使用芯线，钩织16针菱形针后引拔固定，钩织16针菱形针。与芯线一起在第2圈上钩织1针短针，再钩织19针菱形针后，引拔固定。⑤与芯线一起钩织14针菱形针，在芯线上钩针2针短针，暂不使用芯线，钩织16针菱形针后，引拔固定，钩织16针菱形针。与芯线一起在第2行上钩织1针短针，再钩织19针菱形针后，引拔固定。⑥与②的钩织方法相同，但需引拔固定在⑤的第8针上。⑦与③的钩织方法相同。⑧、⑨与⑤的钩织方法相同。⑩与⑥的钩织方法相同。⑪与③的钩织方法相同，钩织短针返回中心。

花片C
（直径10）
共12片

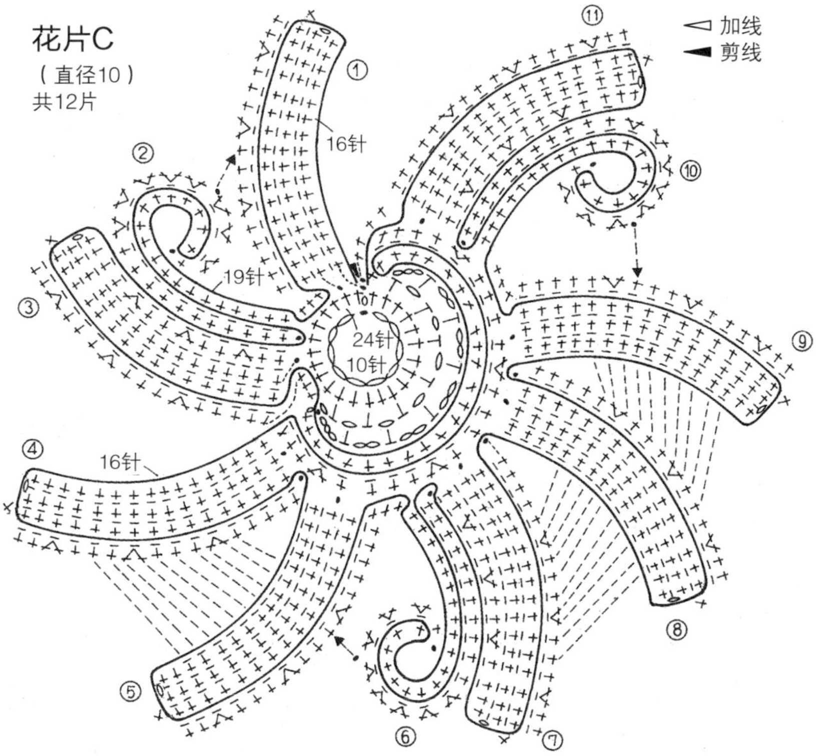

中心芯线为将长250cm的Emmy Grande系列线对折后使用

※包裹着10针锁针和线头一起钩织

花片F

在对折后的芯线一端加线。①钩织74针短针，引拔固定在倒数第17针上。②在芯线上钩织“1针短针、1针中长针、13针长针、1针中长针、1针短针”，越过4针短针，钩织1针短针，固定芯线。重复此步骤3次后，暂不使用芯线。③穿过茎的第57针的下方，钩织12次“3针锁针、1针短针”，在②中越过的短针上钩织。④翻至反面，重复钩织12次“4针锁针、1针短针”。⑤翻回正面，在4针锁针上钩织“1针短针、1针中长针、3针长针、1针中长针、1针短针”。⑥与芯线一起，在第1个环形剩下的短针上钩织短针。⑦返回茎，钩织16针菱形针。⑧在芯线上钩织33针短针，引拔倒数第17针，固定芯线。重复步骤②~⑥。⑨返回茎，钩织16针菱形针，在最初的茎上钩织16针菱形针。⑩与步骤⑧的钩织方法相同，钩织步骤②~⑥。⑪钩织41针菱形针后结束。

花片F
共9片

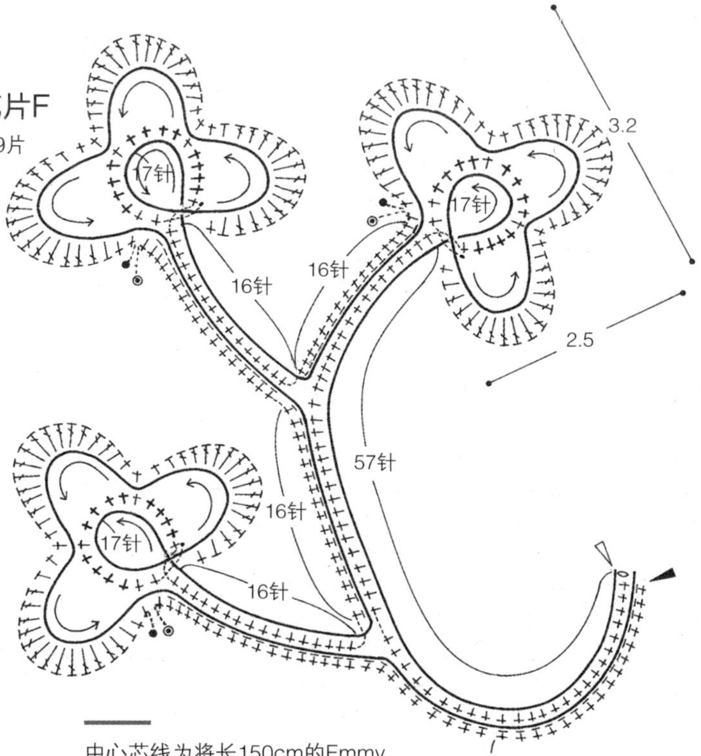

中心芯线为将长150cm的Emmy Grande系列线对折后使用

茎

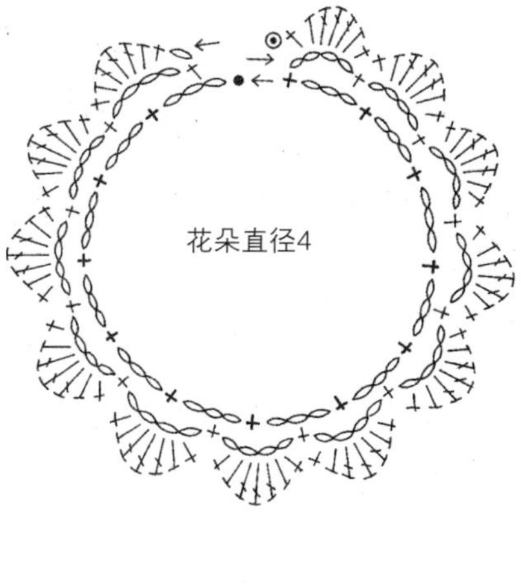

花片配置图

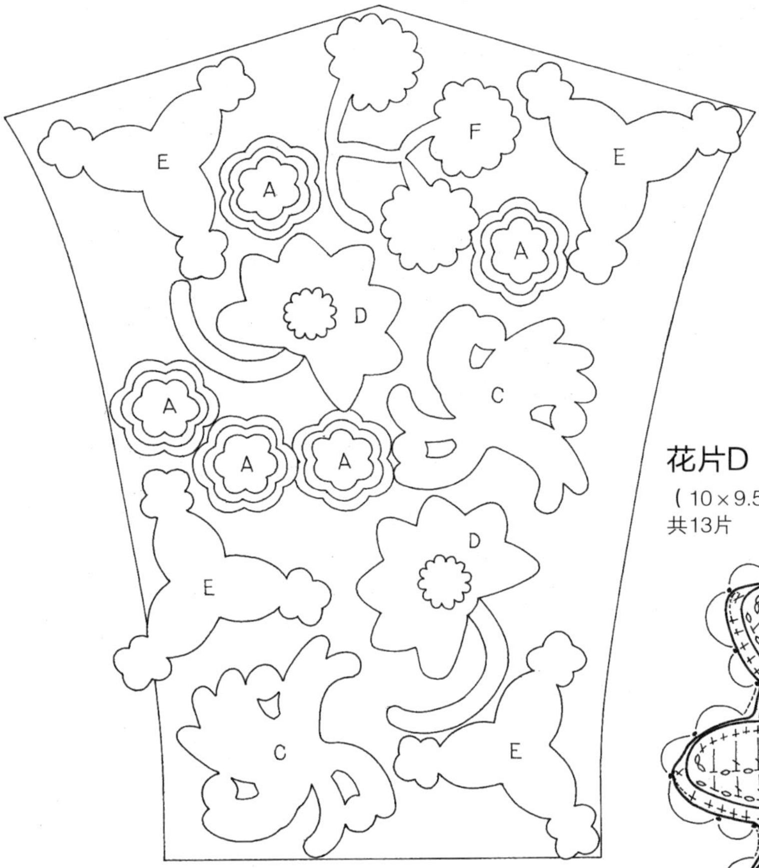

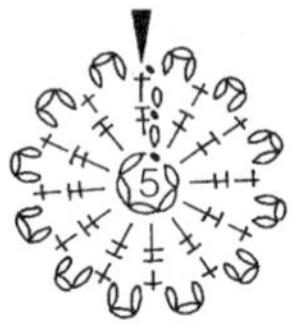

连接到花片D的中心

花片D

（10×9.5）
共13片

中心芯线为将长230cm的Emmy Grande系列线对折后使用

花片E

（边长为5.5）
共17片

花片E

边缘一圈在网眼针的第2圈插入钩针，固定对折后的芯线，从第3圈开始，在各个网眼针上与芯线一起钩织短针。

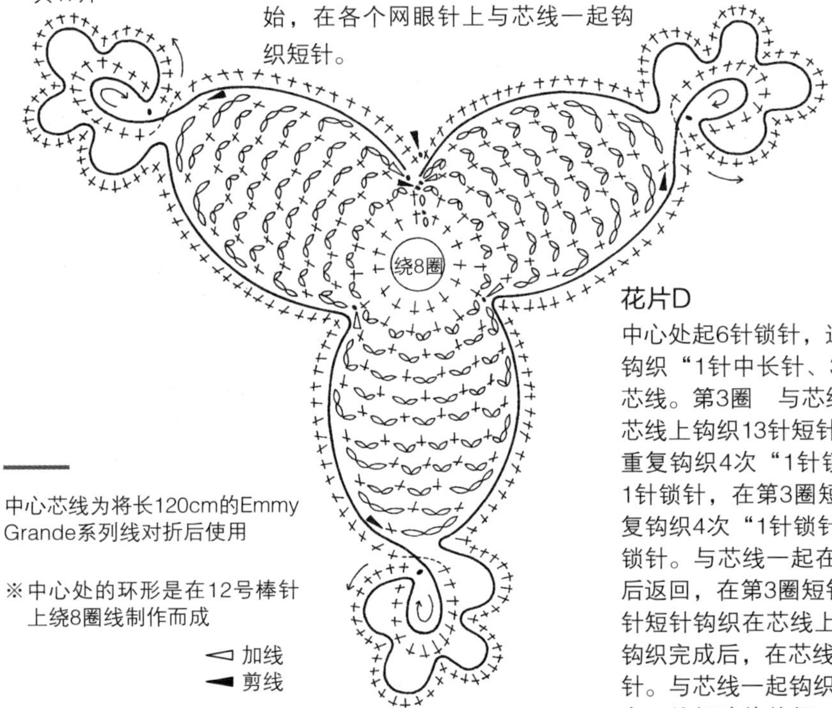

中心芯线为将长120cm的Emmy Grande系列线对折后使用

※中心处的环形是在12号棒针上绕8圈线制作而成

◁ 加线
◀ 剪线

花片D

中心处起6针锁针，连接成环。第1圈　钩织16针短针。第2圈　重复钩织“1针中长针、3针锁针”。使用引拔针连接时，加入对折后的芯线。第3圈　与芯线一起“在3针锁针上钩织4针短针”。花瓣　在芯线上钩织13针短针。暂不使用芯线，*钩织2针锁针、1针中长针，重复钩织4次“1针锁针、1针长针”，钩织1针锁针、1针中长针、1针锁针，在第3圈短针上引拔固定，钩织1针锁针、1针中长针，重复钩织4次“1针锁针、1针长针”，钩织1针锁针、1针中长针、1针锁针。与芯线一起在花瓣的第2圈上钩织1针短针，再钩织13针短针后返回，在第3圈短针上引拔固定。前8针短针与芯线一起钩织，后5针短针钩织在芯线上。暂不使用芯线*。重复*之间的步骤。7片花瓣钩织完成后，在芯线上钩织38针短针，暂不使用芯线，钩织2行菱形针。与芯线一起钩织菱形针，返回到花瓣处，在第3圈短针上引拔固定，钩织边缘编织。边缘编织　在芯线上钩织“1针短针、1针中长针、1针长针、1针中长针、1针短针”，在短针上引拔固定。

花片配置图

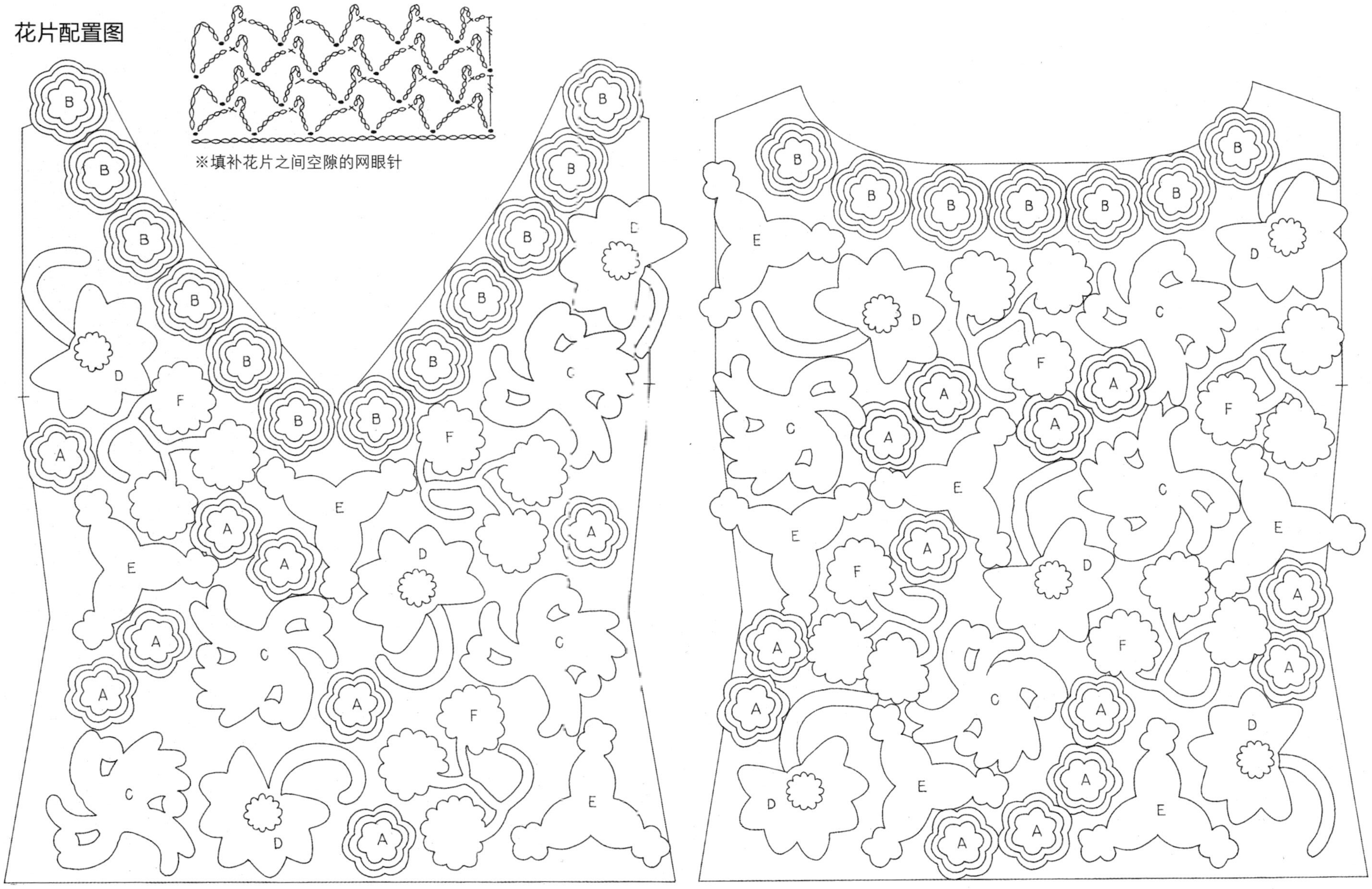

※填补花片之间空隙的网眼针

16

（第34页作品）

◆**准备材料**：Olympus金票40号蕾丝线　茶黄色（731）80克；6号蕾丝针

◆**成品尺寸**：宽22cm，衣长93cm

◆**编织密度**：花片（第1列和第2列）10cm×13cm

◆**风工房的建议**：在中途包裹着芯线钩织的时候，不要过松也不要过紧，保持好花片的形态。网眼针中的锁针不要钩织得过松，在钩织时最好稍微将线拉紧一些。

◆**编织要点**：第1列与第2列的花片相同，共有11片，第3列的花片仅是编织起点处略有不同，第4圈之后的部分与第1、2列的花片第5圈之后的部分相同。较短的芯线用在编织起点处，较长的芯线用在第4、5圈处。从第2片花片开始，在钩织最后1圈时，与之前的花片钩织连接在一起。连接方法请参照图示。先将第3列花片调整好，再在整体的周围钩织2圈边缘编织。

第1列和第2列的花片（11片）

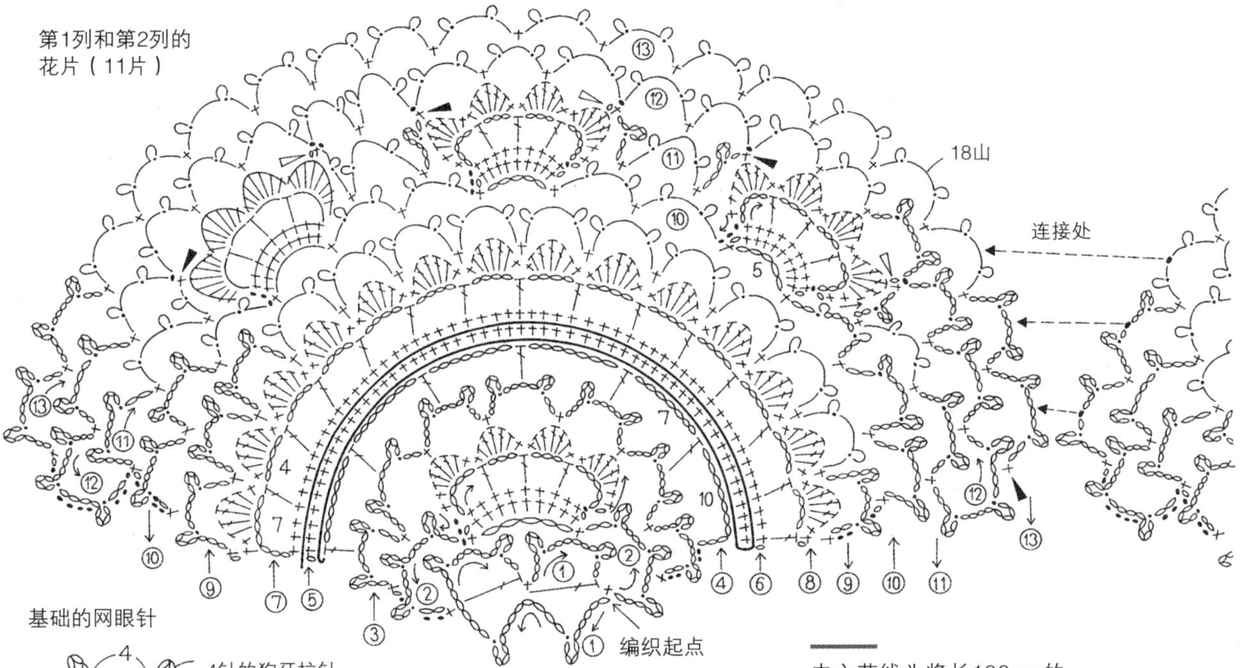

中心芯线为将长100cm的40号蕾丝线对折4次后使用

基础的网眼针

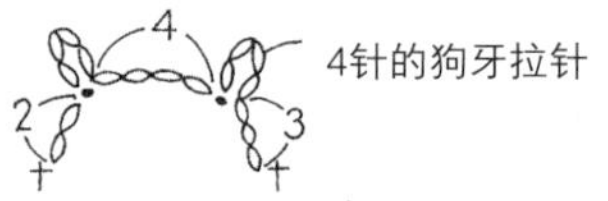

◁ 加线
◀ 剪线

第3列花片（17片）

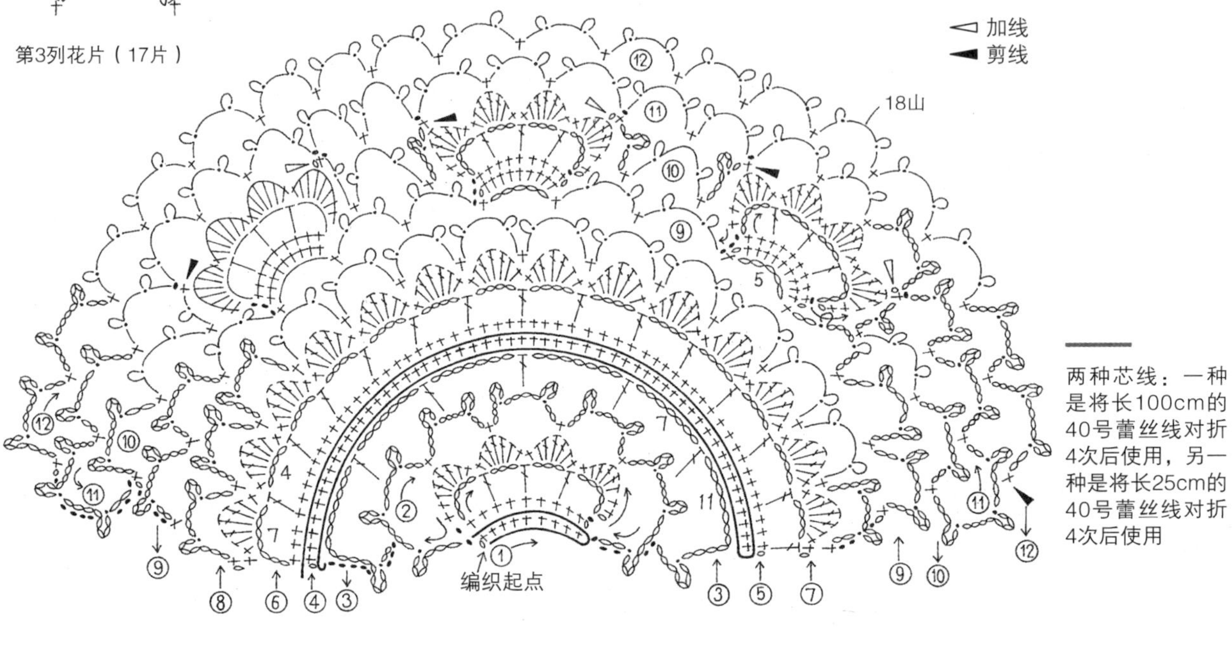

两种芯线：一种是将长100cm的40号蕾丝线对折4次后使用，另一种是将长25cm的40号蕾丝线对折4次后使用

迷你披肩

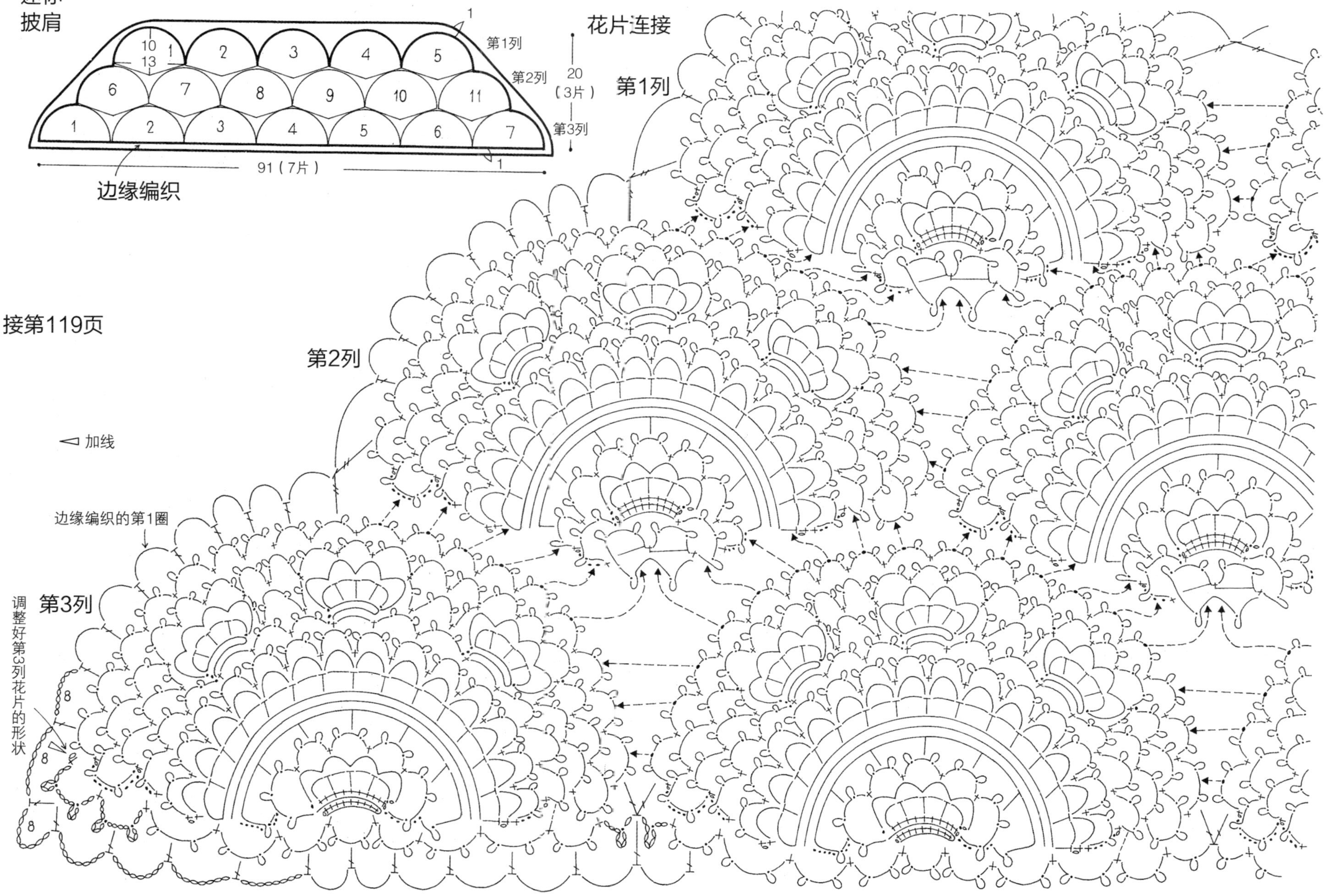

接第119页

◁ 加线

17

（第36页作品）

◆**准备材料**：Olympus Emmy Grande黑色（901）280克；2/0号钩针

◆**成品尺寸**：宽128cm

◆**编织密度**：编织花样5山为9.6cm，10cm内9.6行；花片A直径为8cm

◆**风工房的建议**：为了不使6卷狗牙针太松，绕线时要拉紧。钩织锁针时，也请注意不要钩织得过松。制作出三角形后，再在其中的2条边上连接上花片。

◆**编织要点**：钩织花样时，每行减少半个网眼，直至三角形的顶点变成1山。钩织花片时，从第2片花片开始，在钩织最后1圈时，与之前的花片连接在一起。钩织三角形顶点的那1片花片时要特别注意。在披肩的周围钩织1圈短针，调整好形状，在连接花片的一侧钩织方眼针，在花片上钩织带有双狗牙针的网眼针连接。在三角形披肩的周围钩织边缘编织。

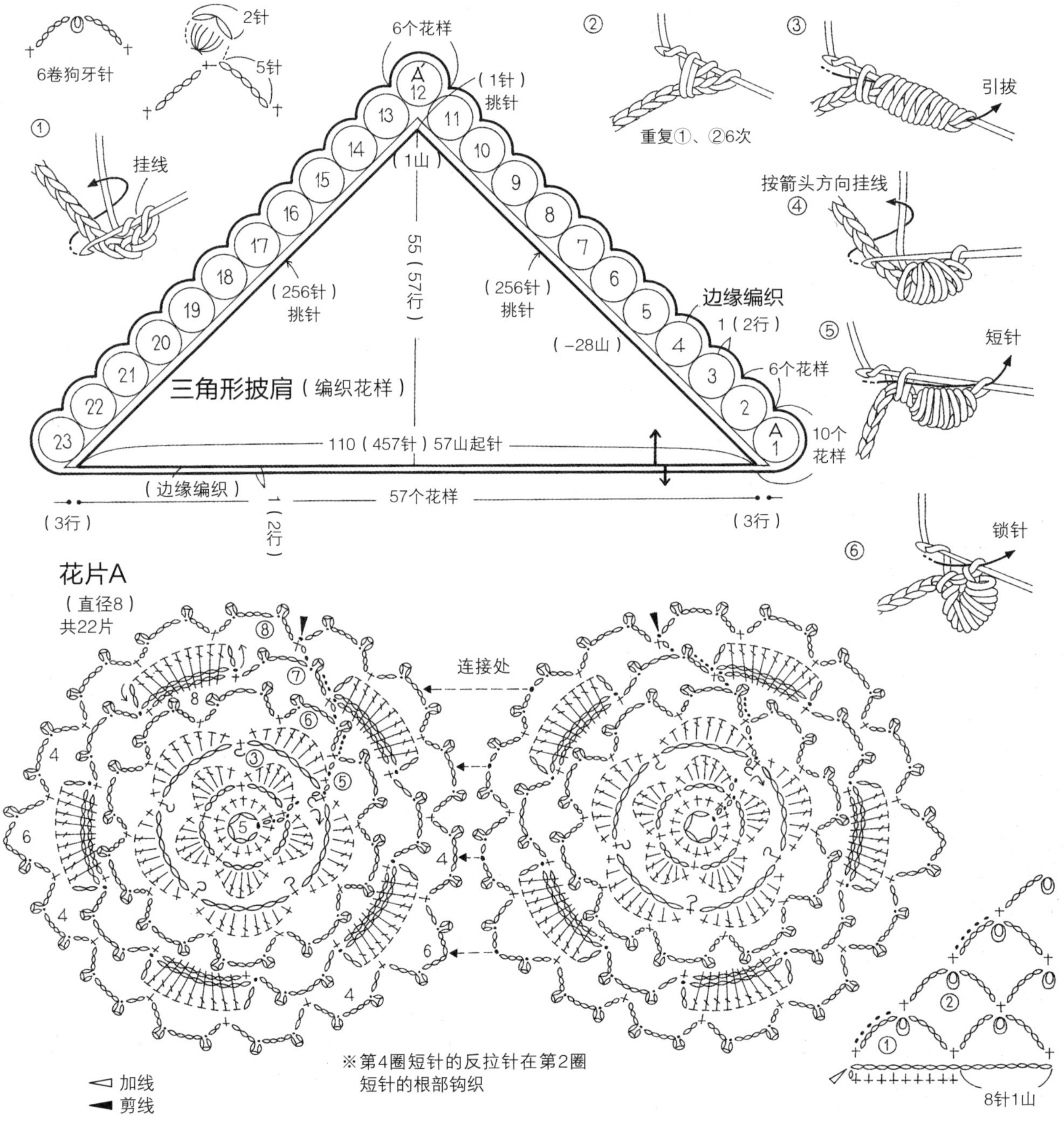

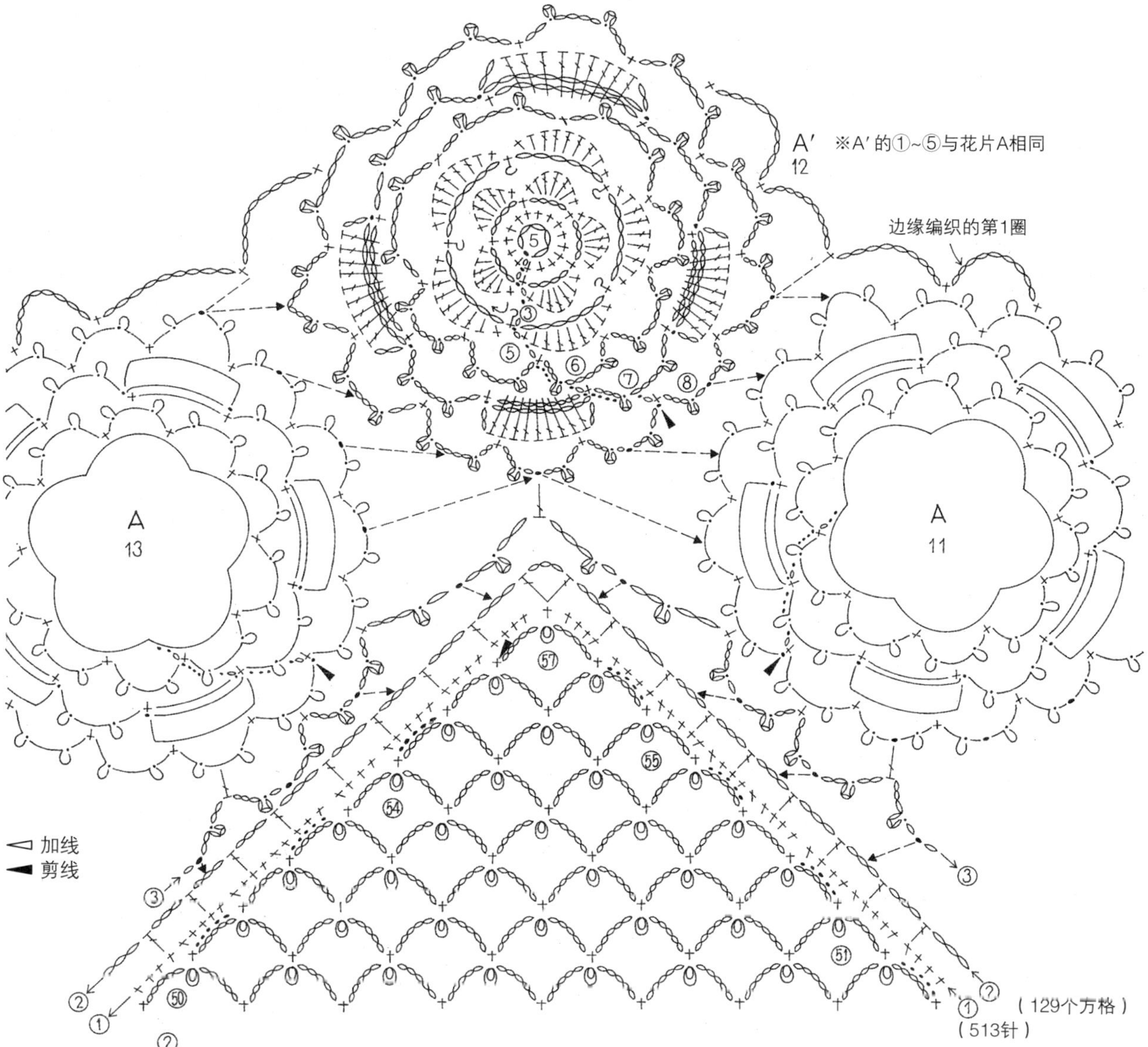
A′
12
※A′的①~⑤与花片A相同
边缘编织的第1圈
A
13
A
11
加线
剪线
（129个方格）
（513针）

编织花样

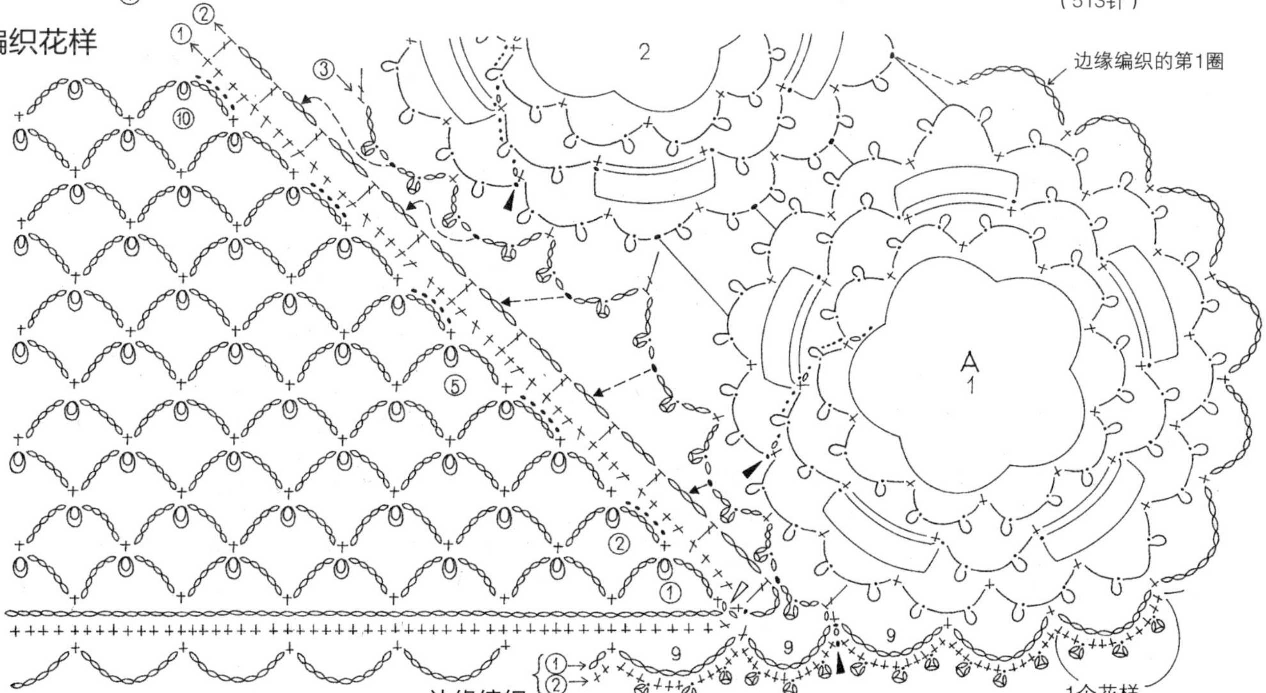
2
边缘编织的第1圈
A
1
9
1个花样

边缘编织

19

（第40页作品）

◆**准备材料**：Olympus Emmy Grande <HERBS>米白色（800）20克；2/0号钩针

◆**成品尺寸**：长70cm

◆**风工房的建议**：在芯线上钩织出葡萄蒂的第1行后，要拉紧芯线，使其成为弧形。第2行不加入芯线。叶子钩织完最后1行后，将反面当作正面使用。

◆**编织要点**：葡萄的中心处是在12号棒针上绕8圈线，制作环。第1圈　立织1针锁针后钩织16针短针。第2圈　将钩针插入环形的中心，包裹着第1圈，钩织20针短针完成。将反面当作正面使用，在反面将葡萄连接在一起，成为葡萄串的形状。将3片树叶缝合在一起，再缝上蒂。挂绳是在锁针上钩织大约70cm长的“1针引拔针、3针锁针”制作而成的，最后在中央缝合上葡萄串，在两边缝合上树叶的花片。

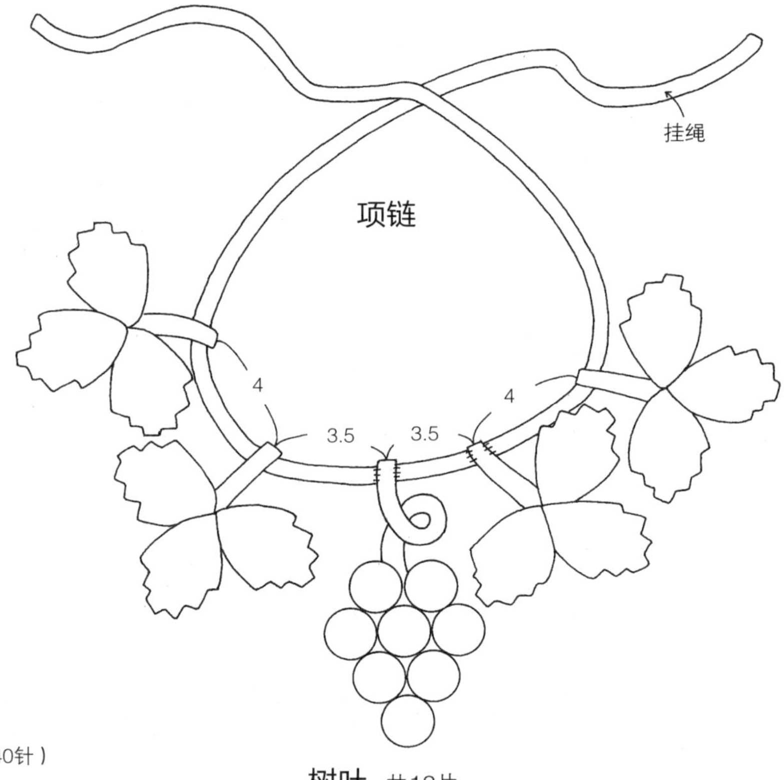

葡萄 共8个

※中心处的环形是在12号棒针上绕8圈线制作而成。
第2圈　包裹着第1圈钩织，将反面当作正面使用

反面

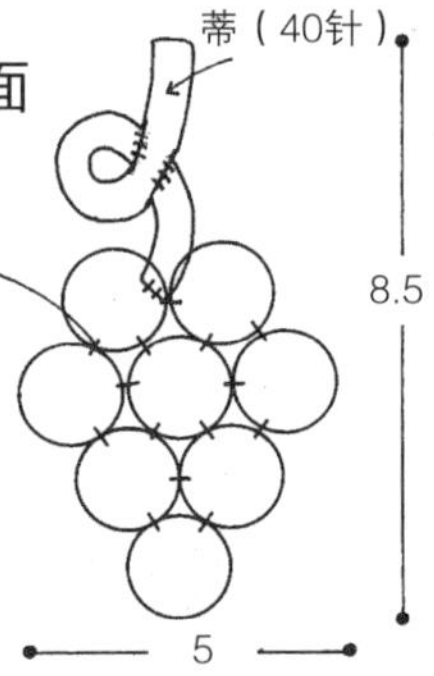

蒂

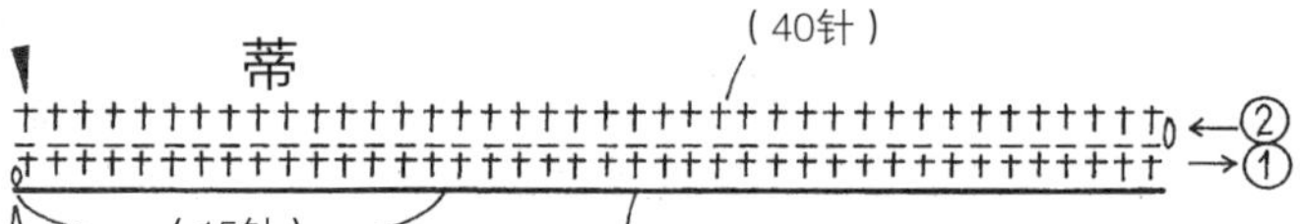

40针的1根
15针的4根

两种芯线：40针的是将长2.5cm的Emmy Grande<HERBS>系列线对折后使用，15针的是将长16cm的Emmy Grande<HERBS>系列线对折后使用

树叶 共12片

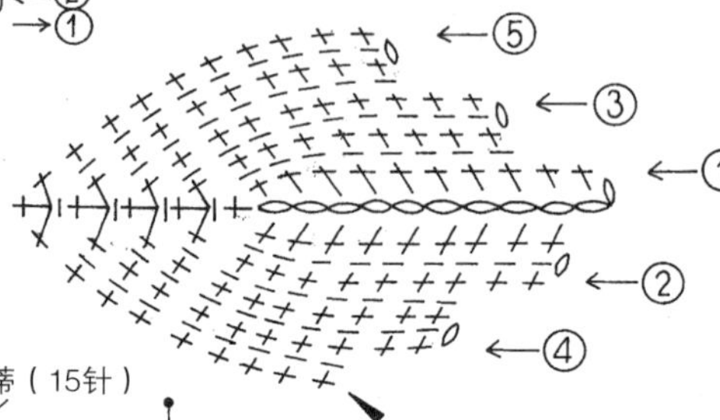

中心处的起针为10针

※将反面当作正面使用

挂绳

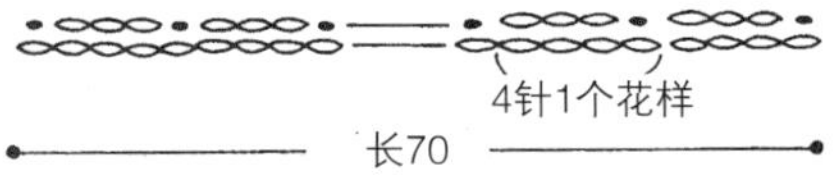

背面

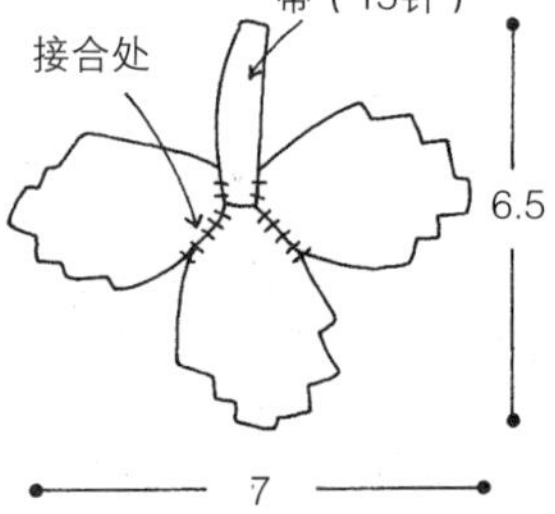

◁ 加线
◀ 剪线

20

（第42页作品）

◆**准备材料**：Olympus Emmy Grande纯白色（801）200克；2/0号钩针；作为内袋使用的丝质布尺寸为61cm×28cm；宽0.9cm的罗缎长116cm

◆**成品尺寸**：宽28cm，深29cm

◆**风工房的建议**：可根据自己的喜好选择合适尺寸的布，在布上排列好花片，再使用网眼针连接在一起。为了让镂空的感觉更加突出，内袋选用了丝质的布料。使用布制作包包，再像贴花一样缝上花片，也能制作出非常可爱的包包。

◆**编织要点**：将两片花片连接的主体反面相对，使用锁针和短针将左右两侧和底部接缝在一起，钩织1行短针和带有6卷狗牙针（编织方法参见130页）的网眼针。袋口钩织边缘编织B，并调整好形状。在提手的反面，叠放上罗缎，做藏针缝缝合，再和袋口缝合。使用藏针缝，将内袋和袋口的反面缝合，在上面再缝上一圈罗缎。

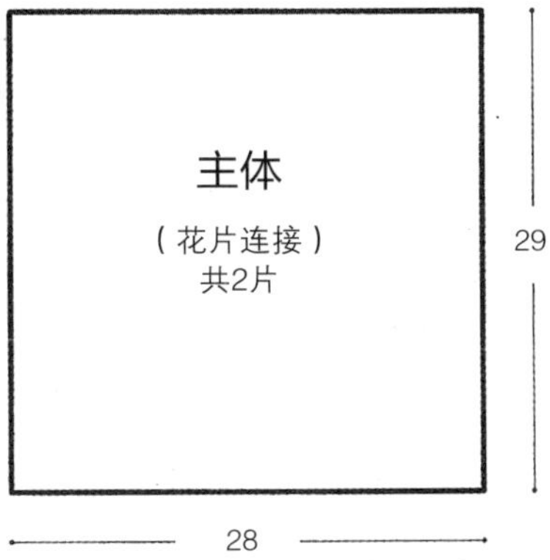

边缘编织B

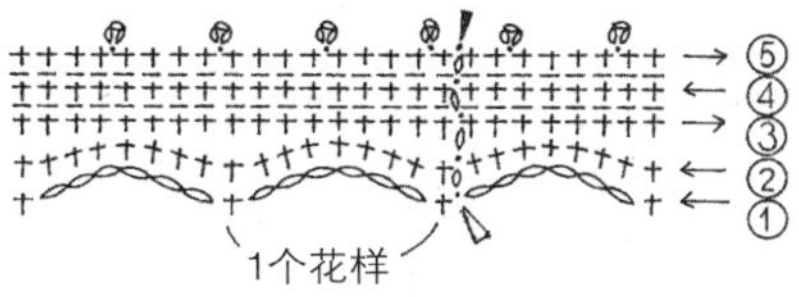

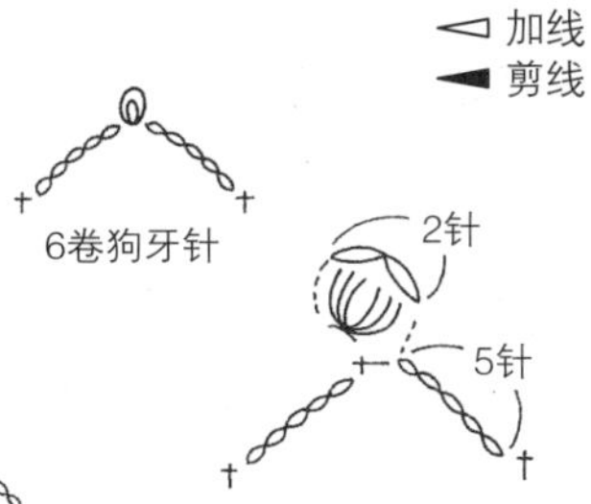

边缘编织A

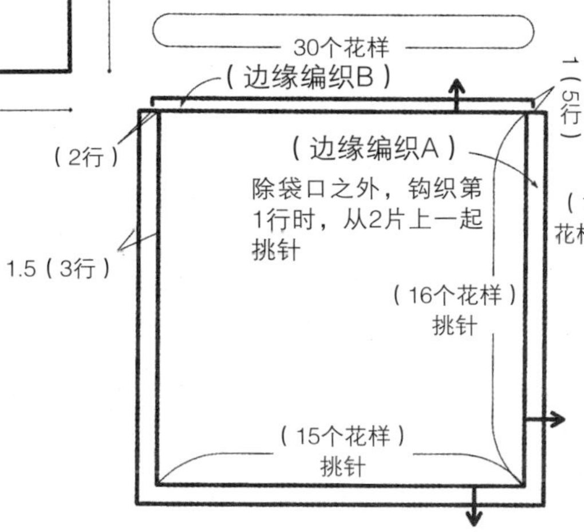

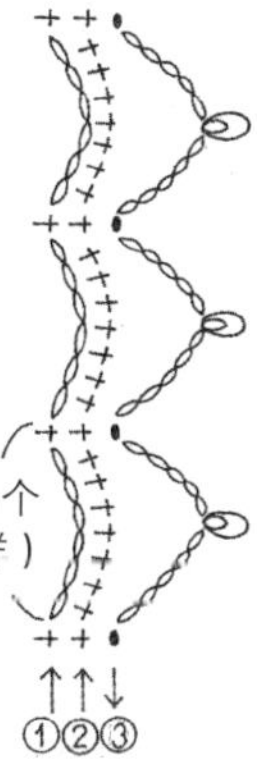

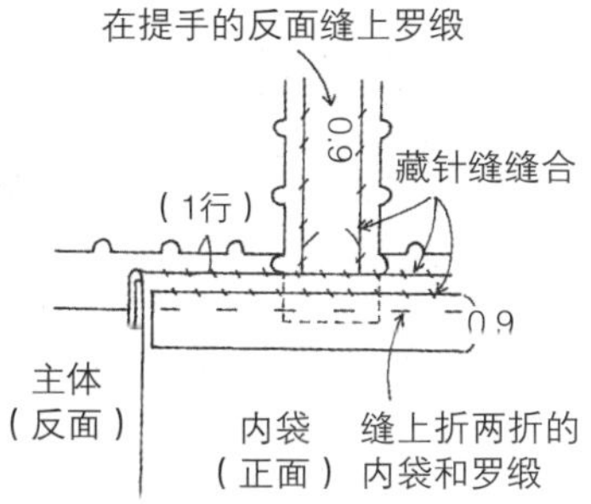

提手（2根）

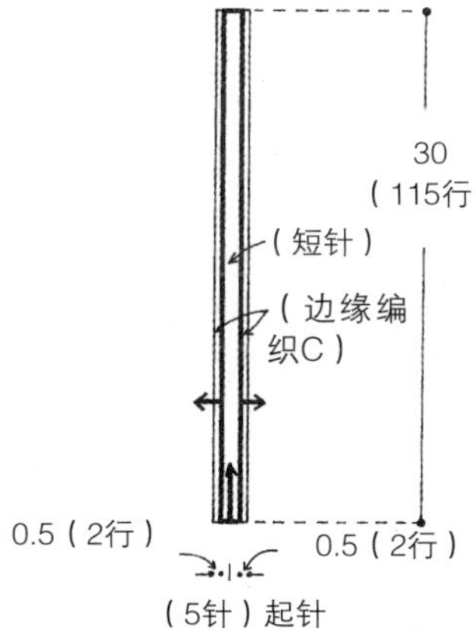

提手

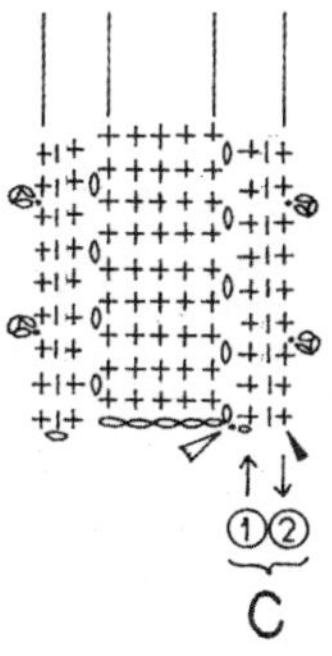

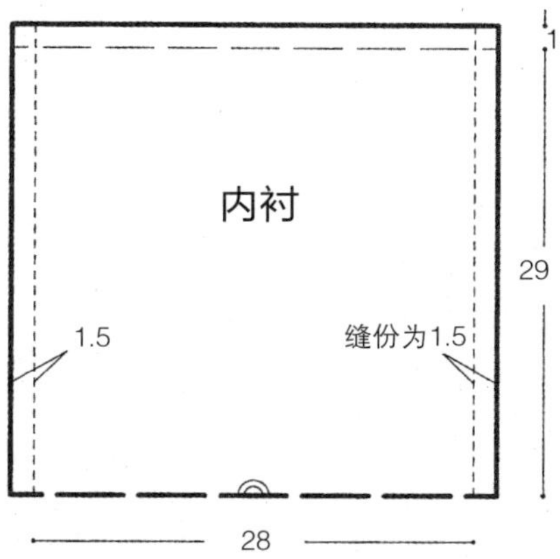

反面相对，在距侧边0.5cm处缝合，翻至正面相对，再在距侧边1cm处缝合。将内袋的袋口折两折后缝合，放入主体的内侧

花片A

（直径4.5）
共4片

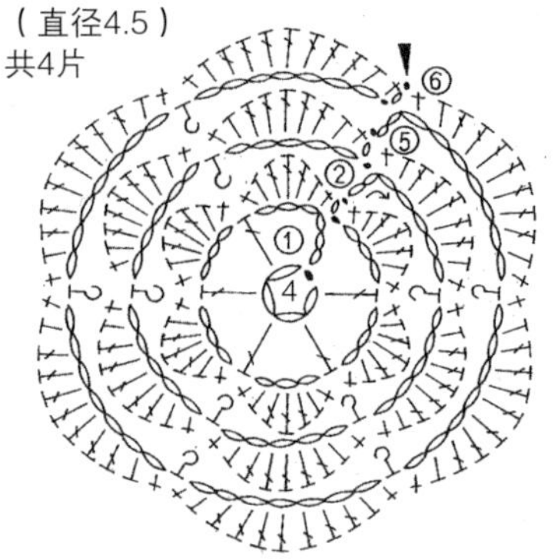

※第3圈中长针的反拉针在第1圈的长针的根部钩织，
第5圈中长针的反拉针在第3圈的中长针的根部钩织

共12片

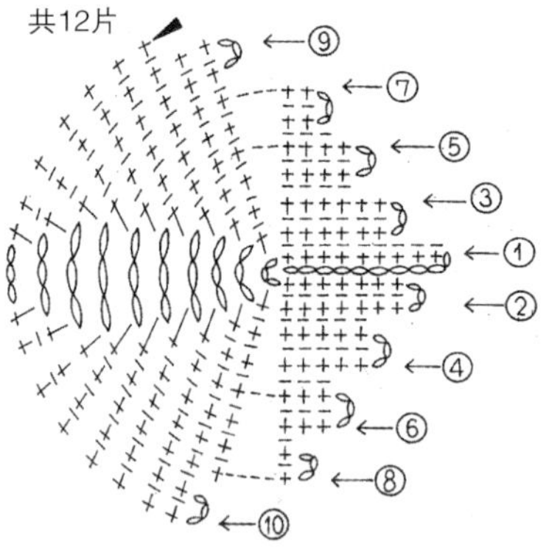

直径5.5
※起针为9针

◁ 加线
◀ 剪线

4组

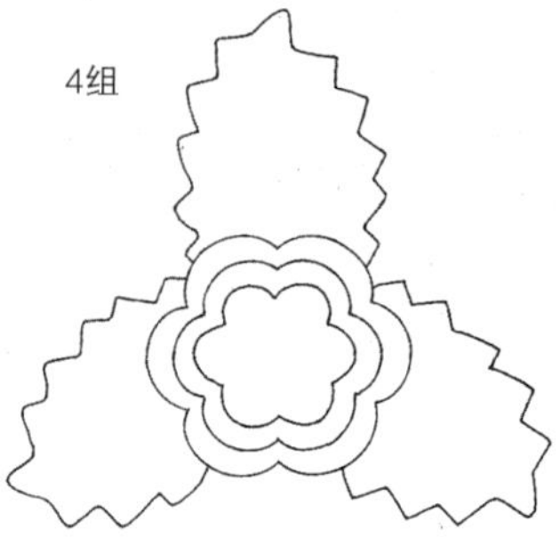

花片B

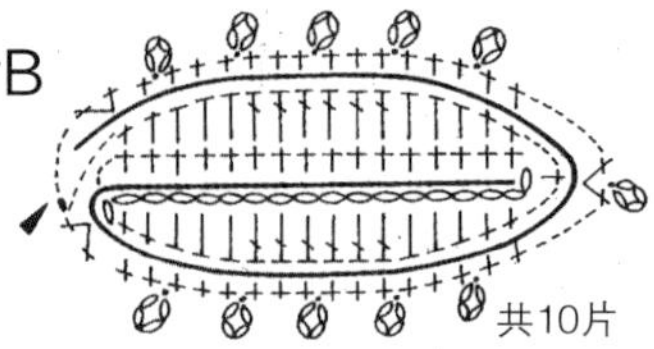

直径5

中心芯线为将长50cm的Emmy Grande系列线对折后使用

花片C

（直径5.5）
共4片

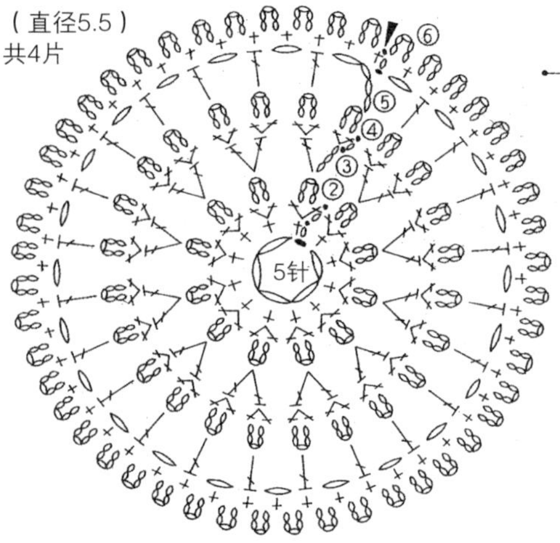

※包裹着5针锁针和线头一起钩织，
第2圈是在第1圈短针的前侧半针挑针钩织，
第3圈是在第1圈短针的后侧半针挑针钩织，
第4圈是在第3圈长针的前侧半针挑针钩织，
第5圈是在第3圈的后侧半针挑针钩织

花片D

（直径8.5）
共4片

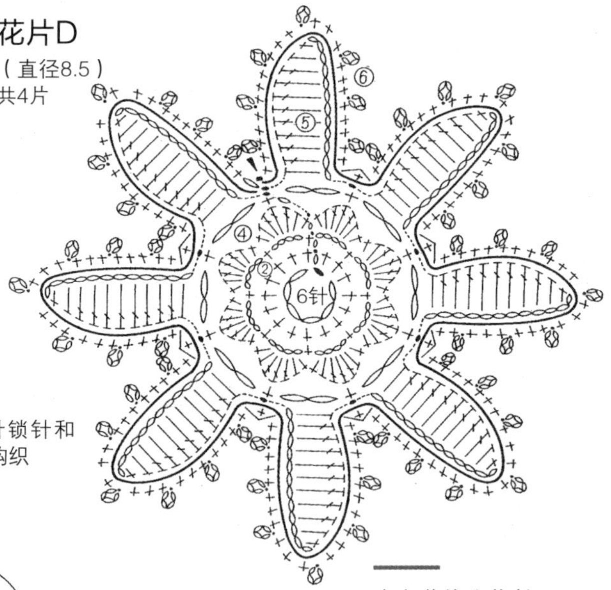

※包裹着6针锁针和线头一起钩织

中心芯线为将长120cm的Emmy Grande系列线对折后使用

花片E 共4组

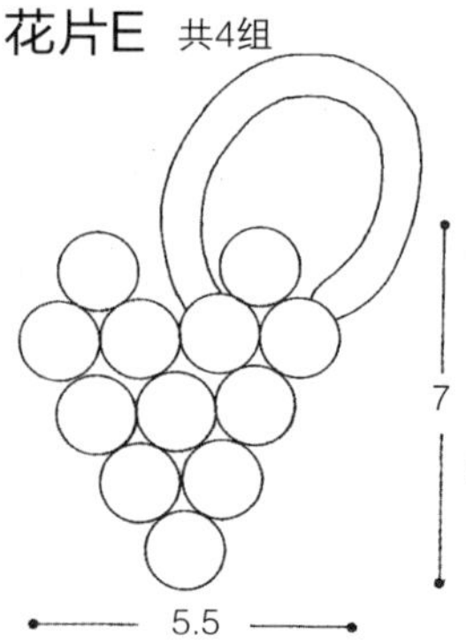

48个
20针

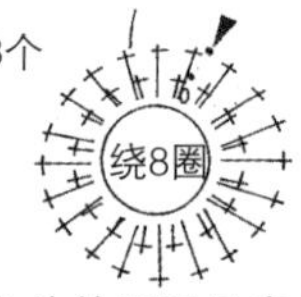

※中心处的环形是在12号棒针上绕8圈线制作而成，第2圈包裹着第1圈钩织，将反面当作正面使用

反面

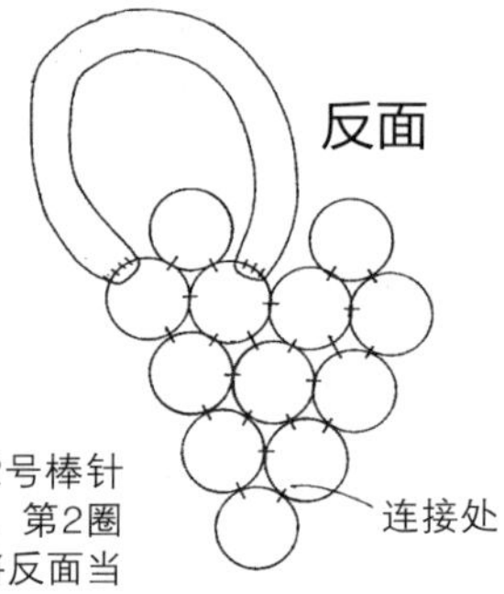

50针

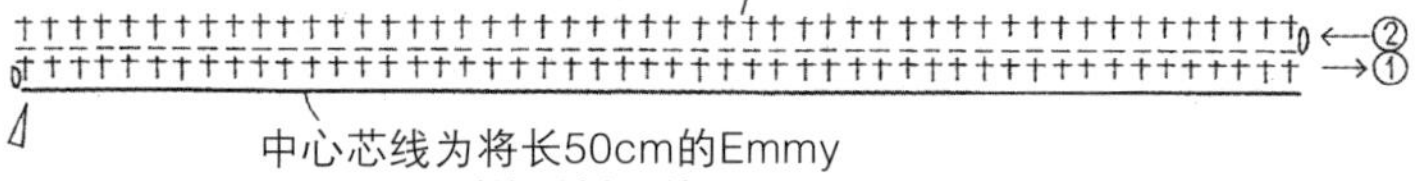

中心芯线为将长50cm的Emmy Grande系列线对折后使用

●花片A~I，分别为作品2、12、13、15中的花片

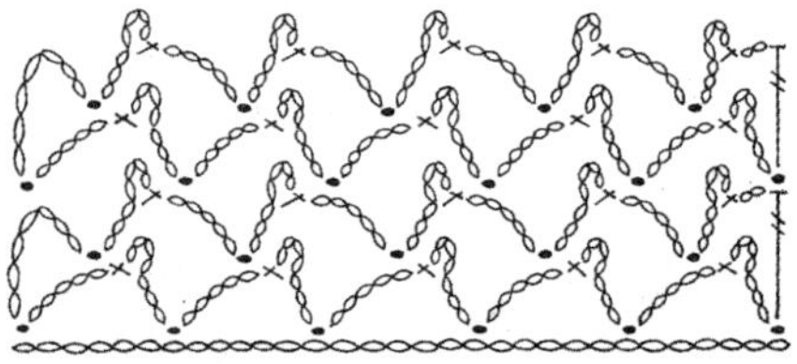

※填补花片之间空隙的网眼针

花片F

（直径8）
共2片

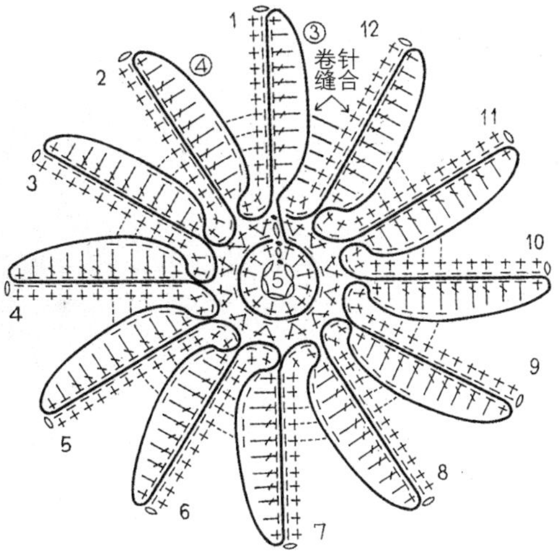

中心芯线为将长180cm的Emmy Grande系列线对折后使用

花片J

（10×9.5）
共2片

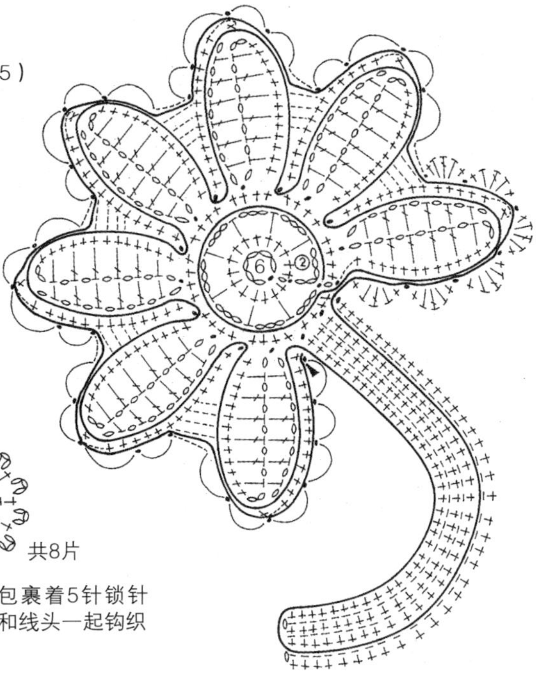

缝在中心处

共8片

※包裹着5针锁针和线头一起钩织

中心芯线为将长230cm的Emmy Grande系列线对折后使用

◁ 加线
◀ 剪线

花片G

（每边长5.5）
共2片

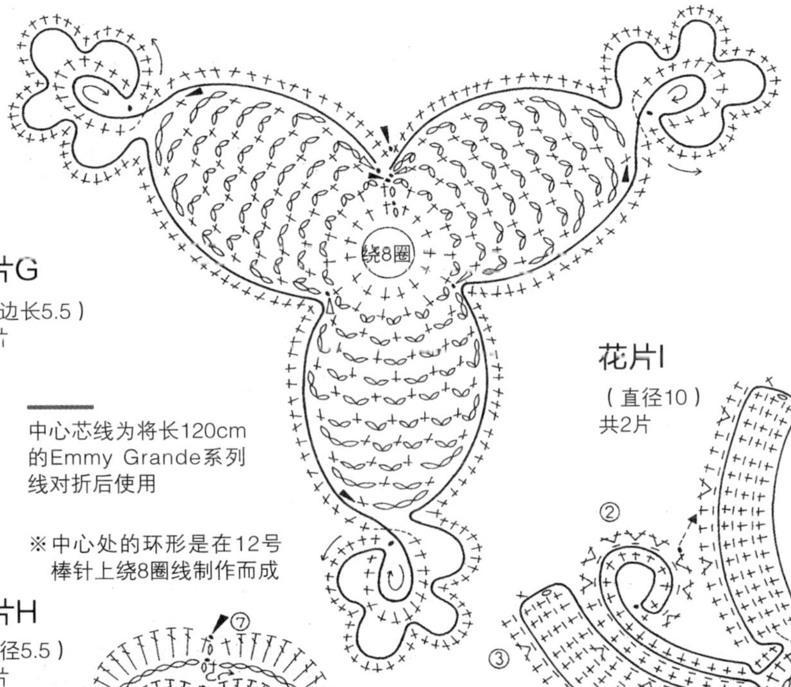

中心芯线为将长120cm的Emmy Grande系列线对折后使用

※中心处的环形是在12号棒针上绕8圈线制作而成

中心芯线为将长250cm的Emmy Grande系列线对折后使用

※包裹着10针锁针和线头一起钩织

花片I

（直径10）
共2片

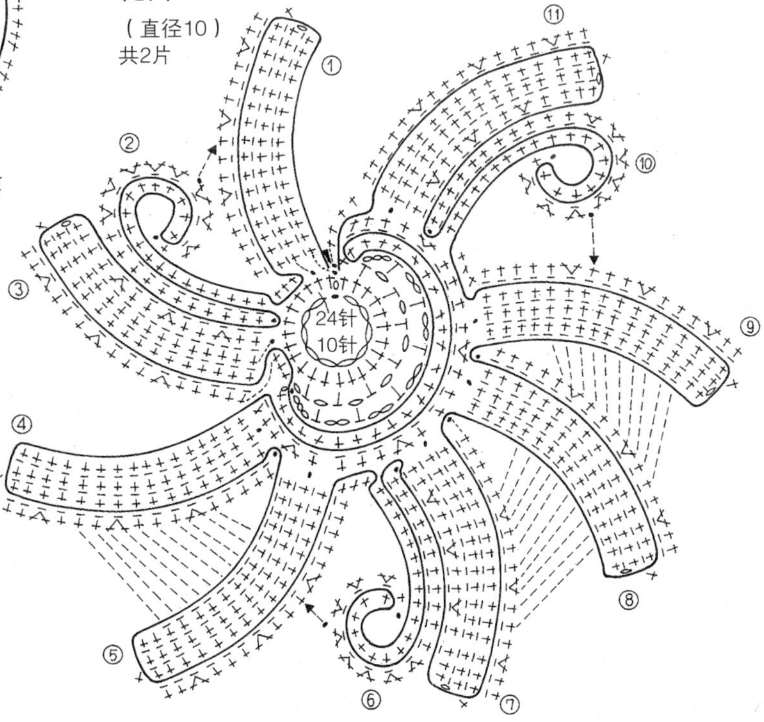

花片H

（直径5.5）
共6片

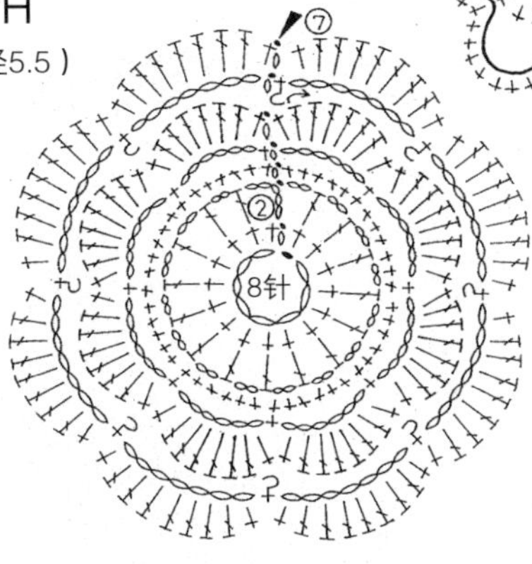

※包裹着8针锁针和线头一起钩织，第6圈短针的反拉针在第4圈短针的根部钩织

21

(第44页作品)

◆**准备材料**：Olympus Emmy Grande黑色(901)230克；2/0号钩针；直径为3.5cm的纽扣1颗；作为内袋用的丝质布尺寸为51cm×30cm；作为芯线用的线长150cm

◆**成品尺寸**：宽27cm，深23cm

◆**编织密度**：花片直径为4.5cm

◆**风工房的建议**：花朵花片是看着反面，使用网眼针连接在一起的。花片钩织2层会比较小，钩织4层则会比较大。

◆**编织要点**：花片　中心处是在10号棒针上绕8圈线，制作环。第4圈、第6圈、第8圈的短针的反拉针，是看着织片的反面，分别在第2圈、第4圈、第6圈的短针的根部钩织。参照图示，将68片花片连接在一起。袋口、开口、提手处钩织短针，其中提手是挑取锁针的起针开始钩织的。包裹着芯线，折回后，以藏针缝缝合。使用藏针缝将内袋和袋口的反面缝合。

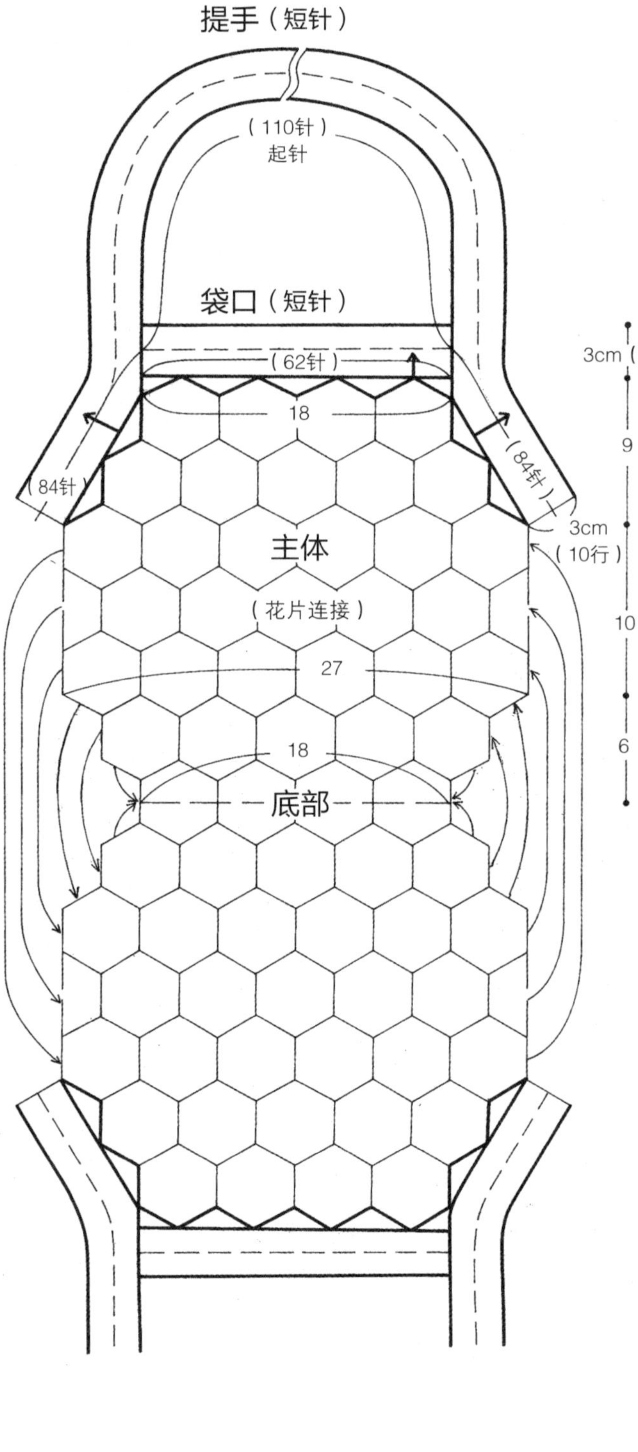

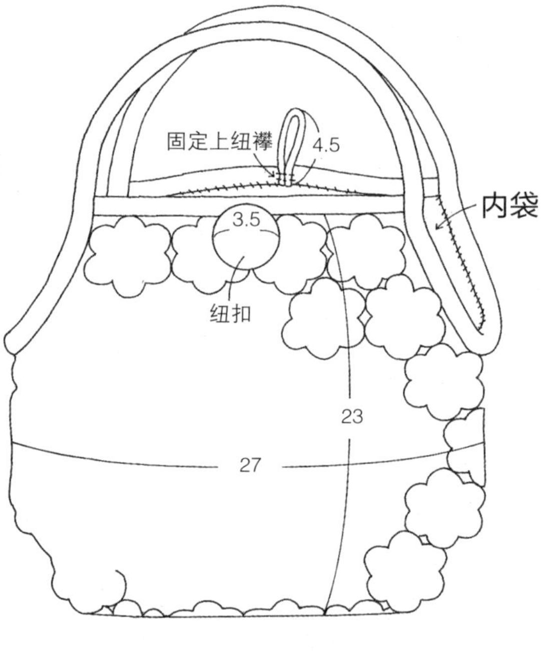

将芯线穿入提手、开口、袋口中

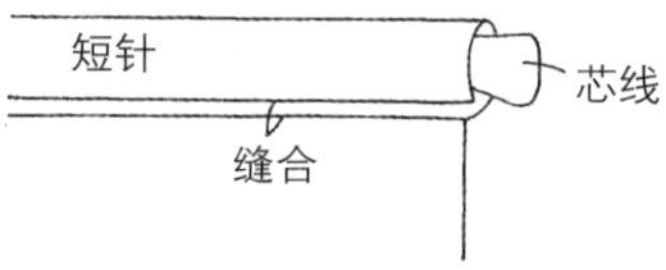

花片

（直径4.5）
共68片

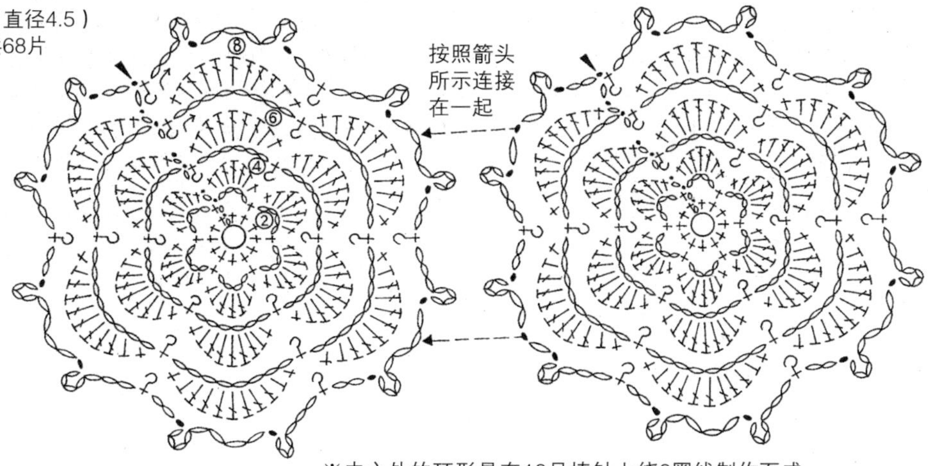

※中心处的环形是在10号棒针上绕8圈线制作而成，
第4圈、第6圈、第8圈短针的反拉针分别在第2圈、
第4圈、第6圈的短针的根部钩织
※分开缝份，做藏针缝，将折回的部分对折3次后，
以藏针缝缝在主体上

纽襻

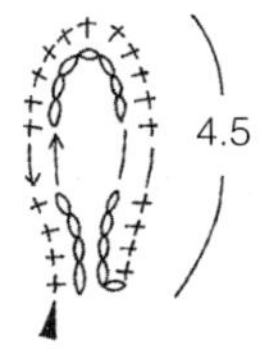

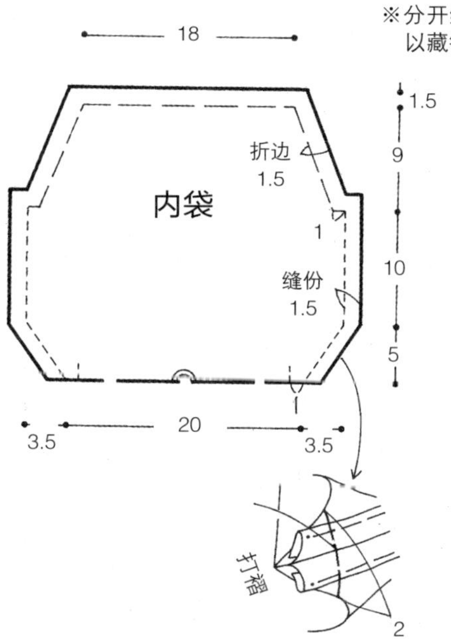

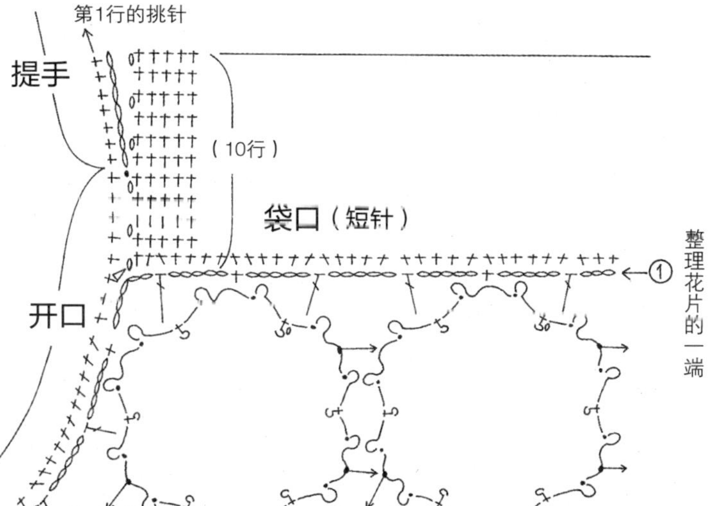

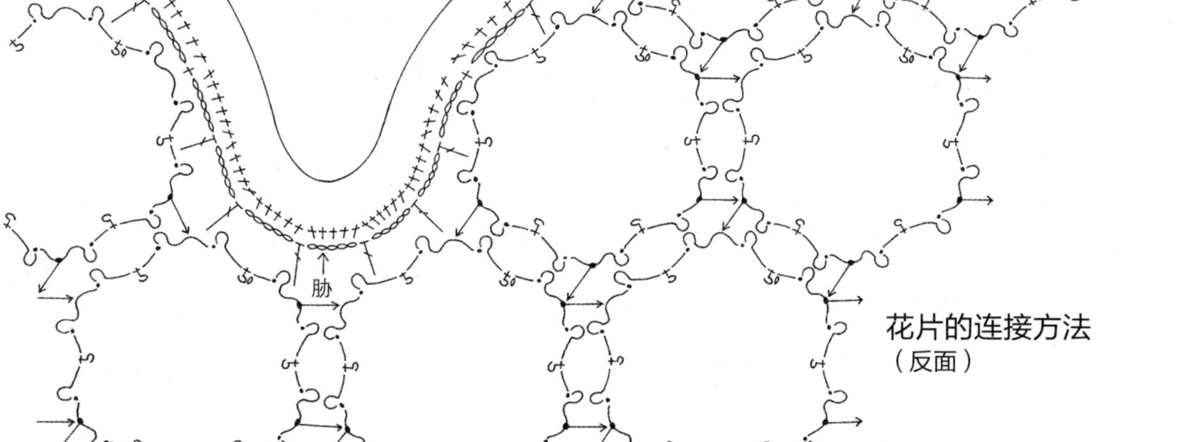

花片的连接方法
（反面）

22

（第45页作品）

◆**准备材料**：Olympus Emmy Grande <HERBS>象牙白色（732）90克；米白色（800）60克；2/0号钩针；磁扣1组；用于内袋的丝质布52cm×25cm；用作芯线的线长60cm

◆**成品尺寸**：宽25cm，深24cm

◆**编织密度**：编织花样10cm×10cm面积内：32针，20行

◆**风工房的建议**：在芯线上钩织出茎的第1行后，要略微将芯线拉紧一些。若在内袋上贴上中厚的黏合衬，即可保持好坚挺的形状。如果喜欢软趴趴的感觉，则不需要黏合衬。

◆**编织要点**：使用象牙白色的线，钩织2片主体的编织花样。提手也是使用象牙白色的线环形钩织短针而成。使用米白色线逐个钩织花片。放在主体的指定位置处，使用卷针缝缝合上去。将芯线穿入提手，和袋口缝合。最后缝上带有黏合衬的内袋。

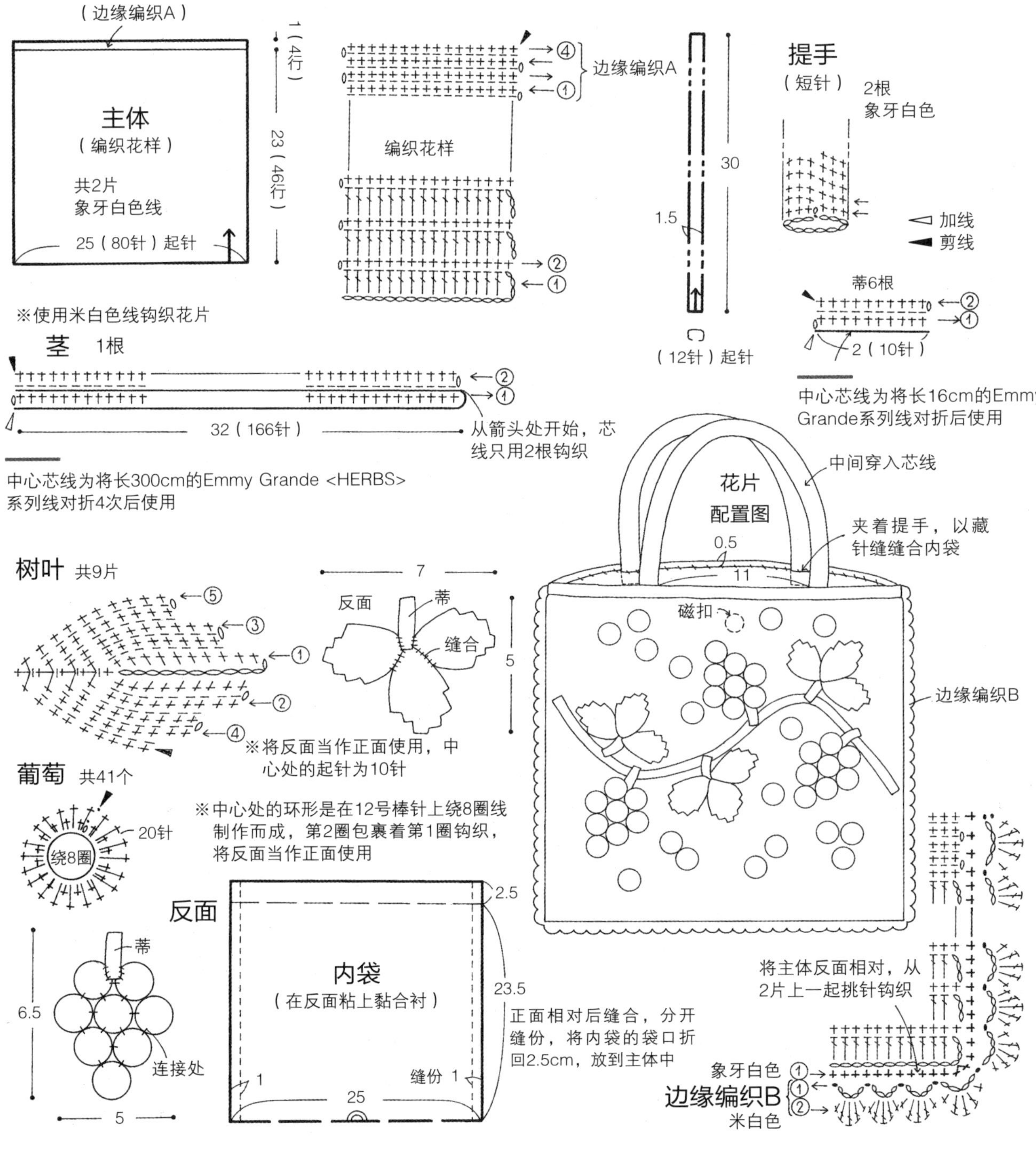

45

◆接第 151 页

（第62页作品）

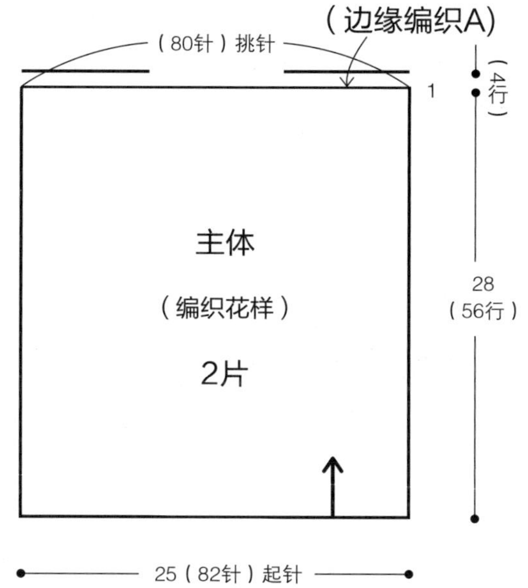

※将边缘编织B第1行的短针反面相对对齐后，
钩织短针连接，从其上挑针后钩织边缘编织A

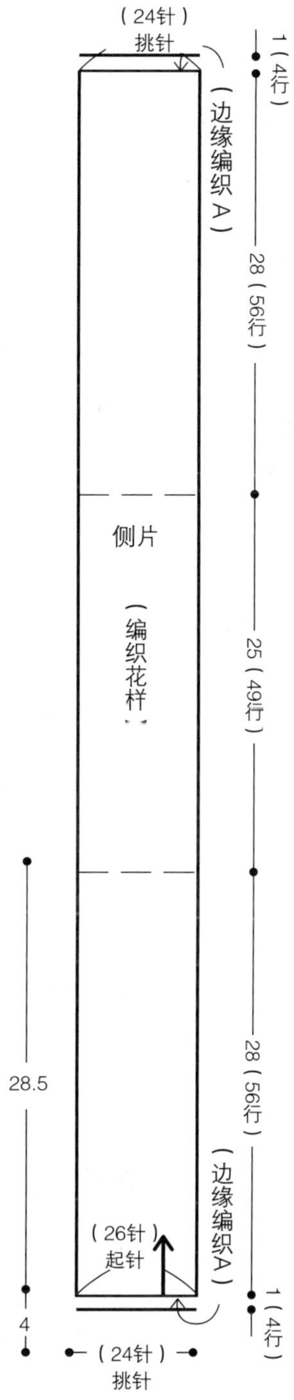

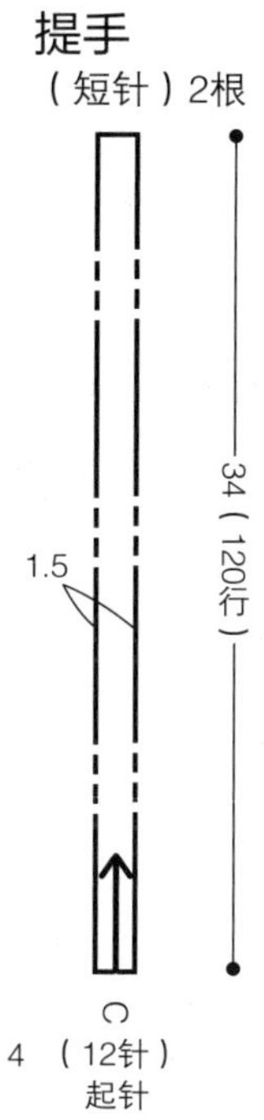

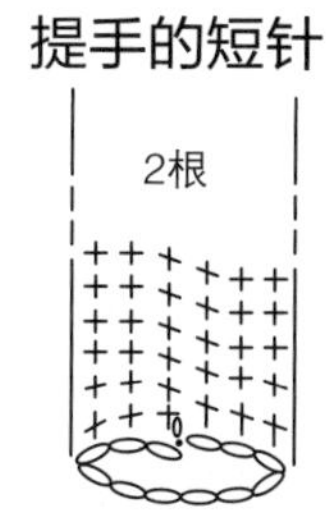

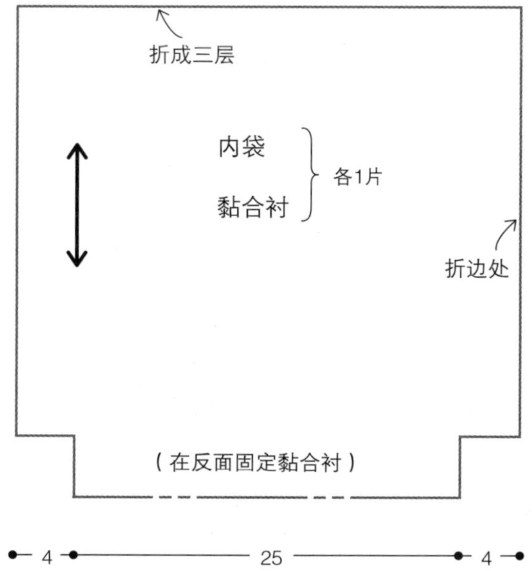

※袋口缝份为1.5cm，其余缝份为1cm。
事先将黏合衬固定在内袋上备用

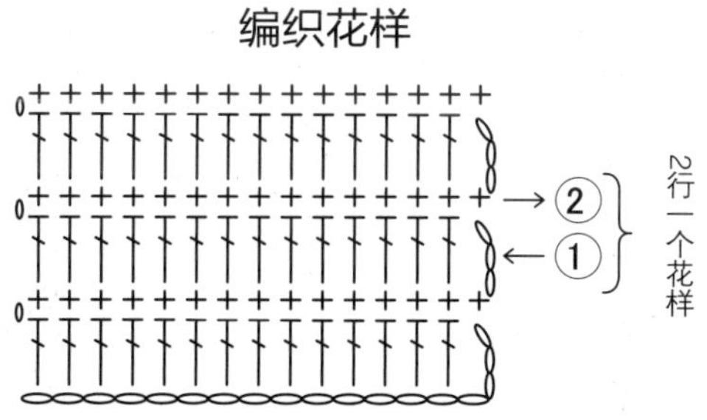

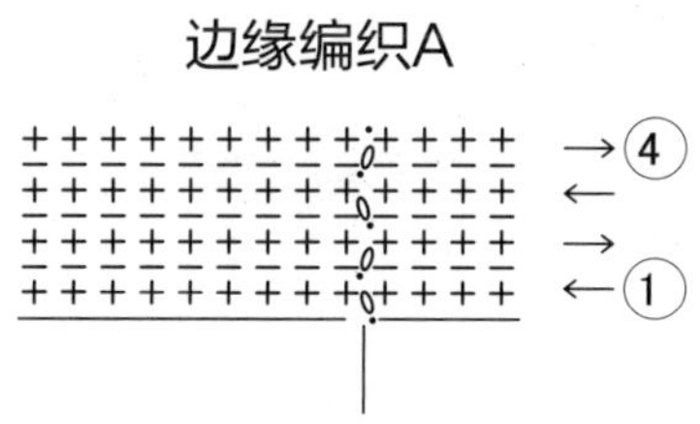

23、24

(第48页作品)

◆**准备材料**：Olympus金票40号蕾丝线 原白色(731)作品23为15克，作品24为2克；6号蕾丝针；作品24另需耳环钩1组，圆环(直径3mm)2个

◆**成品尺寸**：作品23长125cm，作品24长3cm

◆**编织要点**：项链绳　钩织791针和7针锁针，然后在倒数第14针处用引拔针固定。继续钩织6针锁针，从刚才固定的位置开始，数到第7针时再用引拔针固定。重复钩织“6针锁针、1针引拔针”，直到最后1针锁针完成时，钩织13针锁针，在同一针目处引拔。再钩织1针锁针，在前一行的6针锁针处，整段钩织“4针短针、4针锁针的狗牙针、3针短针”。项链绳的两端钩织1针短针和4针锁针的狗牙针。在示意图的指定位置缝上树叶和果实花样。耳饰　在事先准备的圆环上缝上树叶和果实，然后和准备的耳环钩组合在一起。

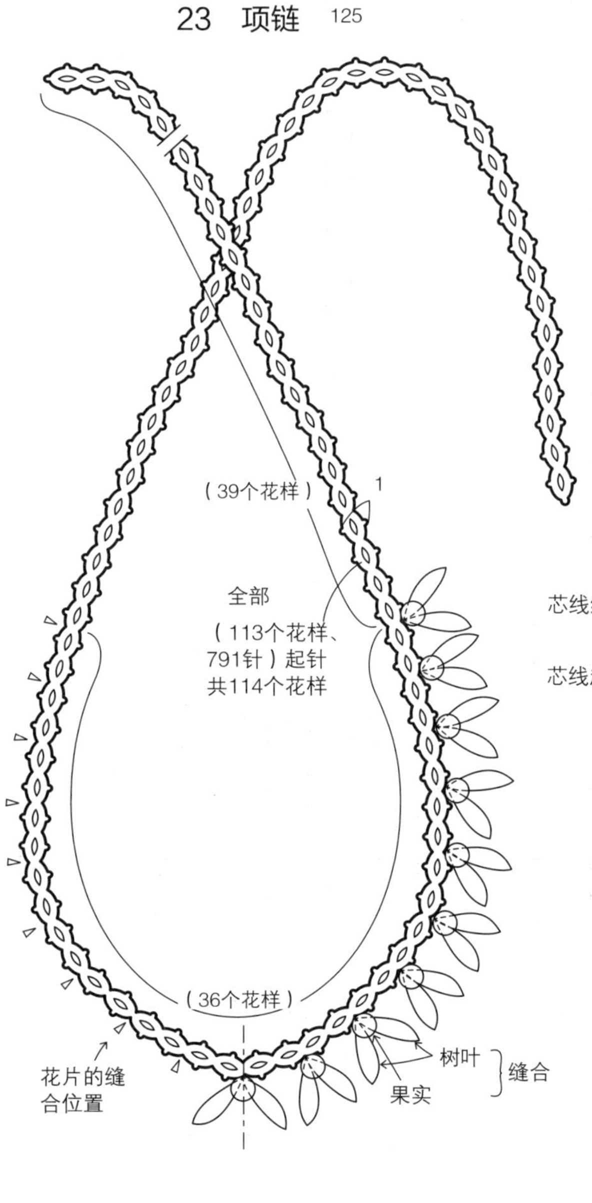

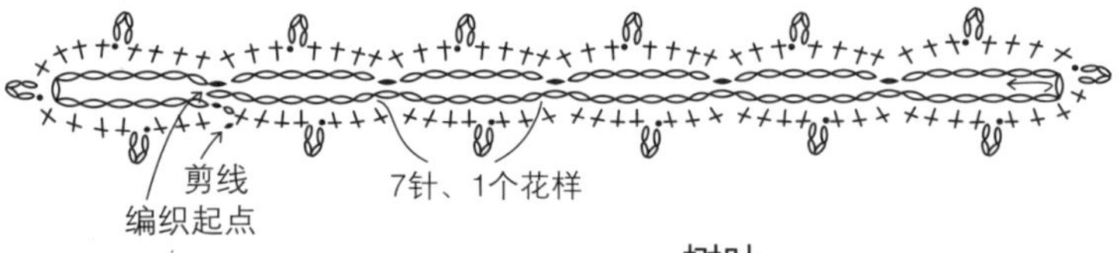

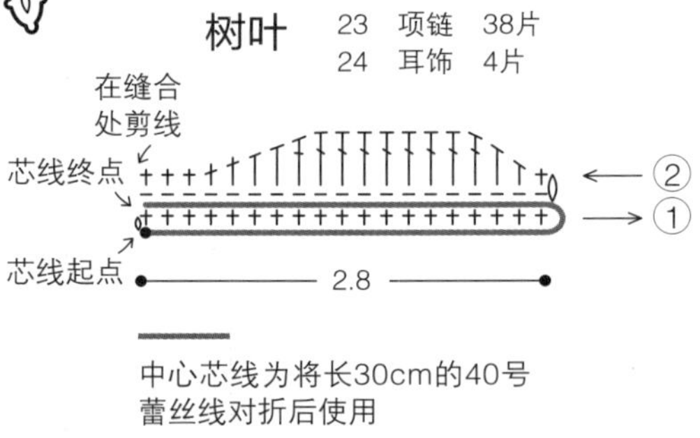

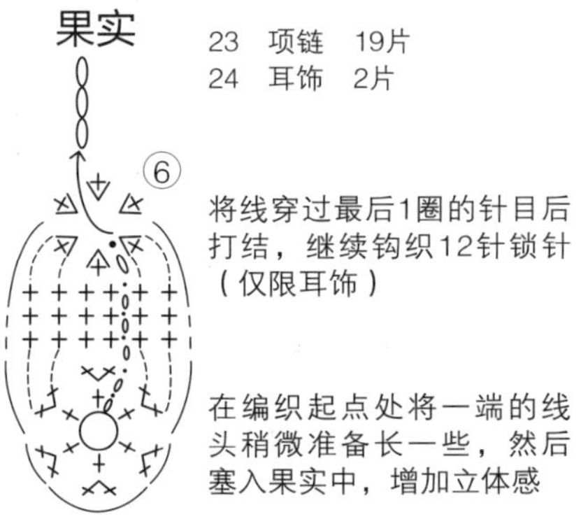

树叶

第1行　将对折的芯线(对折处)穿入钩针，钩织1针锁针，然后在芯线上钩织短针。第2行　裹住芯线一同钩织短针、中长针和长针。

果实

第1圈　在中心起针的圆环上钩织6针短针。第2圈　在第1圈的第1针短针处钩织2针短针。第3~5圈　无加减针钩织。第6圈　中途将线头塞入果实中，然后钩织2针短针并1针，将线穿过最后1圈的针目并打结固定。如下图再继续钩织12针锁针。

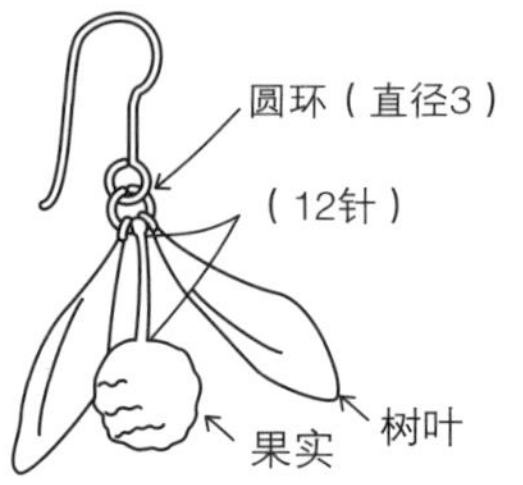

25、26

（第48、49页作品）

◆**准备材料**：Olympus 作品25 “Emmy Grande HERBS”系列原白色（732）20克，作品26 金票40号蕾丝线 原白色（731）1克；作品25为2/0号钩针，作品26为6号蕾丝针线；画作品25卡子1组，作品26为耳钉底座1组

◆**成品尺寸**：作品25长28cm，作品26长1cm

◆**编织密度**：大花朵直径为3.5cm

◆**编织要点**：花朵图案 大花朵为三层花瓣，小花朵为双层花瓣。花朵第4圈、第6圈短针的反拉针应将钩针转回背面挑起前两圈短针的根部钩织。果实 手指环形起针，第1圈钩织6针短针。第2圈在第1圈的第1针短针处钩织2针短针。作品25的第3圈、第4圈，作品26的第3~5圈均钩织12针短针。在最后一圈的钩织过程中，把线头塞入果实中，然后钩织2针短针并1针，线穿过最后1圈的针目后打结固定。项链应参照下图对齐花片。

25 项链

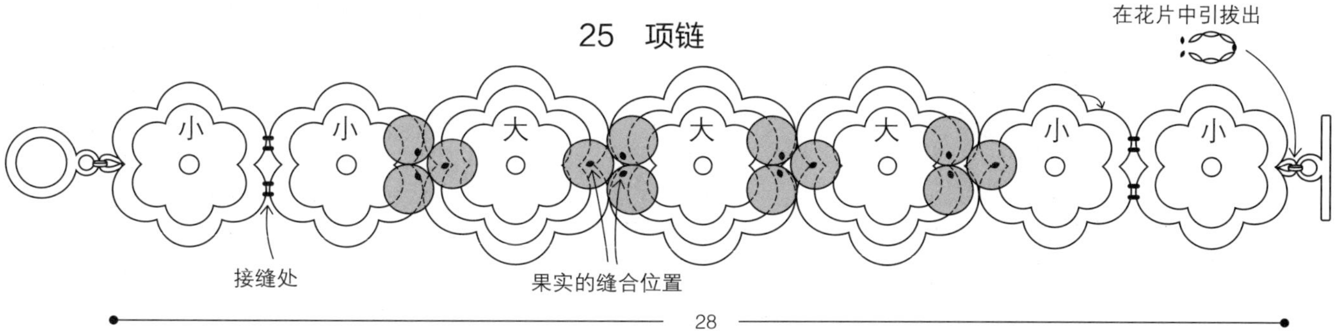

大花朵 3朵

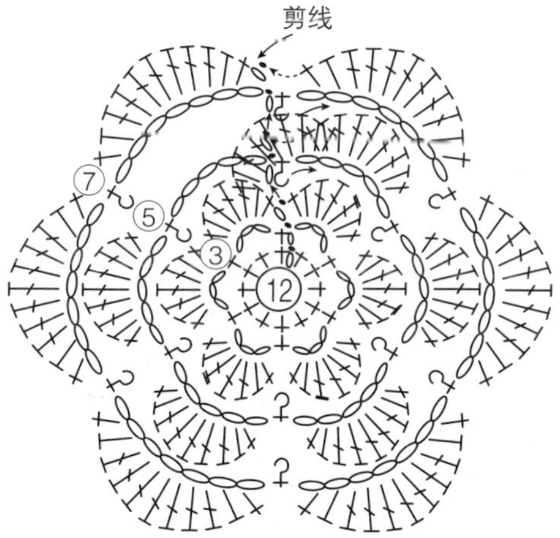

※无论大花朵还是小花朵，中心处的环形均为在10号棒针上绕8圈线制作而成，在前两圈的短针根部编织短针的反拉针

小花朵 4朵

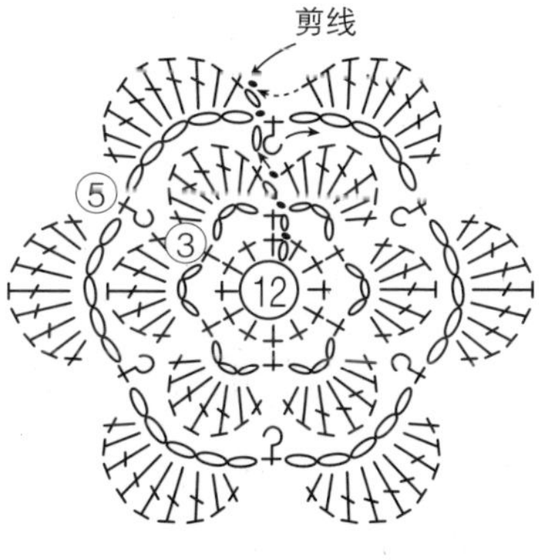

25 果实 12个

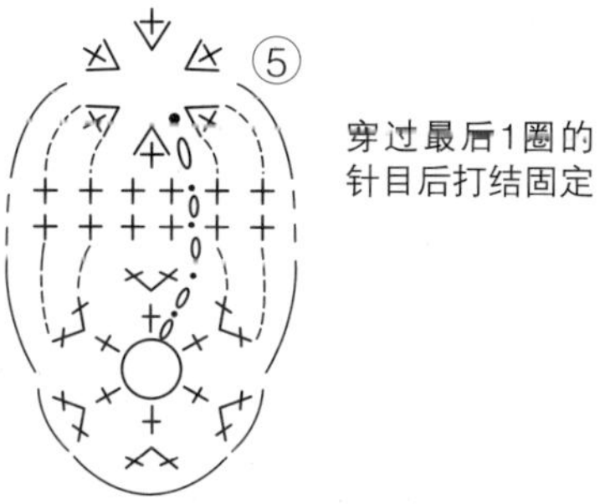

26 果实 2个

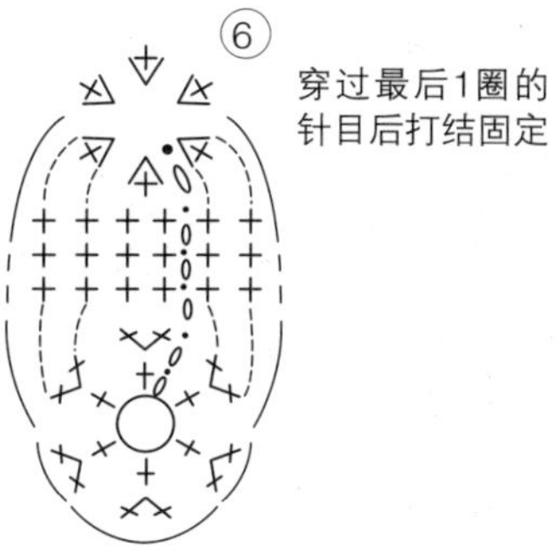

26 耳饰

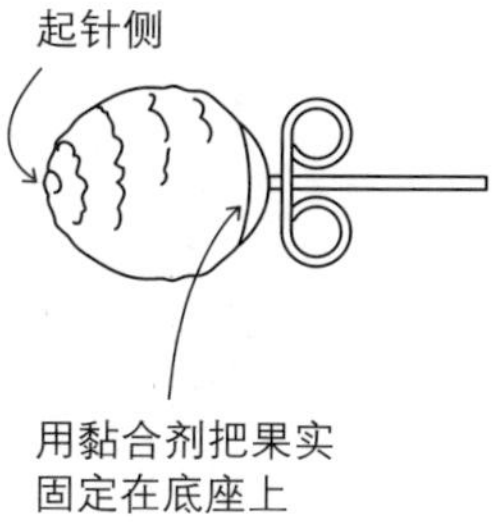

40

（第57页作品）

◆**准备材料**：Olympus　Emmy Grande 黑色（901）90克；2/0号钩针

◆**成品尺寸**：长109.5cm，宽12cm

◆**编织密度**：10cm×10cm面积内：8个花样，14.5行；花片宽3cm，高4cm

◆**编织要点**：披肩钩织编织花样124行，然后在左侧钩织边缘编织A，在起针一侧钩织边缘编织B。花片　起7针锁针，立织1针锁针后钩织7针短针、3针锁针，在起针的锁针另一侧钩织5针短针。第2行先钩织3针锁针后，将已钩织部分换到另一只手上，在前一行钩织短针的条纹针，在锁针处钩织“1针短针、3针锁针、1针短针”。连接第1片花片时做边缘编织B，第2~5片之间均用饰边连接。从第6片开始，分别和各列的花片连接。

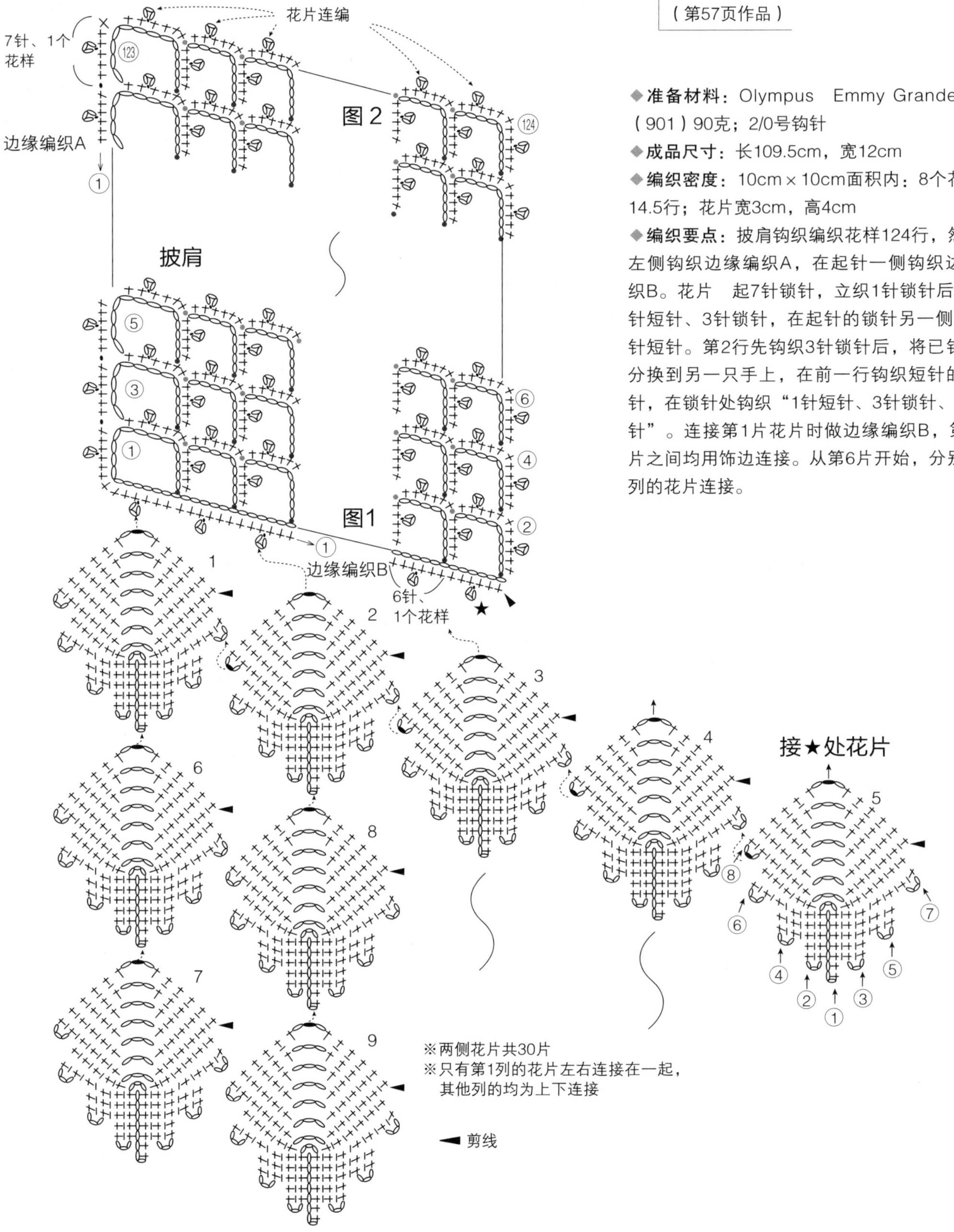

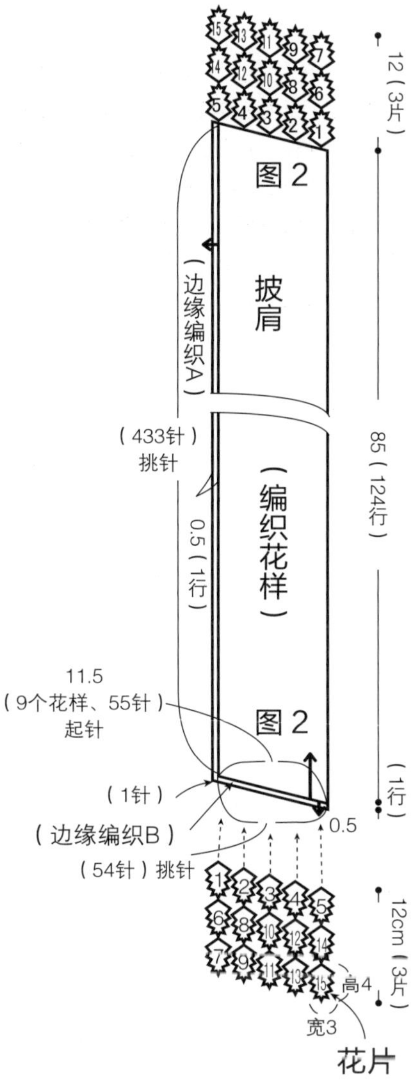

编织花样

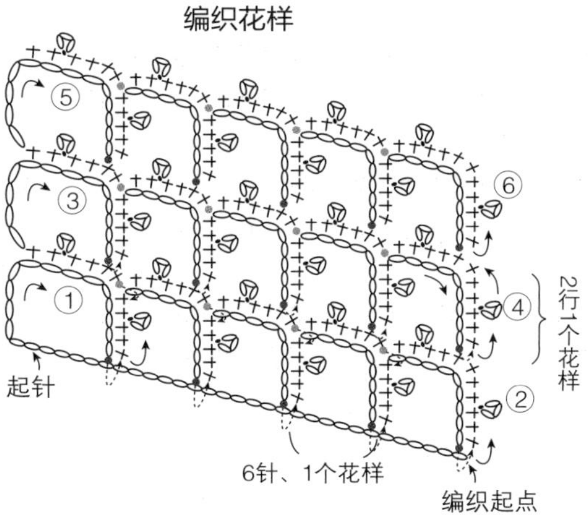

编织花样

第1行　接在起针的锁针之后，钩织13针锁针，将钩针暂时从锁针的针目中移开。将钩针插入倒数第20针锁针（属于起针的针目）中，再挑取刚刚放开的锁针针目并拉出。不立织针目，直接钩织“3针短针、3针锁针的狗牙拉针、2针短针、9针锁针”，在刚刚插入的起针针目的前面第6针处，使用与刚才相同的方法固定。第2行　需将短针与第1行的短针固定在一起时，将钩针暂从短针的针目中移开，插入第1行短针的上面，再将刚刚放开的短针针目挑取并拉出，接着钩织下面的短针。第3行　将锁针固定在第2行的短针上时，将钩针暂从锁针的针目中拿开，插入第2行短针的上面，再将刚刚放开的锁针针目挑取并拉出，接着钩织下面的短针。使用与第2行、第3行相同的方法继续钩织。

41

（第57页作品）

◆**准备材料：**Olympus Emmy Grande 黑色（901）5克；2/0号钩针；宽7cm的环形别针1个

◆**成品尺寸：**长6cm

◆**编织要点：**果实　第1圈　环形起针，立织1针锁针，钩织6针短针。第2圈　第1圈的每一针短针内均钩织2针短针，加针后为12针。第3~5圈　每圈钩织12针短针。第6圈　一边将线头塞入果实中，一边在第5圈的短针上钩织2针并1针，最后将线穿入短针的上部，收紧。在别针和果实缝合的一侧上，钩织1行短针。将果实缝到指定位置。由于是小作品，如果线头露出来的话会不好看，请仔细处理线头。

果实　共5个

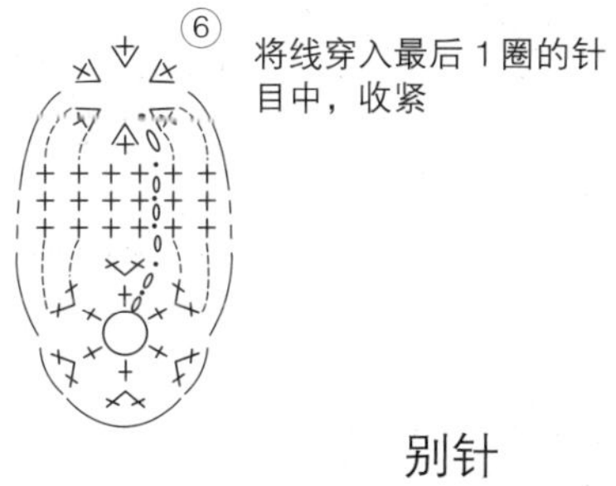

别针

在别针上紧密地钩织1行短针（29针）

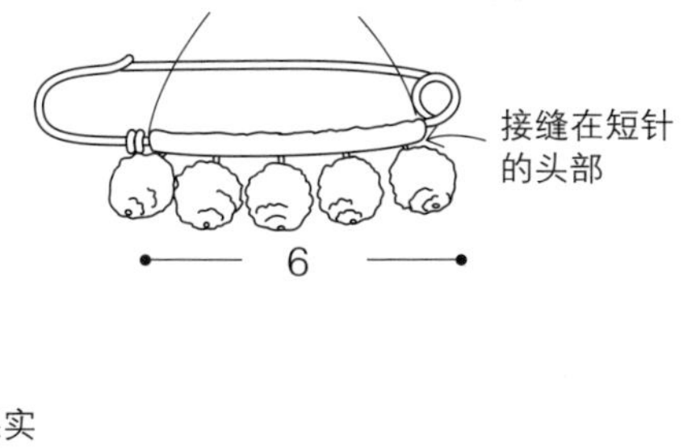

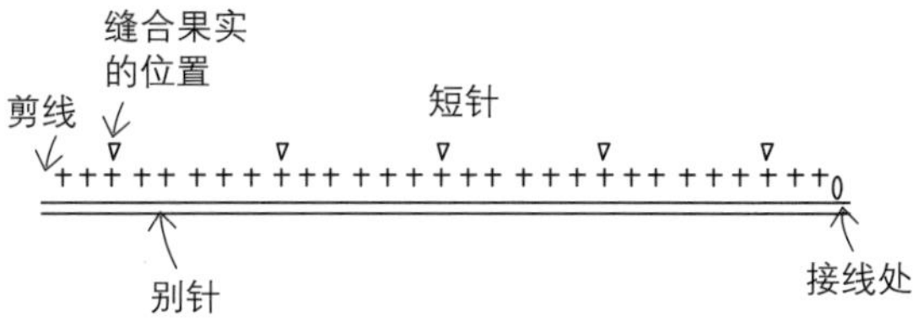

42

（第58页作品）

◆**准备材料**：Olympus金票40号蕾丝线 原白色（731）30克；6号蕾丝针；直径1.2cm的椭圆形纽扣10颗

◆**成品尺寸**：长13cm，宽19cm

◆**编织密度**：编织花样10cm×10cm面积内：7.5个花样，19行

◆**编织要点**：袖口 起92针锁针，钩织13个编织花样，共21行。最后1行重复钩织1针短针、6针锁针，并整理好形状。接着在四周钩织边缘编织，纽襻的位置要左右对称。茎 将芯线对折2次后，将钩针插入折线处，加线，第1行钩织1针锁针后，在芯线上钩织100针短针。第2行加入新的芯线后，包裹着该芯线，钩织短针的条纹针。花片 参照示意图，摆放各个花片。轻轻将花片固定后，缝合。

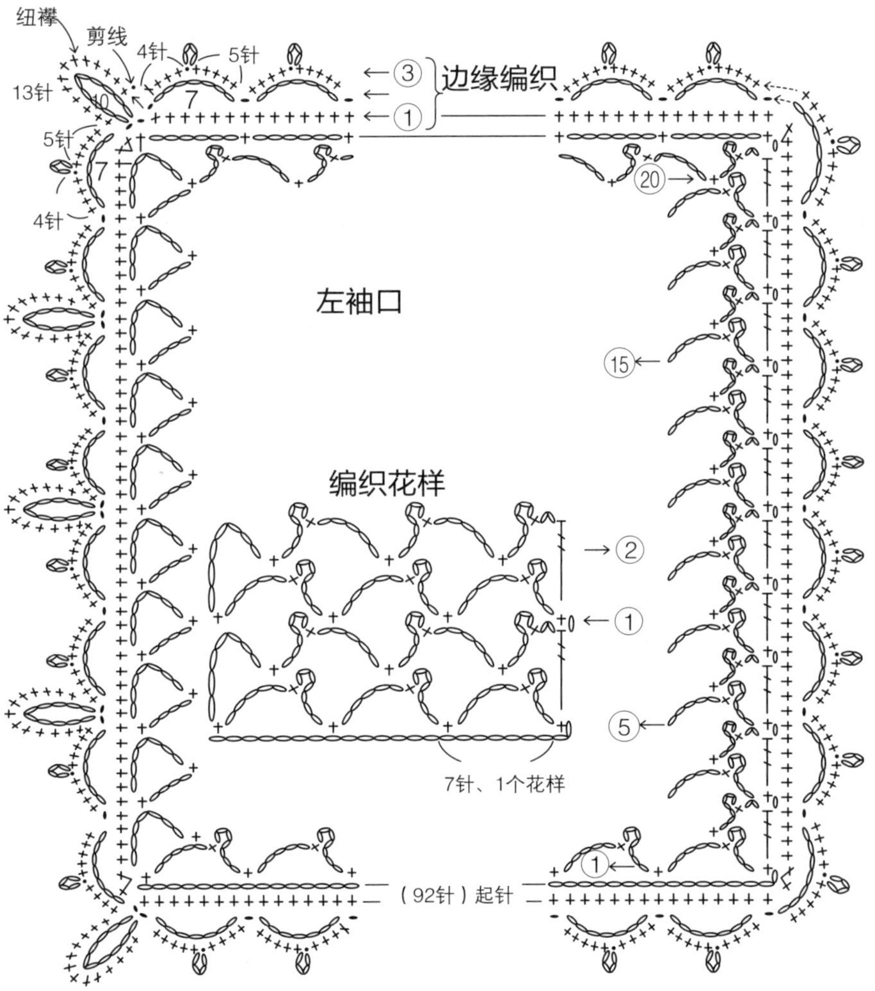

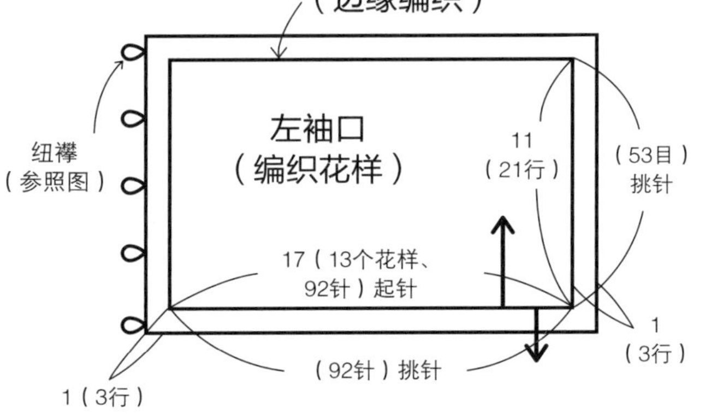

※右袖口纽襻的位置与左袖口对称

花片

叶子 共18片

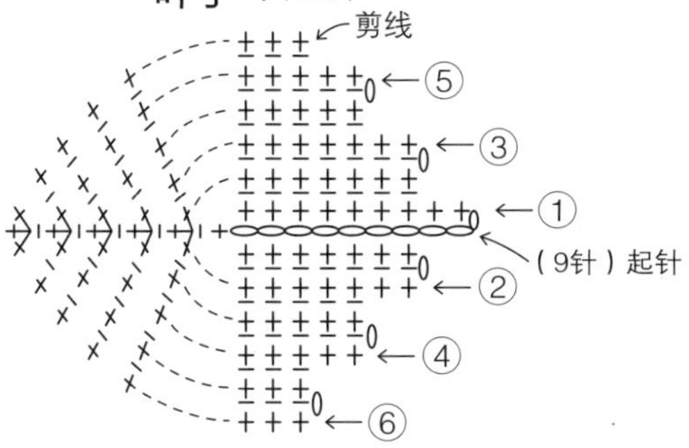

茎 2根

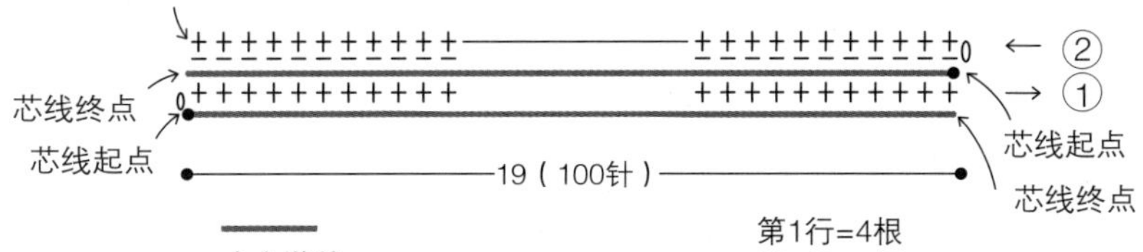

中心芯线
40号蕾丝线：
第1行使用100cm长的对折2次，
第2行使用50cm长的对折1次

第1行=4根
第2行=2根

叶子
以9针锁针起针，第1行立织1针锁针后钩织8针短针，在起针的锁针的最后1针上钩织3针短针。在起针的另一侧钩织6针短针。第2行以后钩织短针的条纹针，在叶子根部每1针上钩织3针。

葡萄 共58个

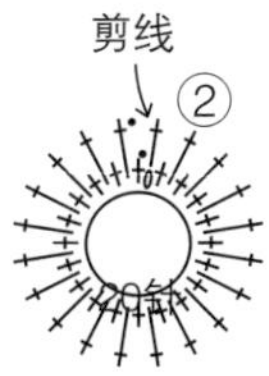

※中心的环是在4号棒针上绕8圈线制作而成，第2圈包裹着第1圈钩织（将反面当作正面使用）

花片配置图

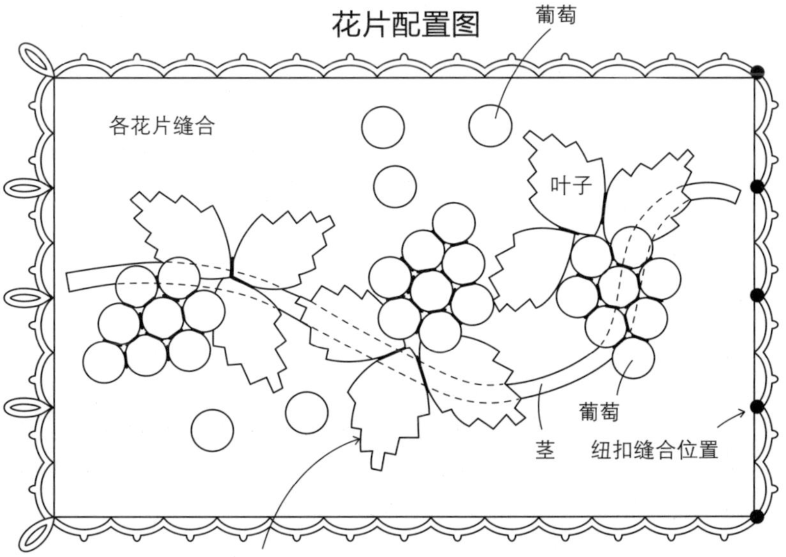

将葡萄连成串，连接3片叶子制作成葡萄串的形状后，再缝合好

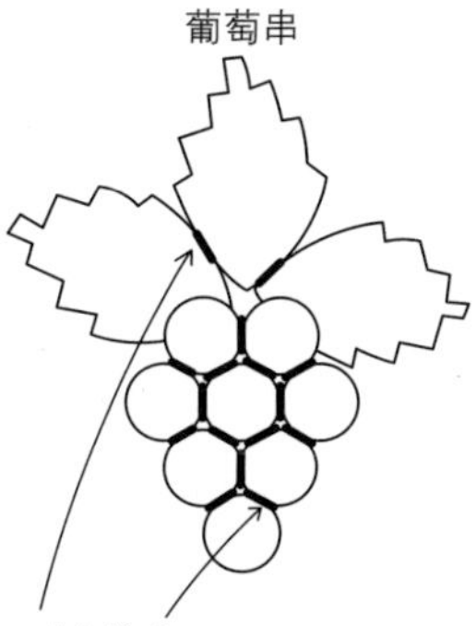

46

（第64页作品）

◆接第 153 页

花片配置图

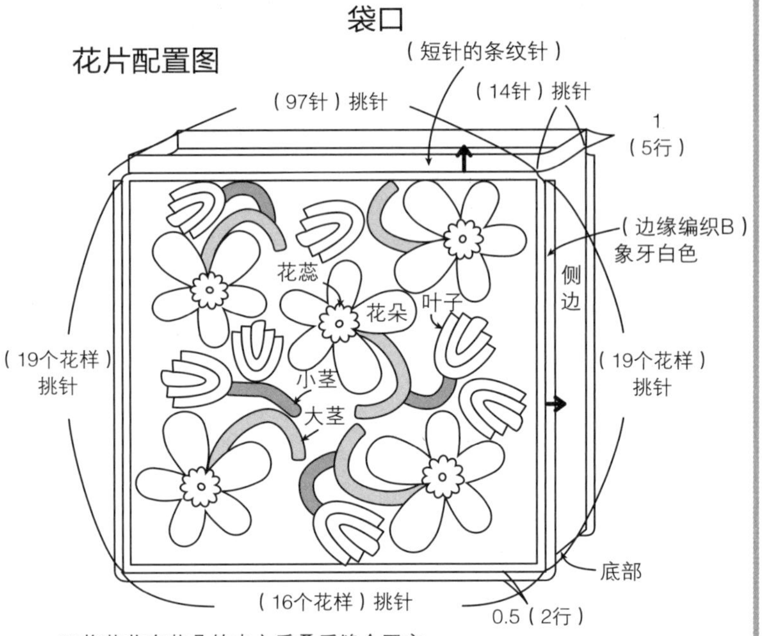

※将花蕊在花朵的中心重叠后缝合固定

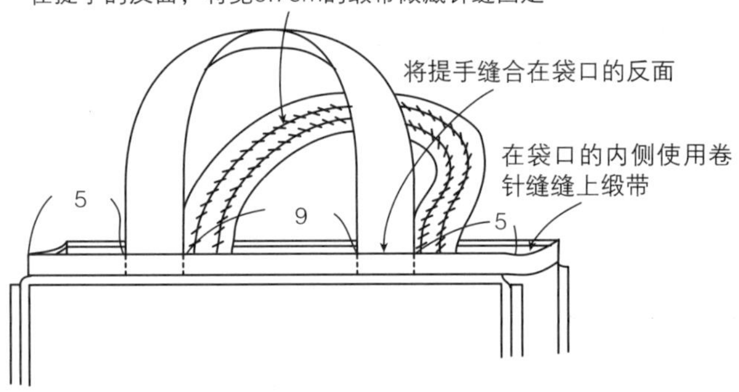

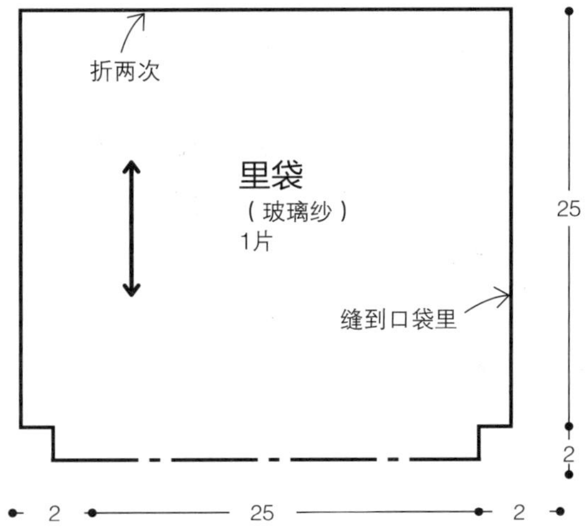

※缝份均为1cm

43

（第59页作品）

◆**准备材料：** Olympus金票40号蕾丝线　黑色（900）25克，6号蕾丝针，直径0.5cm的水晶小花串珠24颗

◆**成品尺寸：** 长17.5cm，宽12cm

◆**花片尺寸：** 宽5.5cm，长5.5cm

◆**编织要点：** 花片A与B中心的花样虽不一样，但从花片A的第6圈、花片B的第4圈狗牙边的网眼针开始，后面的编织方法相同。首先钩织花片A，然后钩织花片B。花片B在钩织最后1行的时候，使用引拔针与花片A连接在一起。按照图中的顺序钩织花片，并在最后1行与其余的花片连接在一起。在花片A、B的空隙中钩织连接花片C。在四周钩织边缘编织并整理好形状，在袖口的左右对称位置钩织纽襻。在每处缝上2颗串珠。

左袖口

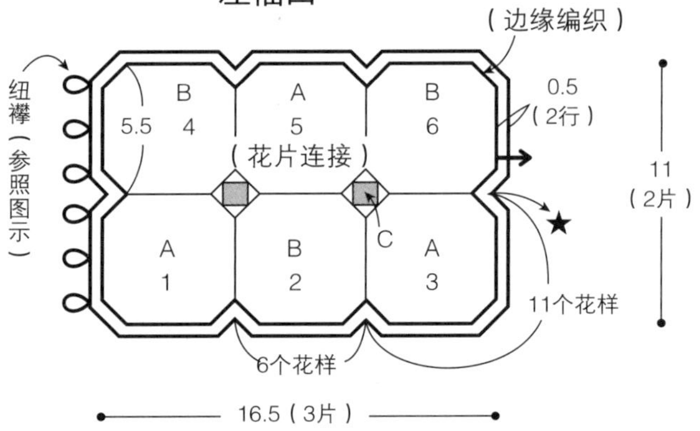

※花片内的数字表示连接的顺序，右袖口在与左袖口对称的位置钩织纽襻
★=边缘编织起点的位置

花片C

起针　在4号棒针上绕8圈线，环形起针。第1圈　立织1针锁针后，钩织12针短针。第2圈　在花片A与B之间，使用引拔针钩织连接在一起。

花片B

起针　起5针锁针，连接成环形，引拔时，连接上对折后的芯线。第1圈　立织1针锁针，包裹着芯线钩织3针短针、4针锁针的狗牙拉针，随后重复钩织2次“4针短针、4针锁针的狗牙拉针”，钩织1针短针，引拔。第2圈　立织1针锁针，在芯线上钩织17针短针后，引拔前一圈的短针。再重复2次。第3圈　立织1针锁针，包裹着芯线，挑取前一圈短针头部后面半针，钩织短针。第4~6圈　与花片A的第6~8圈使用同样的方法钩织。

花片A

在4号棒针上绕6圈线，制作1个环形。第1圈　立织1针锁针，钩织12针短针。第2圈　重复6次“1针短针、4针锁针”。第3圈　在第2圈的锁针上钩织“1针短针、1针中长针、3针长针、1针中长针、1针短针”。第4圈　翻面，在前一圈短针的根部钩织“1针短针的正拉针、5针锁针”。第5圈　翻面，在前一圈的锁针上钩织“1针短针、1针中长针、5针长针、1针中长针、1针短针”。第6圈　钩织“1针短针、2针锁针、4针锁针的狗牙拉针、4针锁针、4针锁针的狗牙拉针、2针锁针”的网眼针，共钩织12个网眼花样。第7圈　在4个转角处的前一圈网眼针上钩织“1针短针、8针锁针、1针短针”，翻面，钩织1针锁针，在8针锁针上钩织9针短针，在第1针短针上引拔固定，立织4针锁针后，翻面。在短针上重复钩织3次“1针长针、1针锁针”，再钩织1针长针、4针锁针后，使用引拔针，与最初的短针上的锁针连接在一起。钩织2个网眼花样后，再钩织下一个转角处。第8圈　钩织与第6圈相同的网眼针，共钩织20个网眼花样。

◄ 剪线

花片A：中心处的环形是在4号棒针上缠绕6圈线制作而成
花片B：钩织第3圈时，挑取第2圈的后侧半针钩织

中心芯线为将长30cm的40号蕾丝线对折后使用
花片C：中心处是在4号棒针上缠绕8圈线制作而成

44

（第60页作品）

◆**准备材料：**Olympus Emmy Grande<HERBS>系列浅米色（721）60克，象牙白色（851）70克；2/0号钩针；宽0.7cm的缎带长124cm；内衬用的玻璃纱28cm×54cm

◆**成品尺寸：**深28cm，宽28cm

◆**编织要点：**钩织指定数量的各花片。花片连接　在主体周围，使用锁针钩织至指定尺寸，固定到布上。参照第189页的示意图，排列好各个花片，使用疏缝线简单地疏缝。在花片之间钩织网眼针，使用网眼针将主体周围的锁针、花片的周围连接在一起。钩织出相同的2片，将其反面相对，钩织短针将左、右、底三边连接在一起。在袋口钩织边缘编织A，在左、右、底三边钩织边缘编织B。在提手的背面缝上缎带。放入内袋，在袋口处缝上缎带，整理好形状。

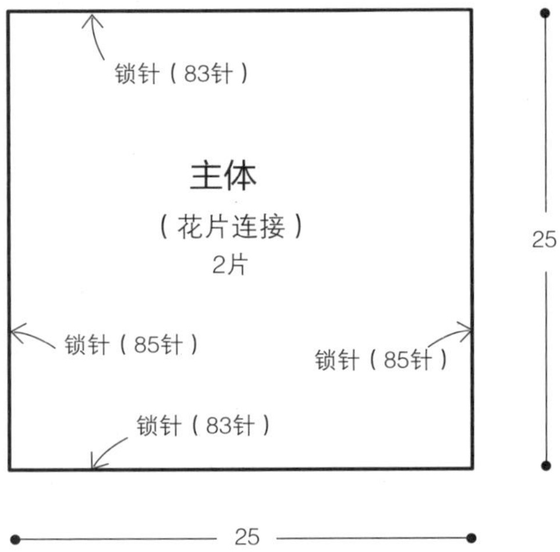

※除指定外，均使用浅米色线钩织

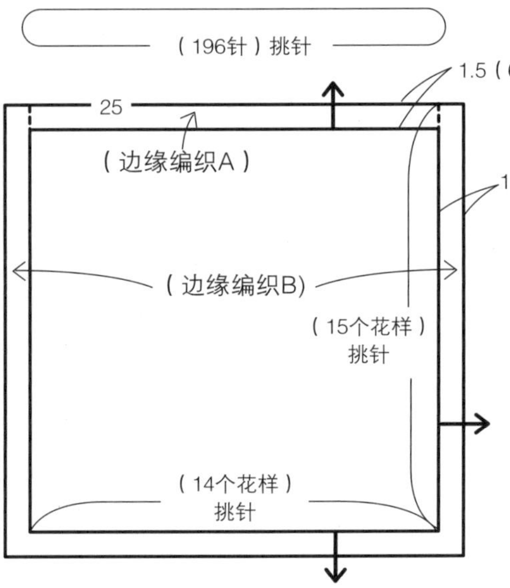

◆接第189、190页

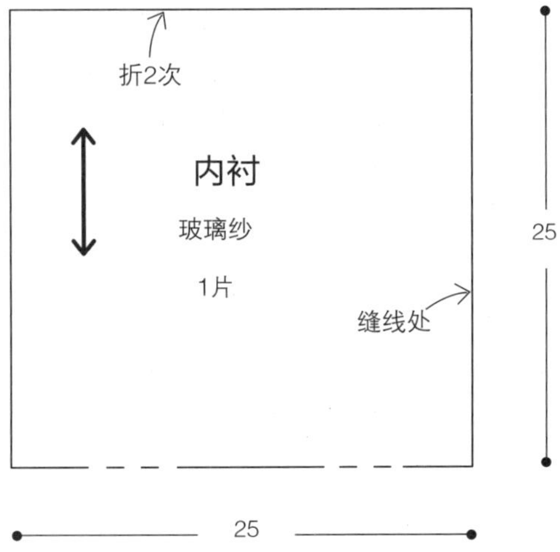

※裁剪时，两侧留出1.5cm的缝份，袋口留出2cm的缝份

边缘编织A

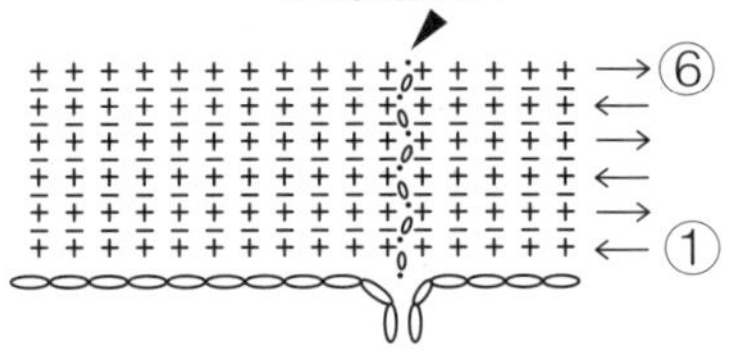

边缘编织B

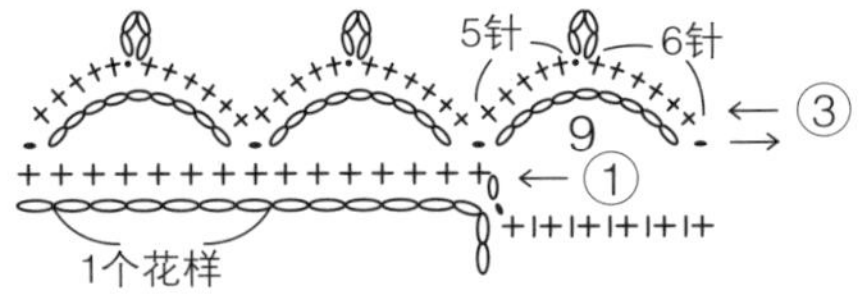

※将主体反面相对，除袋口部分外，从2片织片上一起挑针（整段挑取锁针的针目），钩织第1圈

果实　共36个

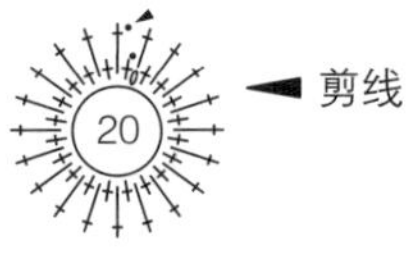

※ 中心处的环形是在10号棒针上绕8圈线制作而成，钩织第2圈时，裹着第1圈钩织（将反面当作正面使用）

茎　共4根

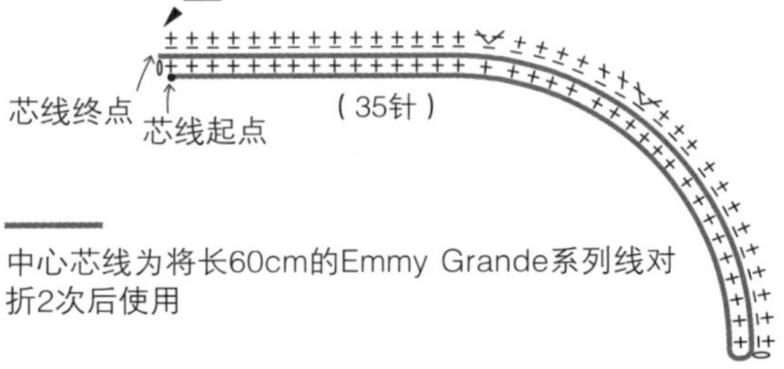

中心芯线为将长60cm的Emmy Grande系列线对折2次后使用

花朵A 共24朵

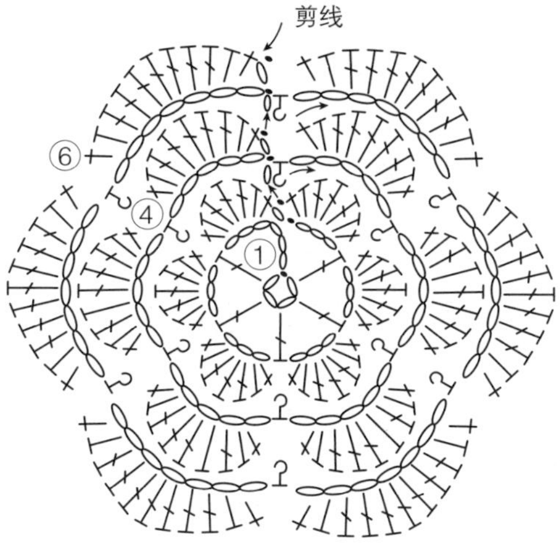

※中长针的反拉针在前面第 2 圈短针的根部编织

叶子A（小） 共14片

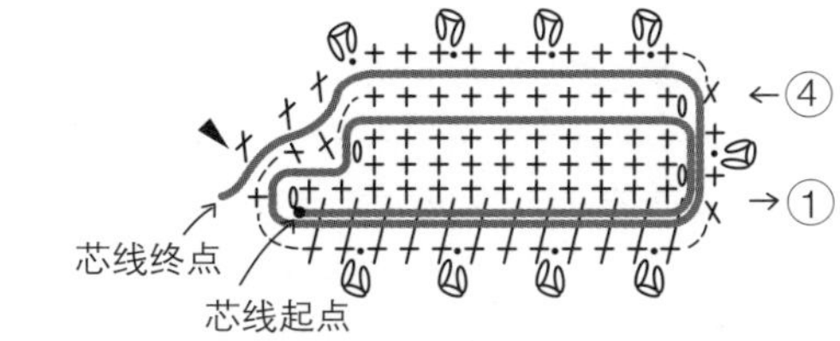

中心芯线为将长50cm的Emmy Grande系列线对折后使用

叶子B（大） 共10片

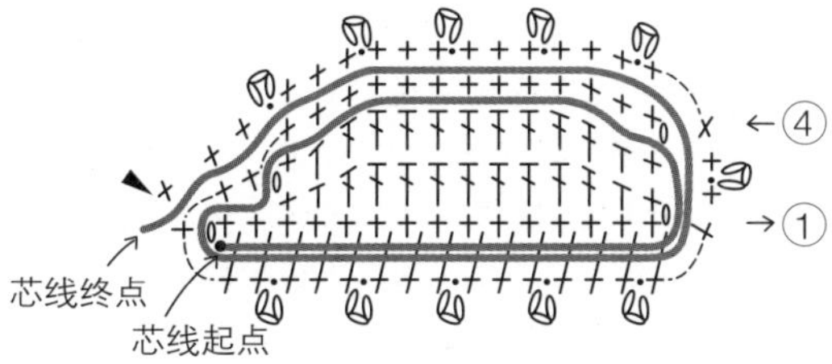

中心芯线为将长60cm的Emmy Grande系列线对折后使用

花朵B 共4朵

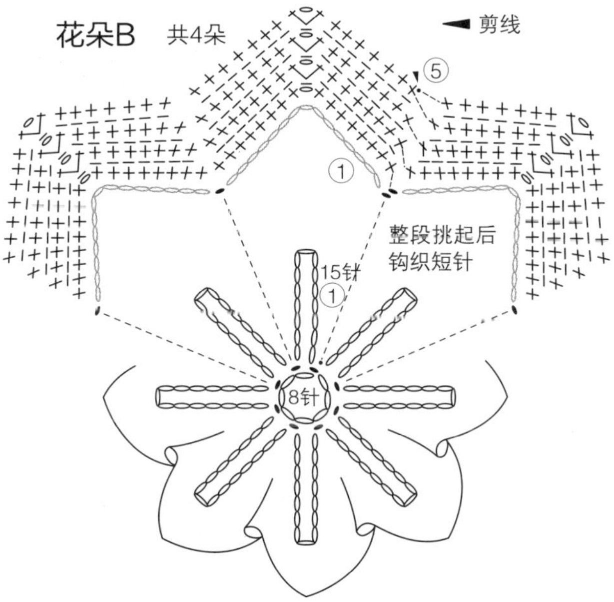

叶子A和B

将钩针插入对折后的芯线折痕处，在针上挂线。第1圈　钩织1针锁针后，在芯线上钩织短针。第2、3圈　暂不在芯线上钩织。第4圈　将刚刚没有用到的芯线摆在第2、3圈的下方，继续在芯线上钩织，注意芯线不要拉得过紧或过松。在第1圈空出的2针短针上钩织2针短针，在1针锁针上钩织1针短针。四周　第1圈的下方，在芯线上钩织短针和3针锁针的狗牙拉针；第1圈的上方，在第2、3圈下方的芯线和正常绕过来的芯线上继续钩织。

叶子C 共12片

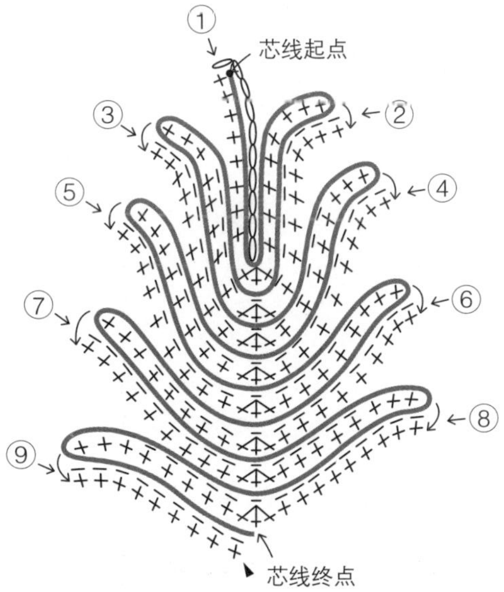

中心芯线为将长200cm的Emmy Grande系列线对折4次后使用

※各花片用象牙白色线钩织

花朵B

起8针锁针，连接成环。第1圈　钩织15针锁针，钩织引拔针，将其连接在环上。再重复7次。第2圈　在15针锁针的网眼针上，钩织“8针短针、1针锁针、8针短针”。第3圈　重复“跳过第1针短针，钩织7针短针的菱形针，在前1圈的锁针上钩织1针短针的菱形针、1针锁针、1针短针，再钩织7针短针的菱形针”。第4、5圈　与第3圈使用同样的方法钩织。

叶子C

钩织9针锁针。第1圈　立织1针锁针后，加入芯线，包裹着芯线钩织8针短针，在1针锁针上钩织3针短针，在另一侧钩织5针短针，在芯线上钩织3针短针。第2圈　翻面，无须钩织立起的针目，直接钩织9针短针的条纹针，在1针上钩织3针短针的条纹针，再继续钩织5针短针的条纹针，在芯线上钩织3针短针。第3~9圈　与第2圈的钩织方法相同。

45

（第62页作品）

◆**准备材料**：Olympus Emmy Grande 黑色（901）150克，<HERBS>系列米黄色（721）50克；2/0号钩针；带有磁铁的暗扣1组；用于内衬的捻丝绸、较薄的黏合衬各35cm×68cm，直径1cm的软线长68cm

◆**成品尺寸**：深29cm，宽26cm，厚8cm

◆**编织密度**：10cm×10cm面积内：33针，20行

◆**编织要点**：手提包使用黑色线钩织，花片使用米黄色线钩织。主体做编织花样，共钩织2片，侧片做编织花样，共钩织1片，提手钩织短针，共钩织2根。参照图示摆好各个花片，缝在其中的1片主体上。将主体与侧片反面相对，在钩织边缘编织B第1行的短针时，将其连接在一起。在袋口钩织边缘编织A之后，再钩织边缘编织B的第2行。将绳子穿入提手后，将其缝到主体上，再沿着袋口以藏针缝缝上内袋。

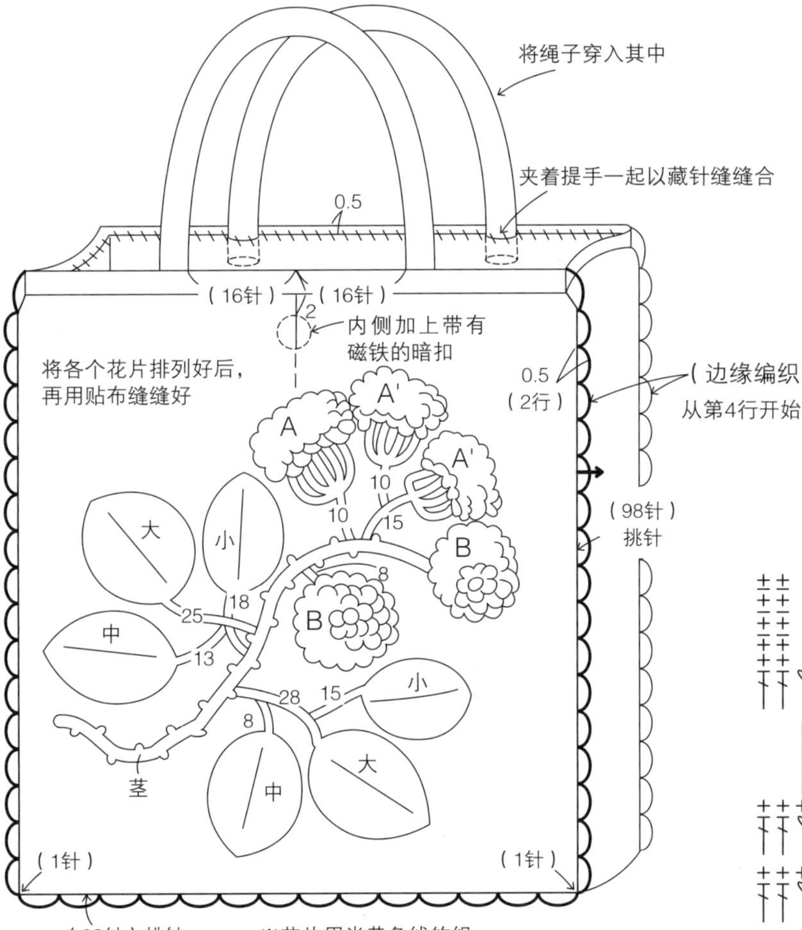

※花片用米黄色线钩织

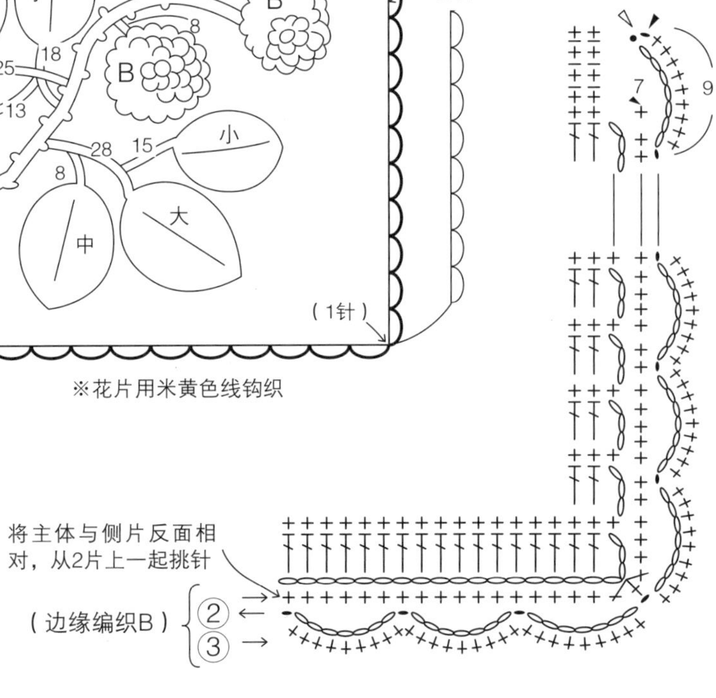

◆绕线编

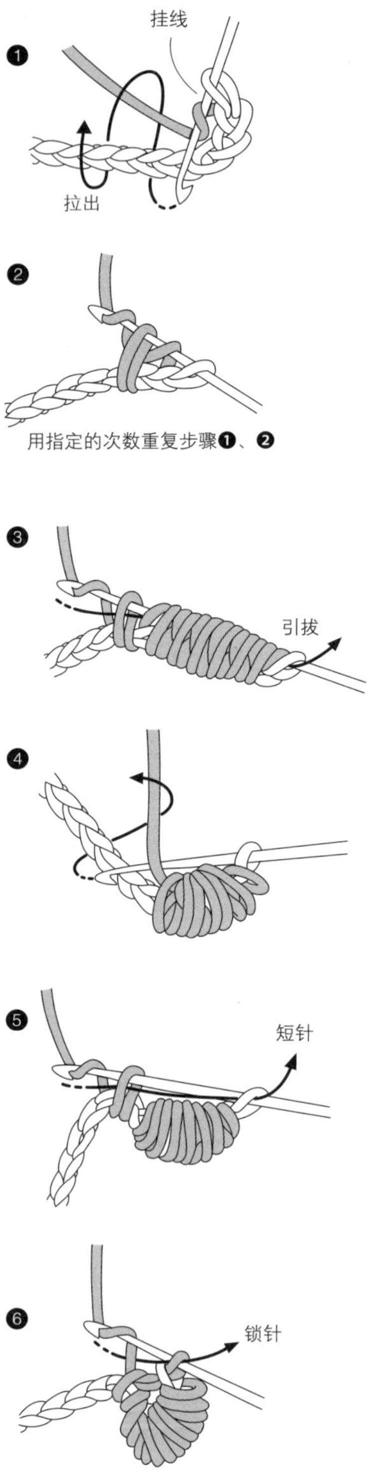

花朵A

A=1朵
A'=2朵

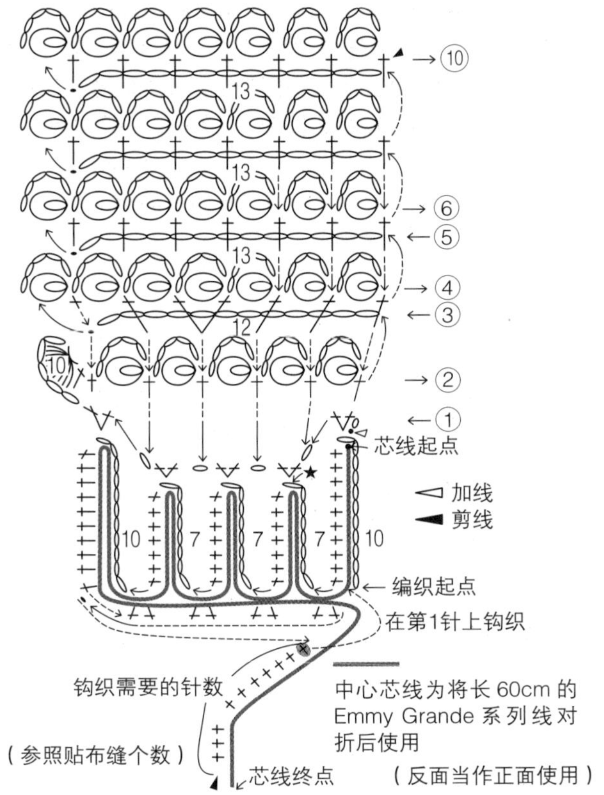

※花朵A与A′的行数相同，花萼中央为2根，第2行钩织5个绕线编，第4、6、8、10行各钩织6个绕线编，返回的锁针，第3行为10针，第5、7、9行各11针

花朵A

花萼　①钩织10针锁针，加入对折后的芯线，立织1针锁针。分开锁针，包裹着芯线钩织10针短针。②钩织7针锁针，展开芯线，钩织1针锁针（★）固定，包裹着4根芯线，钩织7针短针。重复此步骤3次。③钩织10针锁针，展开芯线，钩织1针锁针固定，包裹着4根芯线，钩织10针短针。④接着在下方针目间的芯线上，包裹着芯线重复钩织4次“2针短针，引拔步骤③中的第10针短针”以固定。⑤在编织起点10针锁针的第1针上钩织1针短针，在芯线上钩织短针。花朵　第2行的第1个果实，钩织5针锁针、10卷绕线编，使用1针短针收紧，第1行最后的短针上钩织1针短针以固定。制作第2个果实，在第1行的1针锁针上钩织1针短针以固定。到第5个果实为止，都使用与第2个果实同样的方法钩织，第6个果实固定在第1行的短针上。第3行钩织12针锁针返回，在固定了第2行第1个果实的短针上钩织引拔针以固定。第4行与第2行相同，先制作第1个果实，钩织短针固定在第2行的短针上。使用同样的方法制作第2个、第3个果实，第4个果实与第3个果实固定在同一针短针上，即增加1个果实。第5行钩织13针锁针后返回，在固定了第4行第1个果实的短针上钩织引拔针以固定。第6行与第4行相同，各制作7个果实。第7~10行重复第5、6行的操作。将反面当作正面使用。

花朵B

第1圈钩织6针锁针、10卷绕线编，使用1针短针收紧，在6针锁针的第1针上，钩织1针短针以固定。随后钩织5针锁针、10卷绕线编，钩织1针短针收紧，在固定第1个果实的同一针目上钩织1针短针以固定。钩织短针固定时，将绕线编放在后侧钩织。制作4个果实。第2圈增加至8个果实，第3圈增加至16个果实，第4圈为16个果实。将反面当作正面使用。

花朵B　共2朵

※茎同花朵A相同
（芯线为3根）
（将反面当作正面使用）

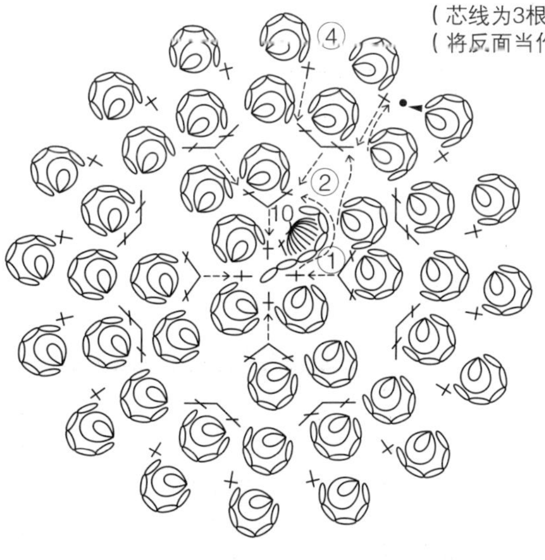

◆接第 139、191 页

46

（第64页作品）

◆**准备材料**：Olympus Emmy Grande <HERBS>系列原白色（732）120克，象牙白色（721）10克；2/0号钩针，宽0.7cm的缎带长127cm，内衬所用的玻璃纱31cm×56cm

◆**成品尺寸**：深27.5cm，宽27cm，侧边宽3.5cm

◆**编织密度**：10cm×10cm面积内：9.5个花样，15行；花朵长8cm，宽7cm

◆**编织要点**：主体需要钩织两片编织花样，侧面、底部需要1片短针花样，提手共2根，需要用边缘编织A连接到短针上，在主体的一面缝上花片，具体搭配请参照示意图，固定时轻轻缝合即可，不易用力过大。缝合侧边时，需要钩织边缘编织B。袋口处使用短针的条纹针，并在袋口提手的内侧缝上缎带。

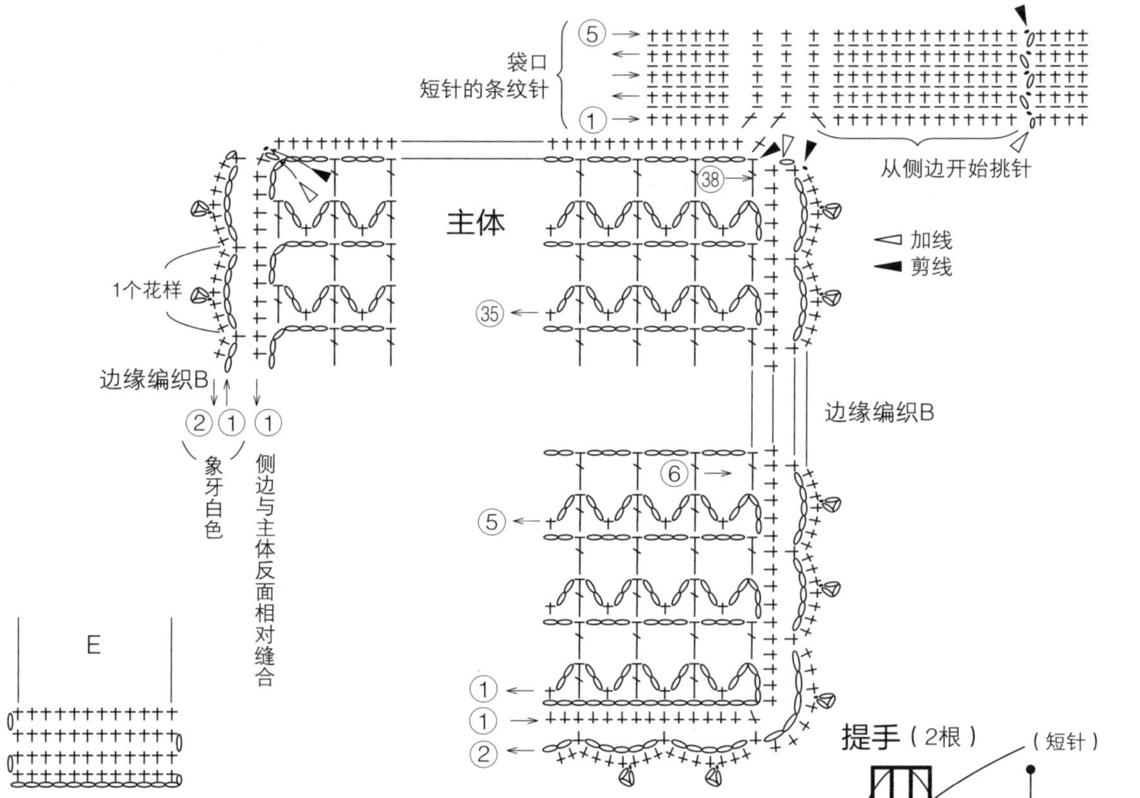

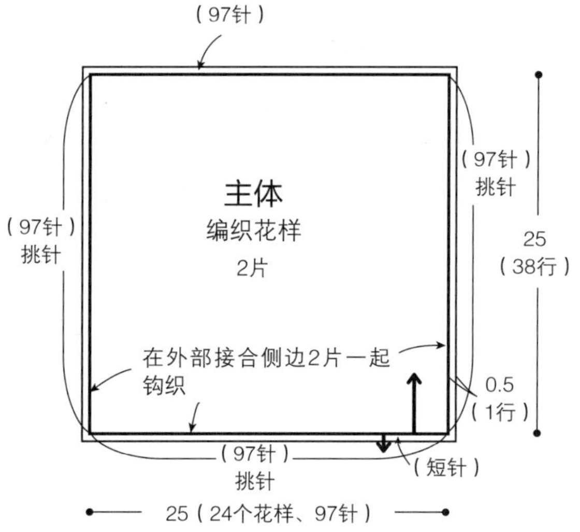

※指定以外的部分用原白色毛线钩织

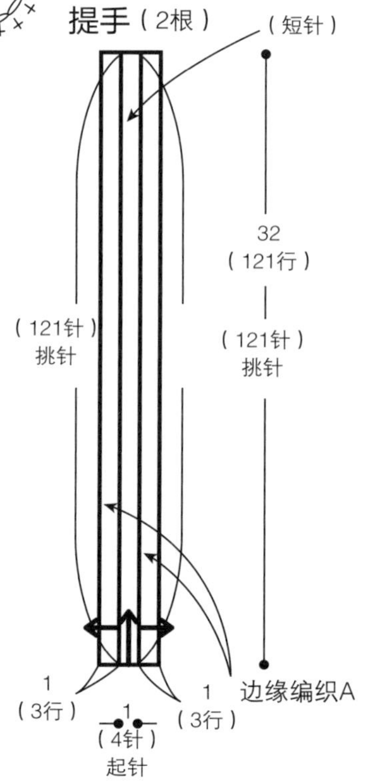

花朵　共5朵

中心芯线为将长100cm的Emmy Grande系列线对折2次后使用

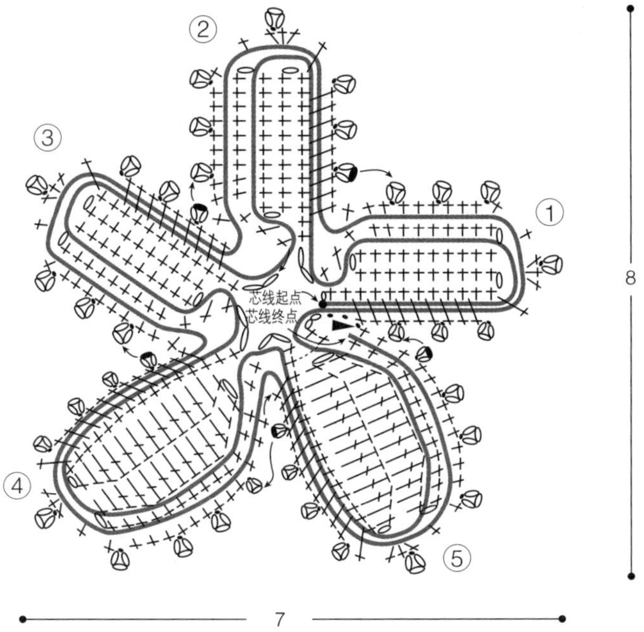

花朵

将对折后的芯线（对折处）穿入钩针挂线。第1行　立织1针锁针，在芯线上钩织12针短针。第2行　暂时保留芯线，钩织10针短针。第3行　钩织10针短针。第4行　将刚才保留的芯线整理，不宜过松也不易过紧，穿过第2、3行的下侧，再连同芯线一起钩织10针短针。继续在第一行没有针的2针上钩织2针短针和2针锁针。花瓣①完成。花瓣②和③的钩法与①相同。花瓣④、⑤第2、3行的针数稍有不同，但钩法相同。边缘处　在花瓣⑤的最后2针锁针上和花瓣①的2针短针尾部连同芯线一起钩织2针引拔针，再重复3次“3针短针、3针锁针的狗牙拉针”，继续钩织1针短针，穿过第2、3行的芯线钩织1针短针和3针锁针的狗牙拉针。最后重复2次“3针短针、3针锁针的狗牙拉针”，钩织3针短针，花瓣①完成。从花瓣②的第3针短针处用同样的方法钩织四周，在第1个狗牙边①的最后引拔收针。

树叶　共7片

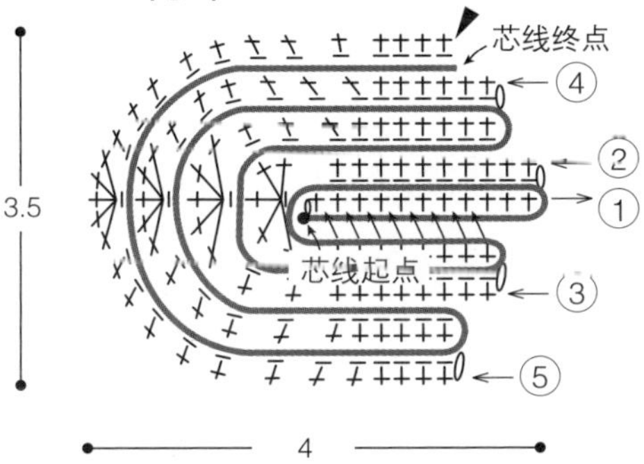

中心芯线为将长60cm的Emmy Grande系列线对折后使用

※第2行的最后8针要在第1行短针下方的针与针之间钩织

◆接第 146 页

提手（边缘编织A）

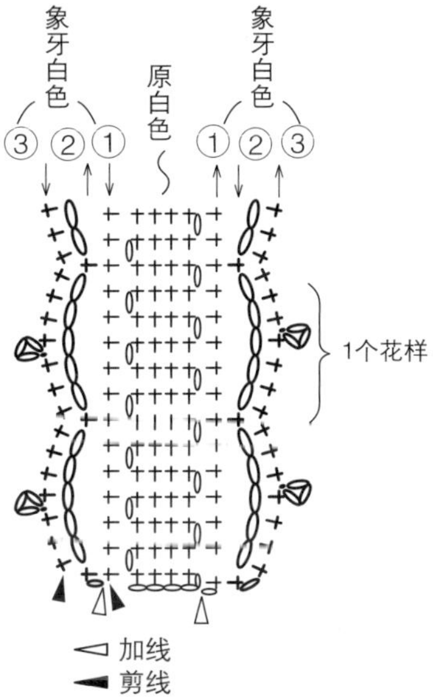

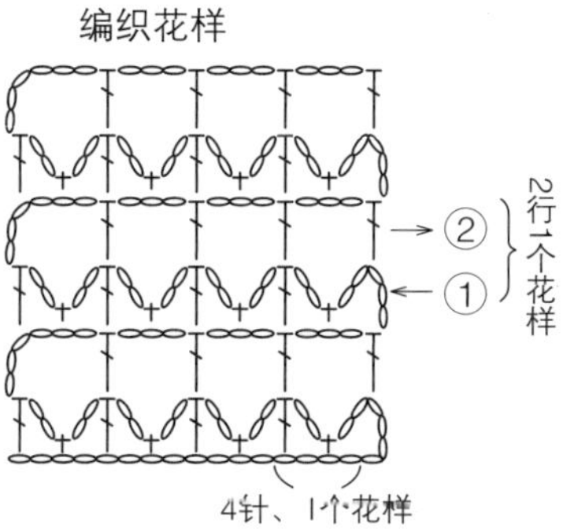

茎（小）　共4根

中心芯线为将长30cm的Emmy Grande系列线对折后使用

茎（大）　共5根

中心芯线为将长50cm的Emmy Grande系列线对折后使用

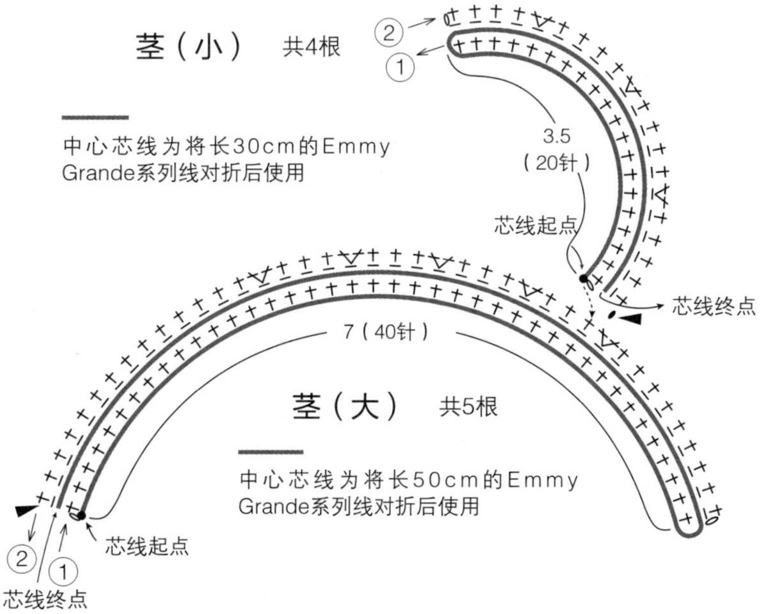

花蕊　共5朵

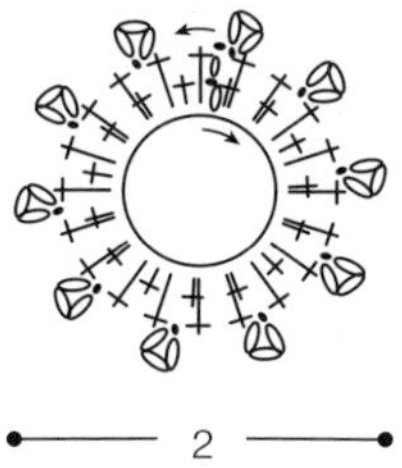

※中心处的环形是在8号棒针上绕3圈线制作而成。第1圈钩织15针短针，第2圈翻面后，包裹住第1圈钩织20针

（将反面当作正面使用）

47

（第67页作品）

◆**准备材料**：Olympus Emmy Grande <HERBS>系列象牙白色（721）260克；2/0号钩针；带有磁铁的暗扣1组；用于内衬的玻璃纱34cm×42cm；直径1.2cm的软线长137cm

◆**成品尺寸**：深21.5cm，宽31.5cm

◆**花片尺寸**：直径4.5cm

◆**编织要点**：主体参照花片的连接方法，从第2个花片开始，在钩织最后一圈的同时，使用引拔针连接在一起。主体完成后，调整好袋口与开口的部分，在袋口处钩织短针。在另一侧的袋口处加线后，使用同样的方法钩织。提手部分，钩织锁针起针时，在袋口的第6行上引拔固定。在开口最深的地方加线，使用短针钩织开口处和提手。在袋口、提手处加入芯线，包裹着做卷针缝缝合。将内袋缝在提包内侧。

花片的连接方法

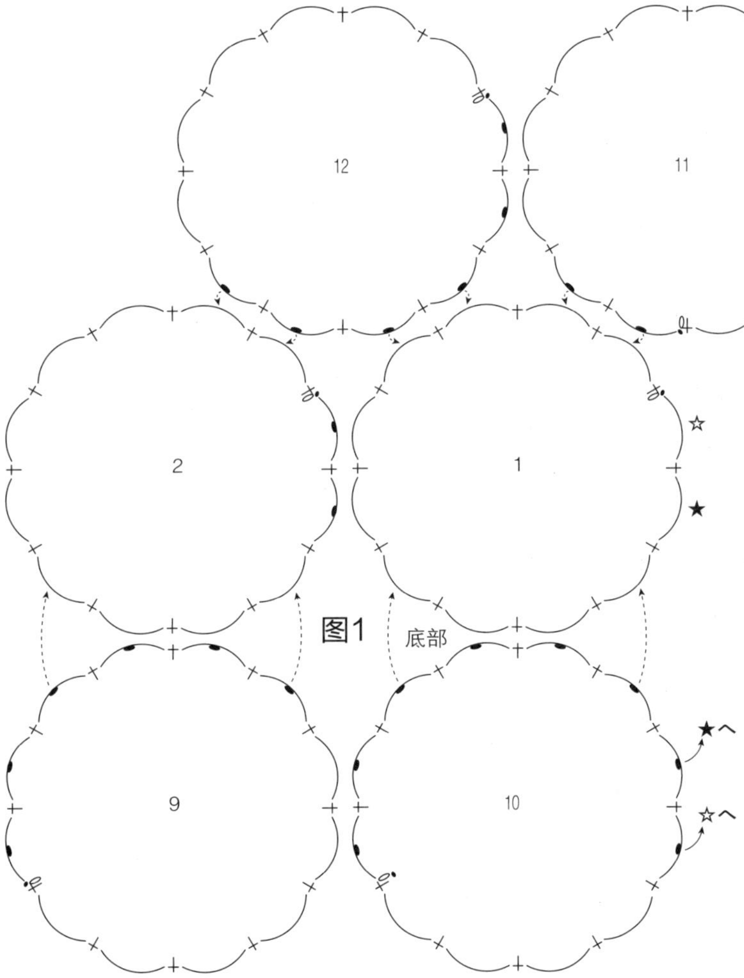

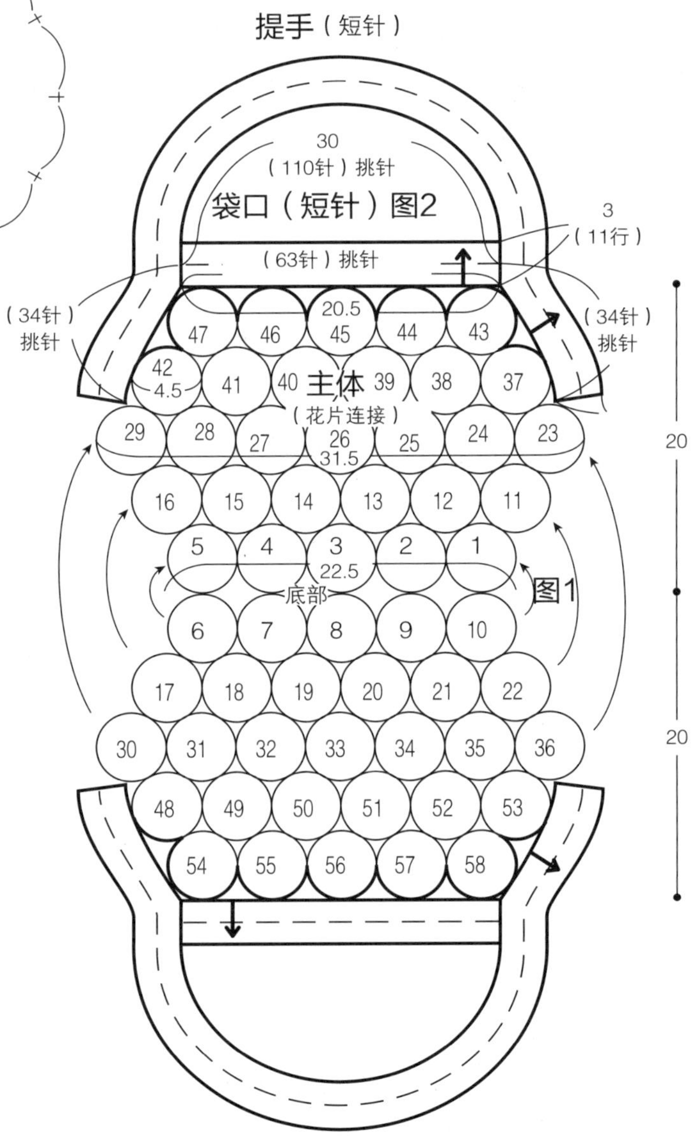

※花片内的数字表示连接顺序

花片（直径4.5） 共58片

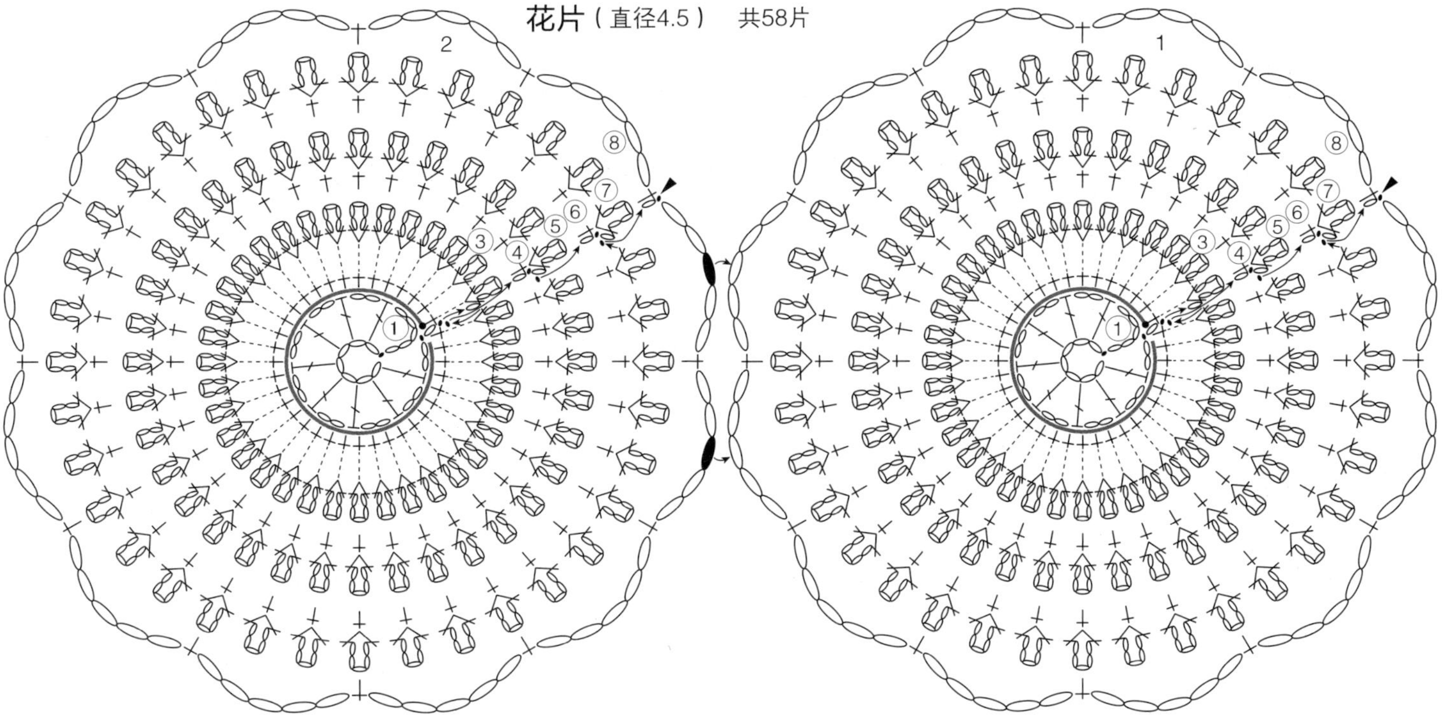

※第1圈包裹着7针锁针和线头一起钩织，第3、5、7圈分别挑取前一圈短针的头部前半针钩织，第4、6、8圈分别挑取上面第2行短针头部的后半针钩织

——— 中心芯线为将长30cm的Emmy Grande系列线对折后使用

◀ 剪线

花片

起7针锁针，连接成环。第1圈　包裹着线头钩织5针锁针，重复钩织8次“1针长针、2针锁针”，使用引拔针固定时，加入对折后的芯线。第2圈　在前一圈的2针锁针上，包裹着芯线钩织4针短针，引拔第1针短针头部的前侧半针。之后暂不使用芯线。第3圈　立织1针锁针，之后重复钩织36次“1针短针、5针锁针、1针短针”，在第2圈短针头部的后侧半针上钩织。最后1针在第1针短针头部的前侧半针上引拔。第5、7圈与第3圈的钩织方法相同，第6圈与第4圈相同。第8圈　在第6圈短针头部的后侧半针上钩织“1针短针、5针锁针”。

将软线穿入袋口、提手、开口处

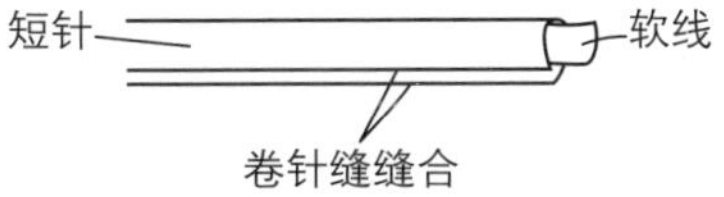

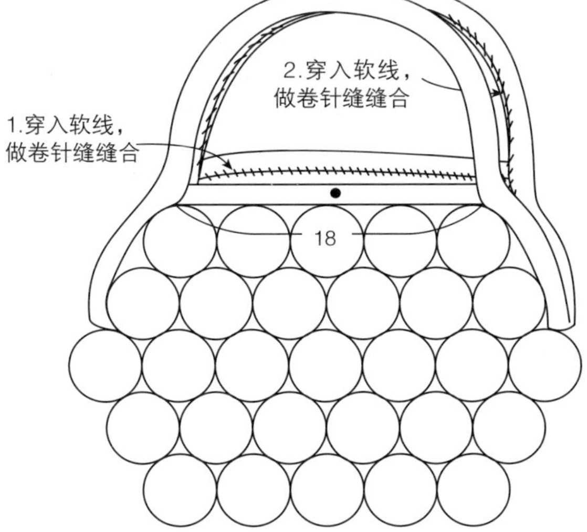

将磁扣缝在●处

花蕊

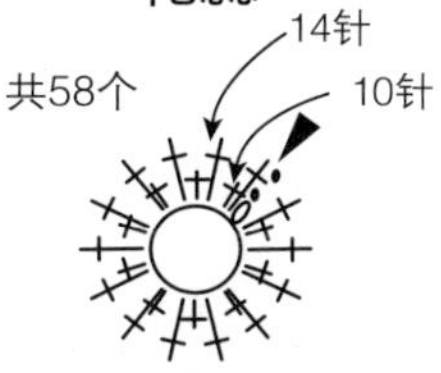

※中心处的环形是在8号棒针上绕6圈线制作而成。钩织第2圈时，无须立织，直接包裹着第1圈钩织

◆接第190页

48

（第69页作品）

◆**准备材料**：Olympus Emmy Grande <HERBS>系列深米色（736）240克；2/0号钩针；用于内衬的玻璃纱36cm×54cm；软线芯长64cm；宽0.7cm的缎带长80cm

◆**成品尺寸**：深27.5cm，宽34cm

◆**花片尺寸**：6cm×6cm

◆**编织要点**：主体使用花片连接而成。第1片花片钩织完成后，从第2片花片开始，在钩织最后1圈的同时，使用引拔针与先前钩织好的花片连接在一起。请参照图示顺序，逐个钩织花片。主体完成后，在开口处与袋口处使用锁针和短针调整好形状，钩织短针的条纹针。使用短针包裹着芯线钩织2根提手，做卷针缝缝合。将提手缝合至袋口内侧。使用玻璃纱缝制内袋，以卷针缝缝合在开口与袋口上。在袋口处缝上缎带。

第4圈的钩织方法

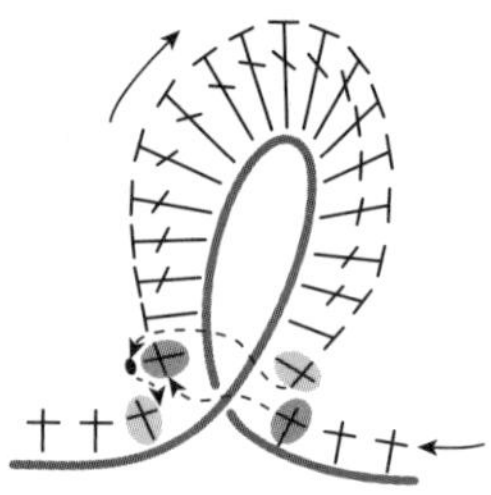

花片（共37片）

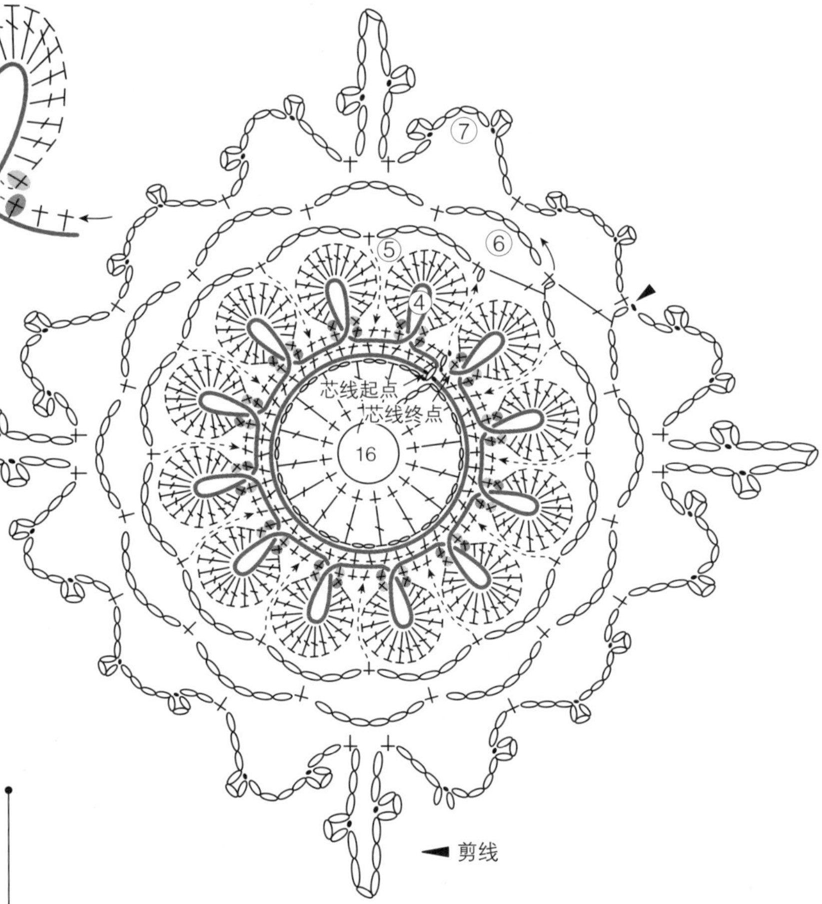

花片

将毛线在12号棒针上缠绕10圈起针。第1圈　钩织16针短针。第2圈　重复钩织“1针长针，2针锁针”。第3圈　返回反面，立织锁针时，将对折后的芯线加入其中。将芯线裹住在第2圈的2针锁针处钩织3针短针。在第3圈结束处，将芯线放于面前暂时保留，后抽至第1针短针处。第4圈　立织1针锁针，然后连同芯线一同钩织3针短针，重复钩织12次“再在芯线上钩织1针短针、1针中长针、15针长针、1针中长针和1针短针。将花瓣的后侧换至面前后拉紧芯线固定。将花瓣做成弯曲状，在芯线的第1针短针处引拔固定，再将芯线放至面前，一同钩织4针短针”，直至第12朵花瓣以1针短针结束，抽至第1针的短针处（芯线保留不动）。第5圈　重复钩织11次“1针短针、5针锁针”，再钩织1针短针、2针锁针和1针长针。第6圈　返回正面，重复钩织11次“1针短针、6针锁针”，继续钩织1针短针、3针锁针和1针长针。第7圈　将3针锁针钩织成的网眼针加织在两条狗牙边上。

※中心处的环形是在12号棒针上绕10圈线制作而成

中心芯线为将长110cm的Emmy Grande系列线对折后使用

※第3~5圈将反面当作正面使用，第6圈翻转织片（符号图中第1~5圈标记的是反面的符号）第6圈之后标记的是正面的符号

提手

（短针）

共2根

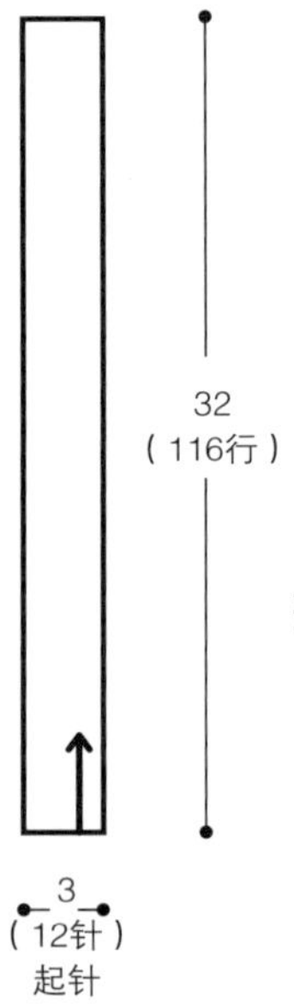

提手　短针

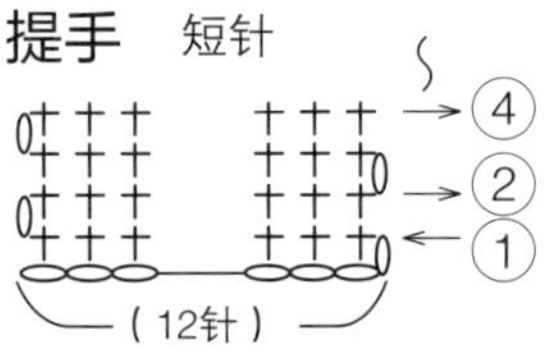

袋口（短针的条纹针）

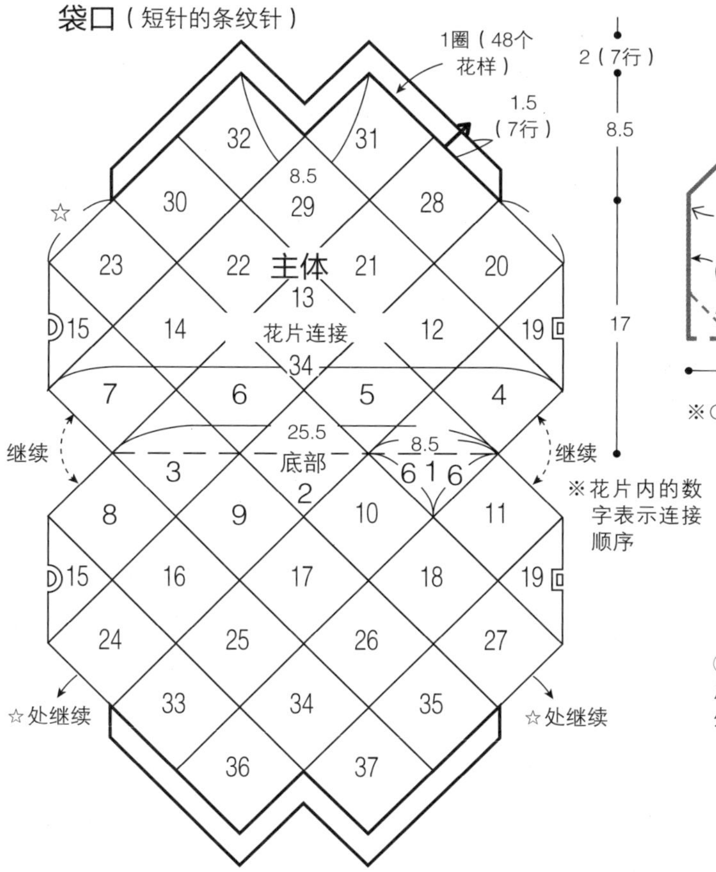

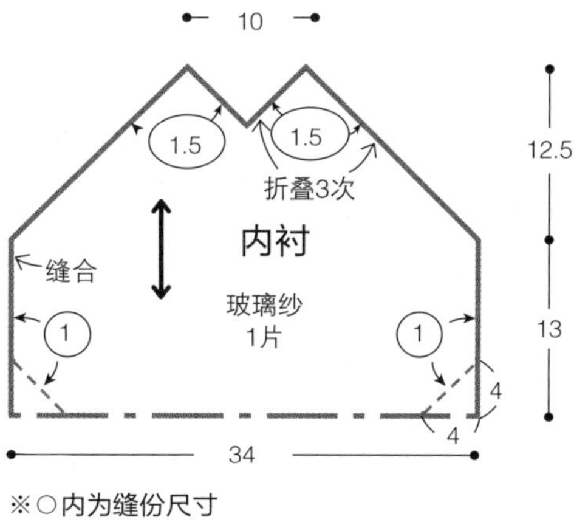

提手的制作方法

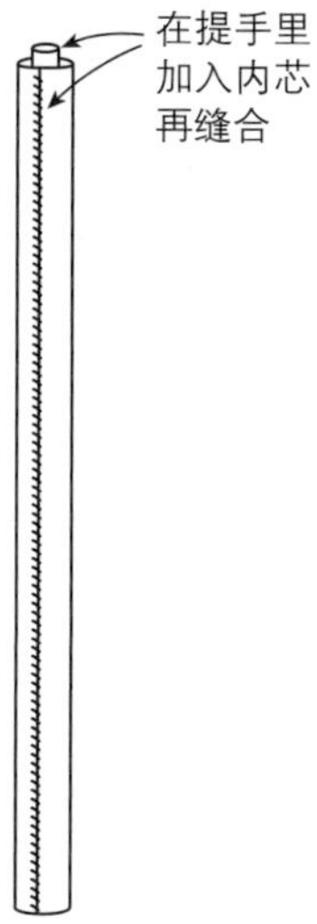

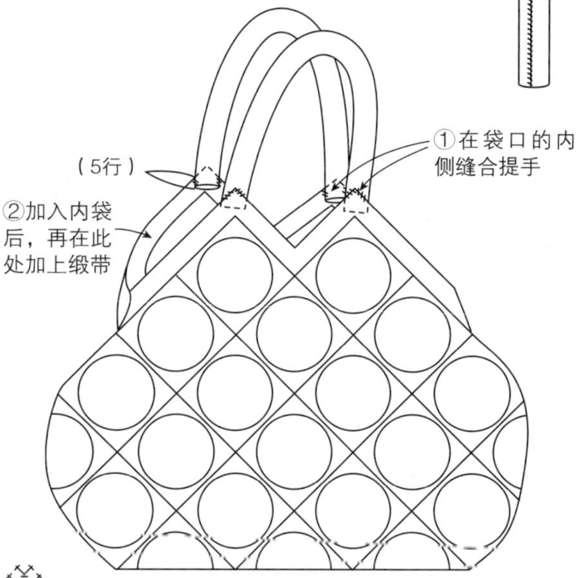

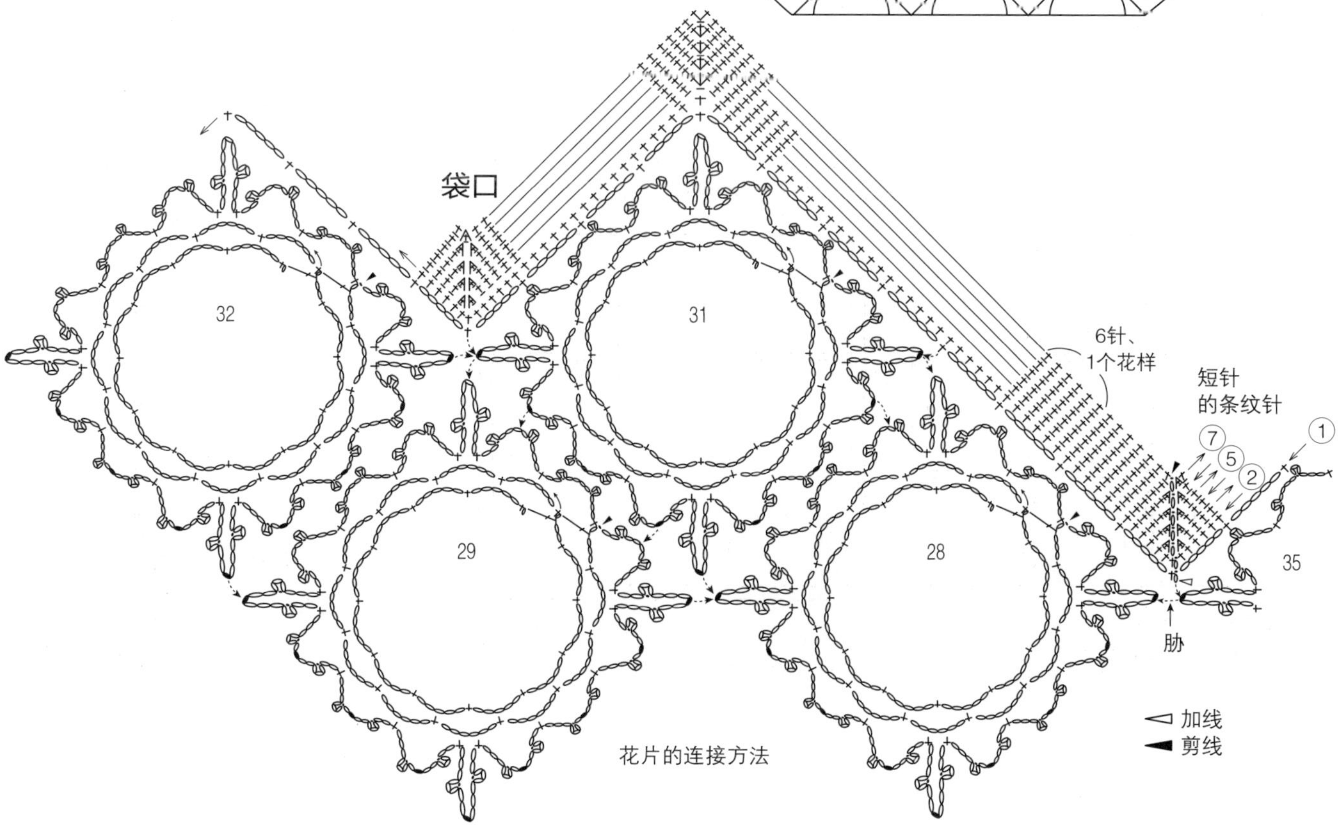

花片的连接方法

49

（第70页作品）

◆**准备材料**：Olympus Emmy Grande <HERBS>系列灰白色（800）70克，象牙白色（721）40克，原白色（732）35克；2/0号钩针；宽0.7cm的缎带长117cm；用于内衬的玻璃纱29cm×54cm

◆**成品尺寸**：深28cm，宽27.5cm

◆**花片尺寸**：8.5cm×8.5cm

◆**编织要点**：花片　第4圈与第6圈是看着反面钩织的，引拔针要挑取前一圈根部的横向2根线引拔。

主体　将花片反面相对，先钩织“1针短针、1针锁针、1针短针”将花片横向连接在一起，再将花片反面相对后，使用同样的方法将花片纵向连接在一起。将主体的2片花片反面相对，钩织边缘编织B的第1圈将其连接在一起，随后在袋口处钩织边缘编织A，最后再钩织边缘编织B的第2、3圈。缝上提手、在袋口处使用卷针缝缝上内袋。

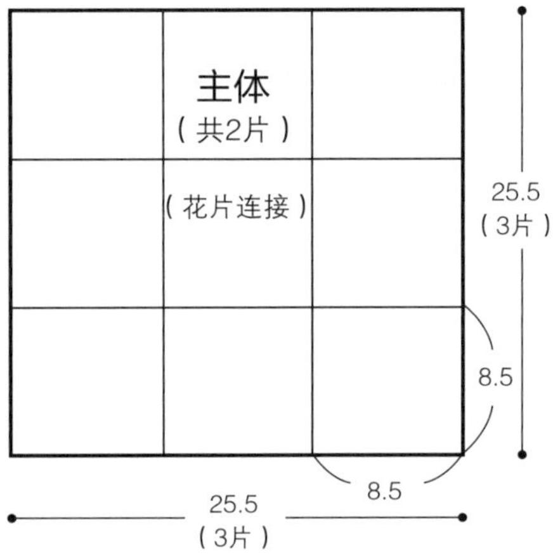

※共计18片花片

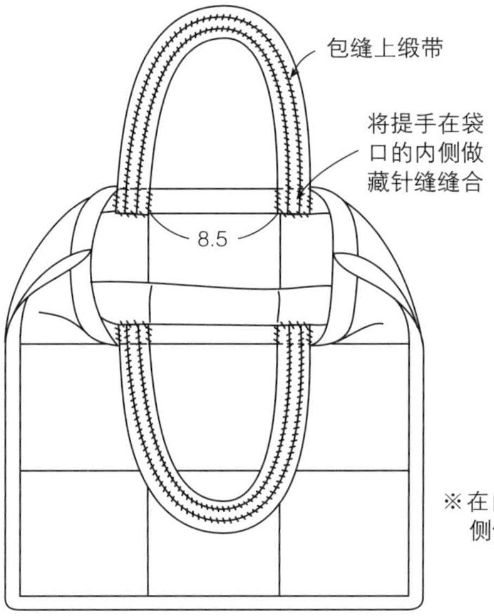

※在内袋的袋口内侧做藏针缝缝合

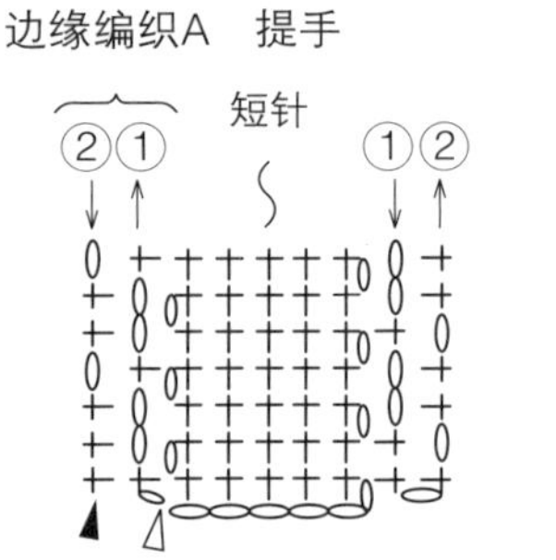

※为了使边缘编织A的第2圈成为正面，需在第1圈时看着反面挑针钩织

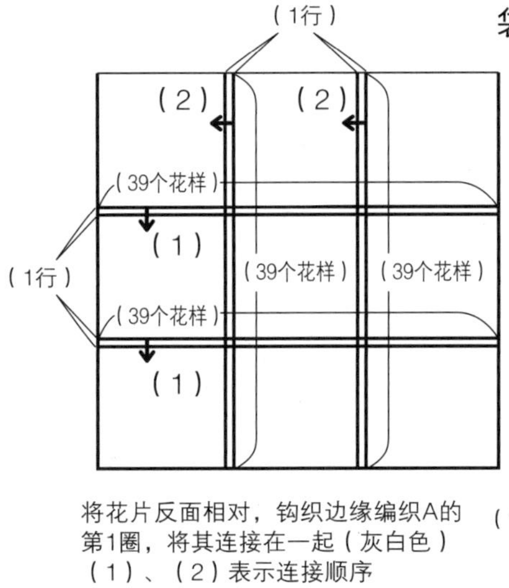

将花片反面相对，钩织边缘编织A的第1圈，将其连接在一起（灰白色）
（1）、（2）表示连接顺序

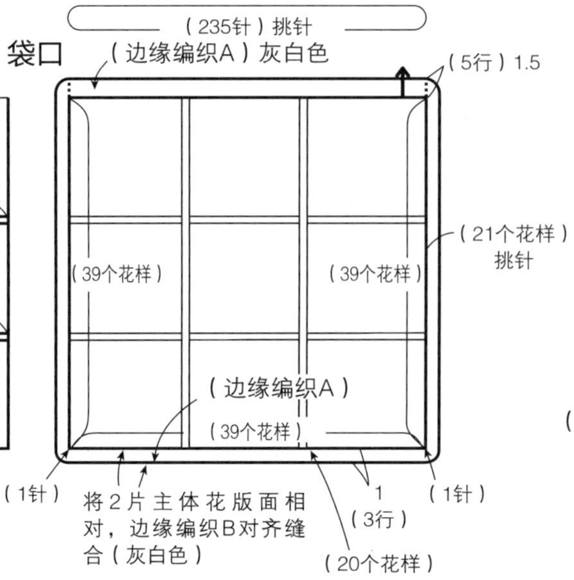

将2片主体花版面相对，边缘编织B对齐缝合（灰白色）

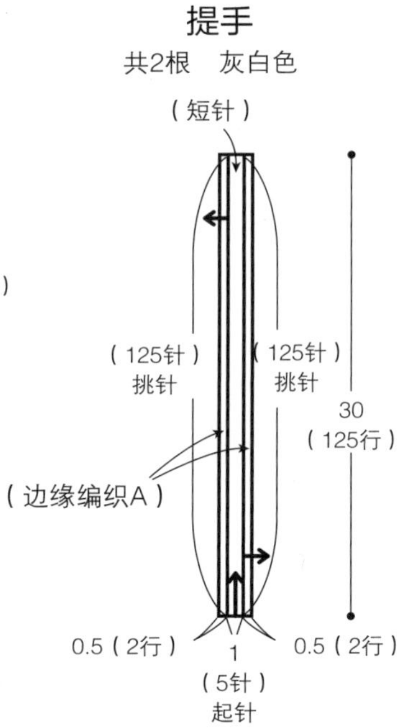

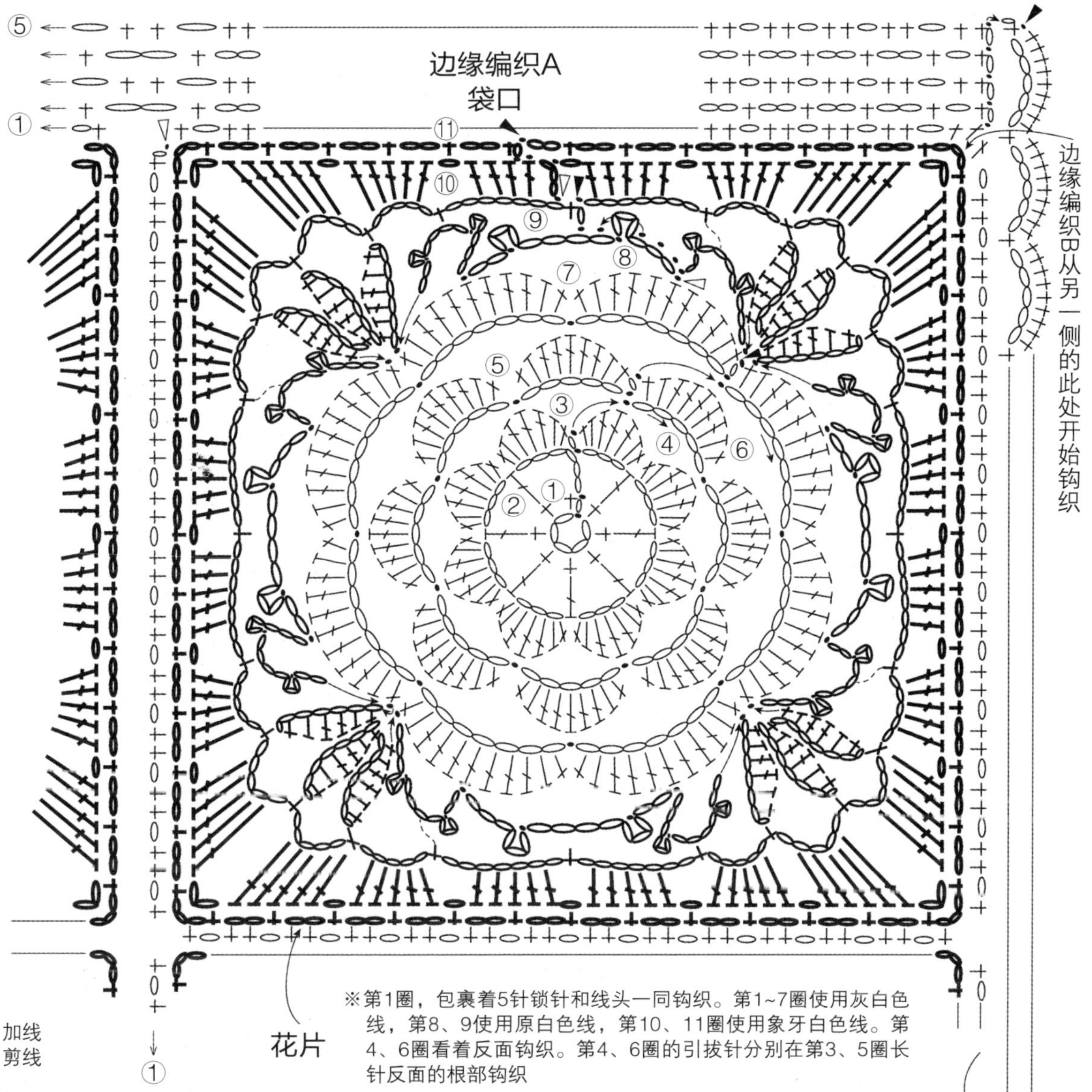

※第1圈，包裹着5针锁针和线头一同钩织。第1~7圈使用灰白色线，第8、9使用原白色线，第10、11圈使用象牙白色线。第4、6圈看着反面钩织。第4、6圈的引拔针分别在第3、5圈长针反面的根部钩织

边缘编织A

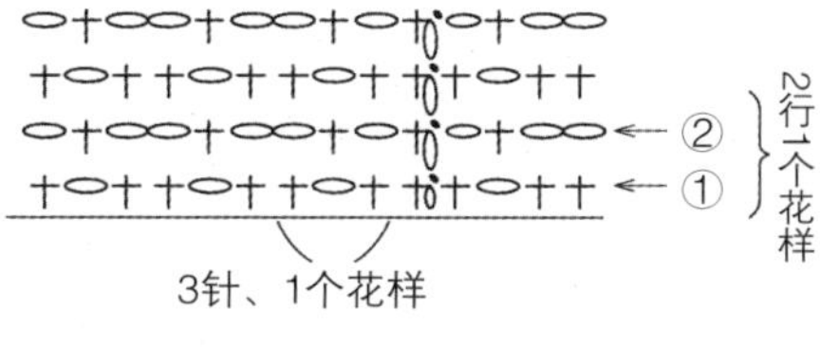

边缘编织B

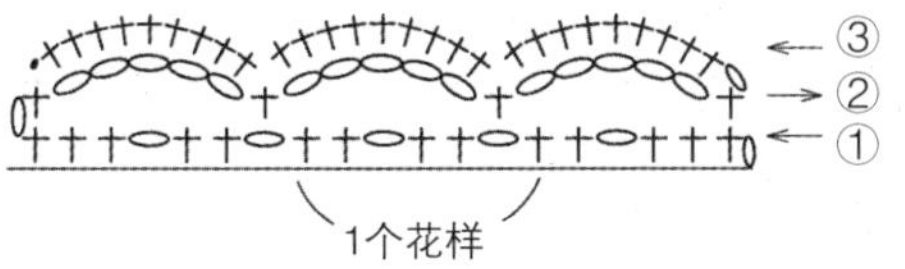

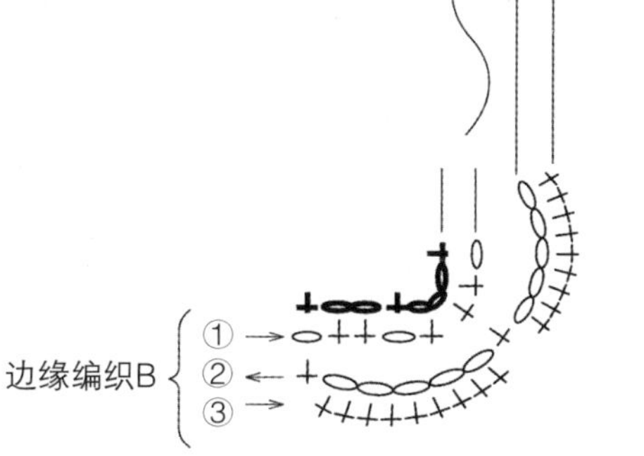

◆内袋的制作图见第 188 页

51

（第72页作品）

◆**准备材料**：Olympus Emmy Grande <HERBS>系列灰白色（800）10克；2/0号钩针；直径为3.5cm的别针底座1个

◆**成品尺寸**：长8cm，宽6cm

◆**编织要点**：花朵　只钩织大花朵的前5圈即为小花朵。第4、6圈是看着反面钩织的，短针的反拉针（在实际钩织时为正拉针）在前2圈的短针的根部钩织。果实　编织起点制作1个环形，第1圈钩织6针短针。第2圈，在前一圈的1针短针上钩织2针。第3~5圈，钩织12针短针。钩织第6圈时，将线头塞到果实中，钩织短针的2针并1针。将线穿入最后1圈的针目中，收紧。饰花　参照图示，将各个花片缝合在饰花的别针底座上。使用饰花底座包裹着别针底座，收紧并缝合。

花朵　（大、小各1朵）

※中心处的环形是在10号棒针上绕8圈线制作而成。短针的反拉针在前2圈的短针根部钩织，制作小花朵时钩织至第5圈即可

树叶　共3片

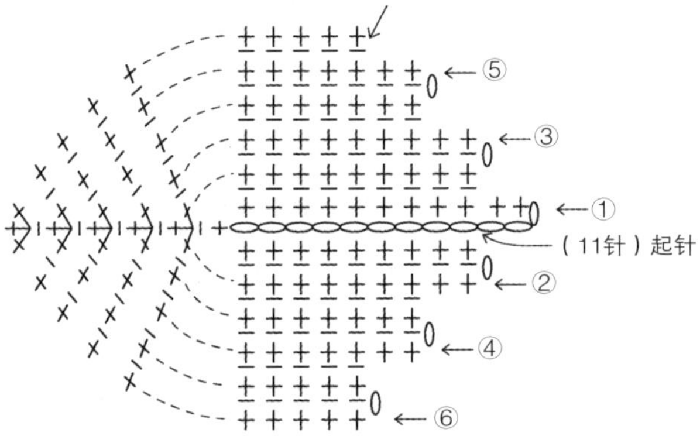

果实　共5个

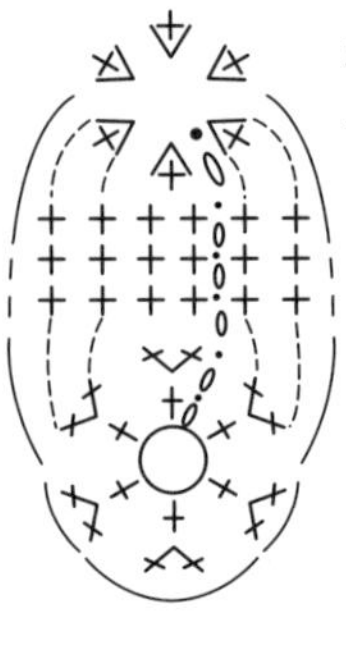

饰花底座

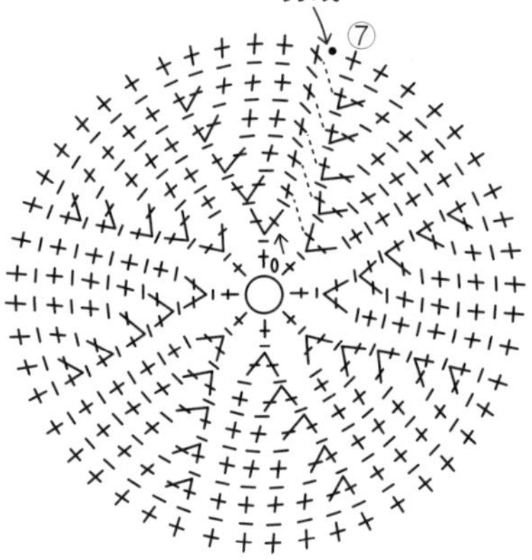

饰花

各花片缝合在饰花底座上

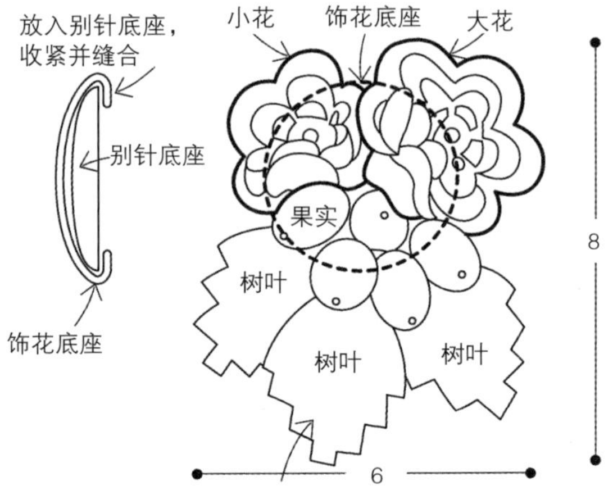

先将左右两片叶子的根部缝合在一起，再放上中央的叶子，缝合在一起

52

（第72、73页作品）

◆**准备材料**：Olympus Emmy Grande <HERBS>系列灰白色（800）10克；2/0号钩针；宽10cm的发卡底座1个

◆**成品尺寸**：长10cm，宽4cm

◆**编织要点**：大花朵　在10号棒针上绕8圈线起针，制作1个环形。第3圈是在前1圈的3针锁针上钩织“1针短针、1针中长针、3针长针、1针中长针、1针短针”，共计钩织6次。翻面钩织第4圈，短针的反拉针（实际钩织的是正拉针）在第2圈短针的根部钩织。第5圈翻回正面，在前1圈的5针锁针上钩织短针、中长针、长针。第6圈翻面，与第4圈的钩织方法相同。第7圈翻面，与第3、5圈的钩织方法相同。发卡　使用短针制作发卡饰花底座，将花片缝在发卡饰花底座上。将发卡饰花底座与发卡底座的两端和中间对齐后，缝合固定。

大花朵　共1朵

※不管大小，中心处的环形均为在10号棒针上绕8圈线制作而成。短针的反拉针在前2行的短针根部钩织

小花朵　共2朵

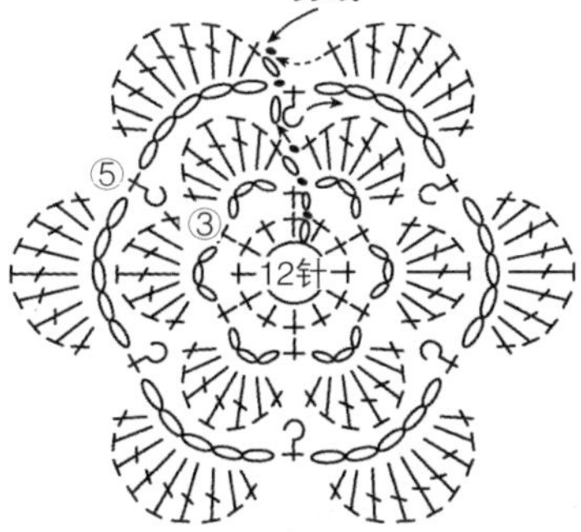

发卡饰花底座
（短针）

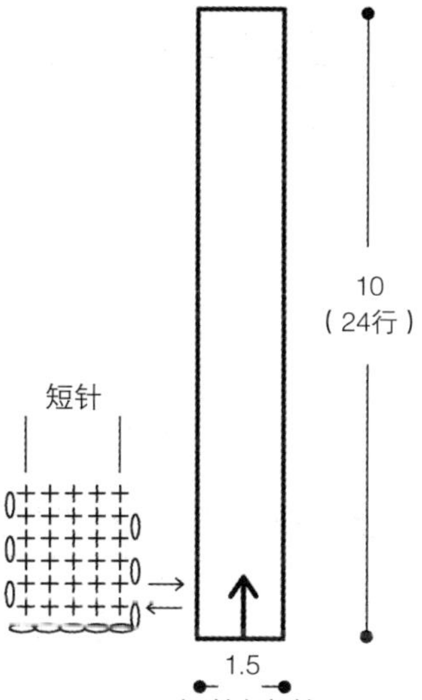

发卡

将各个花片分别缝在发卡饰花底座上

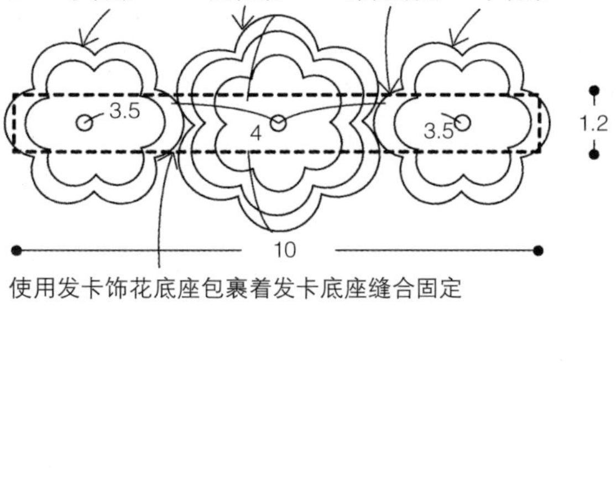

58、59

（第74页作品）

◆**准备材料**：Olympus金票40号蕾丝线　原色（731）　作品58为5克，作品59为2克；6号蕾丝针；作品58另需金属部件1组，圆环（7mm）、C环（5mm）各2个；作品59另需耳钉金属部件和耳堵1套

◆**成品尺寸**：作品58长17cm；作品59直径为3cm

◆**编织要点**：作品58的绳　钩织98针锁针，再钩织7针，使用引拔针在倒数第14针上固定。重复钩织13次“6针锁针，跳过6针后引拔固定”，再钩织13针锁针引拔收针。钩织1针锁针，在前1行的6针锁针上钩织“4针短针、4针锁针的狗牙拉针、3针短针”。参照图示，将各个花片缝合在绳上。作品59　在花朵底座上缝上花片，再粘贴在耳钉的金属部件上。

58 手链

手链

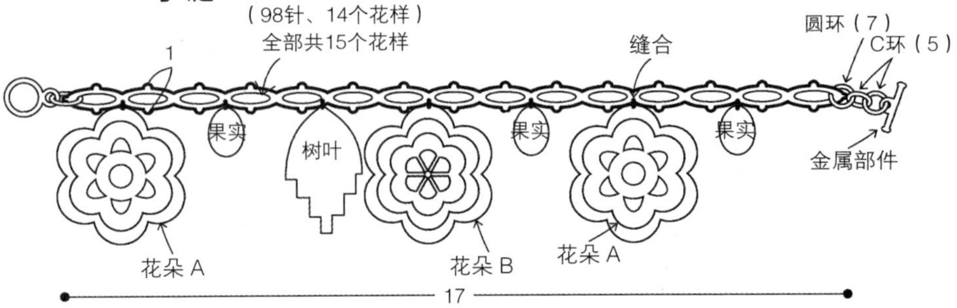

果实　（作品58）共3个

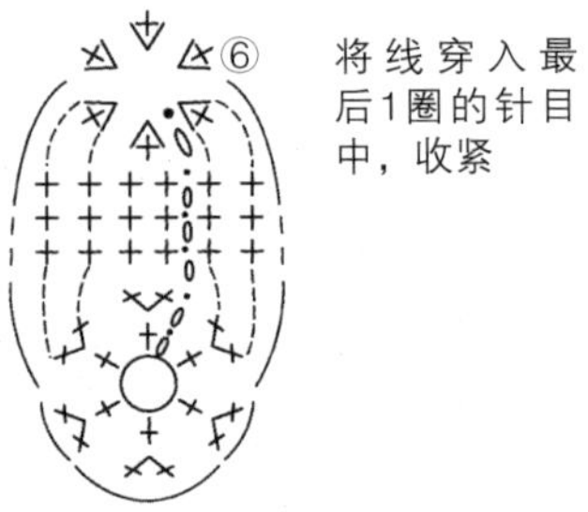

58 绳

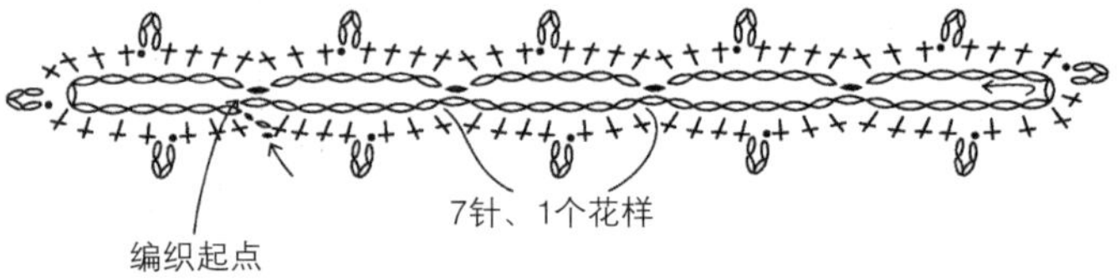

58

树叶　共1片

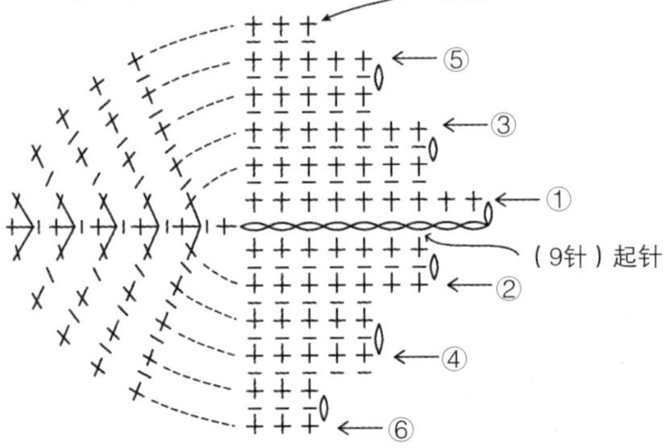

58　花朵B　1朵

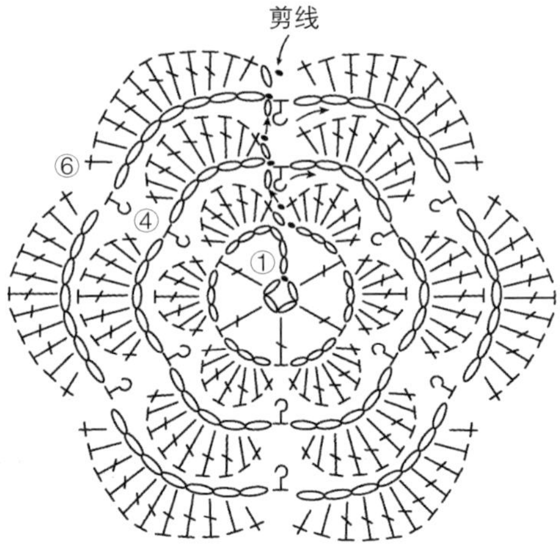

※中长针的反拉针是在前两行的针目根部钩织

花朵A 58、59共2朵

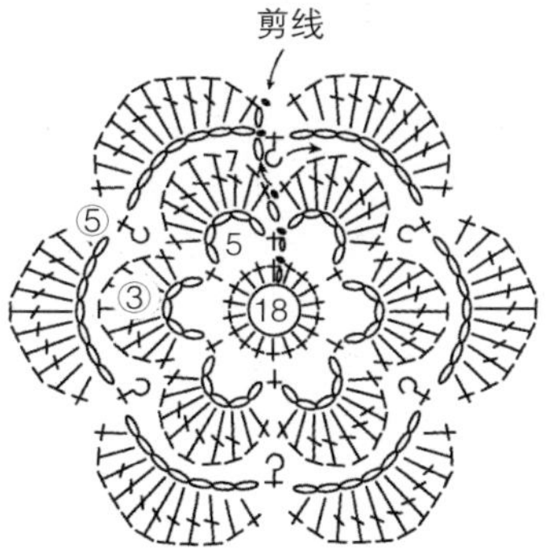

※中心处的环形是在4号棒针上绕8圈线制作而成。短针的反拉针在前2行的短针根部钩织

59

耳钉底座

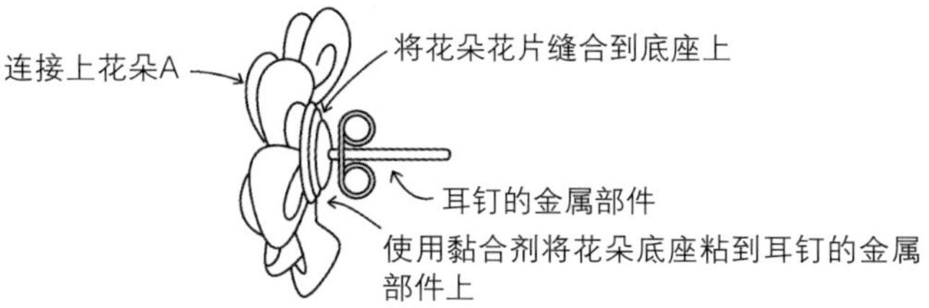

39

（第56页作品）

◆（接第 180 页）

胸针

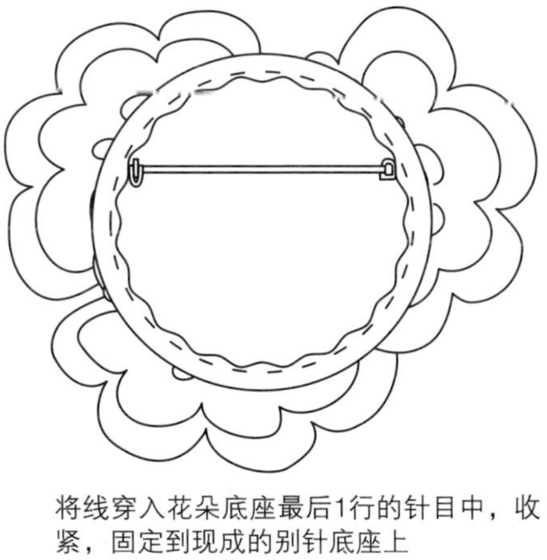

花托（短针的条纹针）

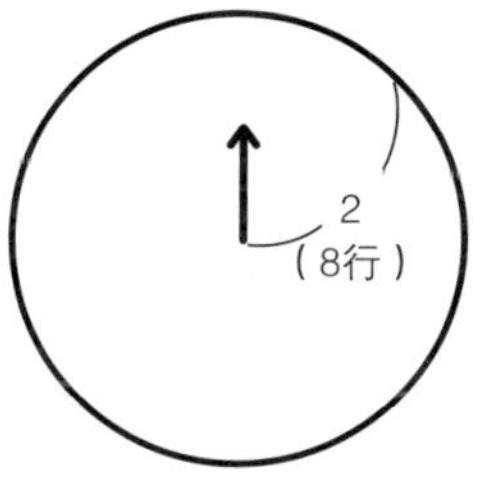

花托

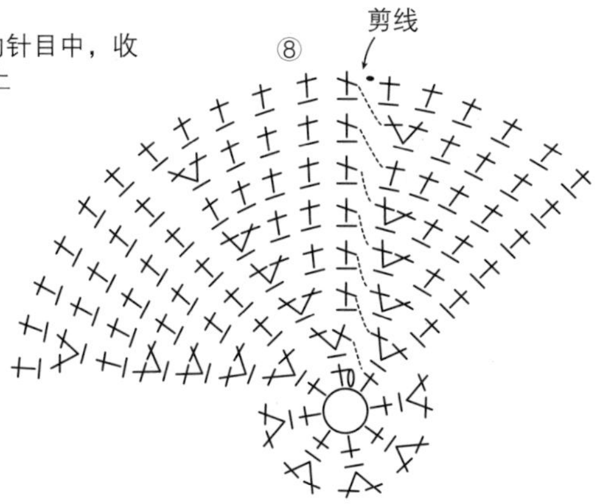

27、28

（第49页作品）

◆**准备材料**：Olympus金票40号蕾丝线 原白色（731）作品27为8克，作品28为2克；6号蕾丝针；作品27另需金属部件1组，圆环（5mm）2个、C环（5mm）4个；作品28另需耳钩1套，圆环（5mm）4个

◆**成品尺寸**：作品27长40cm，作品28直径为3.5cm

◆**编织要点**：树叶 钩织13针锁针，第1行立织1针锁针后，钩织12针短针，在第1针锁针上钩织3针短针，在另一侧钩织10针短针。交替地翻到正面和反面，钩织短针的条纹针。中心处，在1针菱形针上钩织3针。项链钩织18片花片，耳饰钩织2片花片。处理好线头。项链 将18片花片缝合在一起，在两端固定上金属部件。耳环 在花片上穿入圆环后，与耳钩连接在一起。

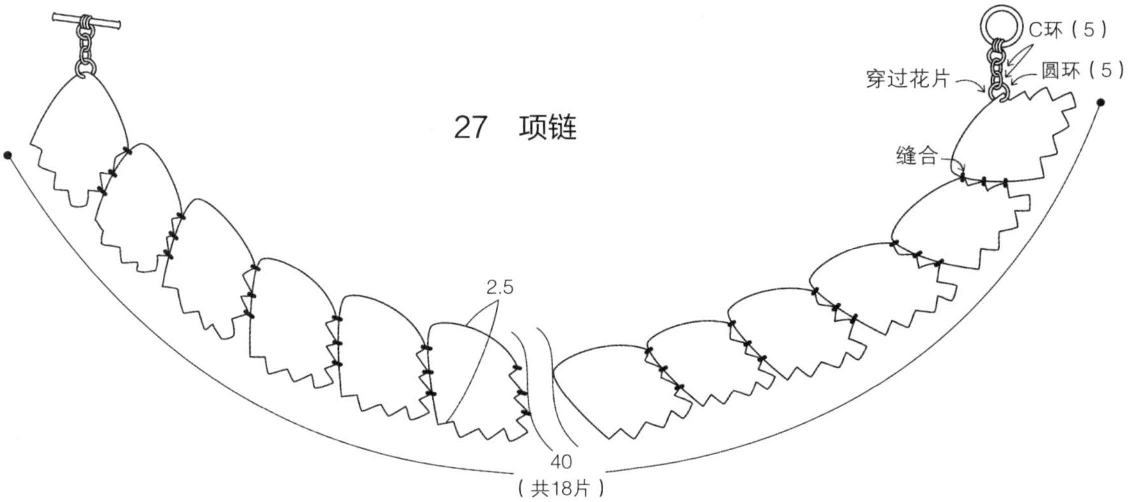

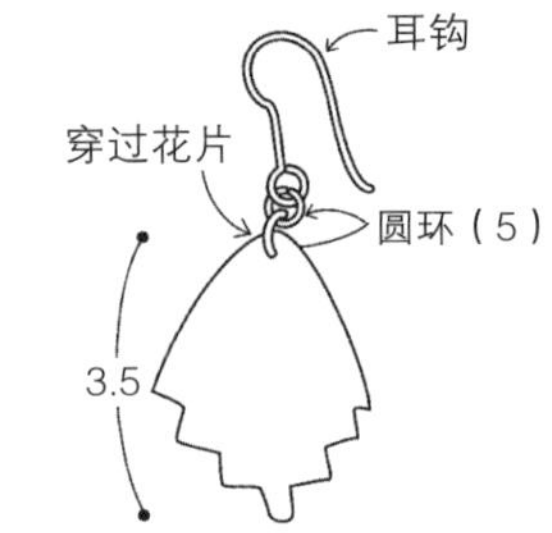

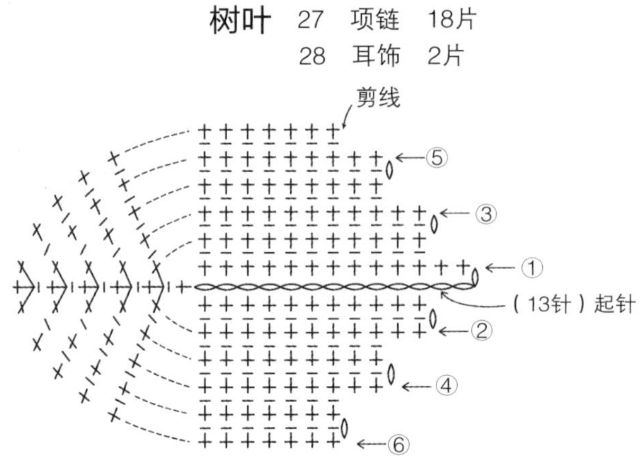

29、30

（第50页作品）

◆**准备材料**：Olympus金票40号蕾丝线（731）作品29为7克，作品30为6克；6号蕾丝针；金属部件各1组

◆**成品尺寸**：作品29内侧长40cm，作品30长35cm

◆**编织要点**：编织花样　钩织4针锁针起针，钩织4针锁针的狗牙拉针，重复钩织“6针锁针、4针锁针的狗牙拉针”，最后钩织3针锁针。第1行立织1针锁针后，钩织1针短针，重复钩织“2针锁针、4针锁针的狗牙拉针、4针锁针、4针锁针的狗牙拉针、1针锁针、1针短针”。第2行与第1行使用同样的方法钩织，钩织时需注意编织起点与编织终点。第3行钩织“1针短针、7针锁针（作品30为5针锁针）”；第4行在短针上钩织短针和4针锁针的狗牙拉针，在7针锁针上钩织8针短针（作品30为在5针锁针上钩织5针短针）。参照图示，分别组合。

葡萄　29　需15个
　　　30　需14个

※中心处的环形是在4号棒针上绕8圈线制作而成。第2圈，包裹着第1圈钩织（将反面当作正面使用）

编织花样A

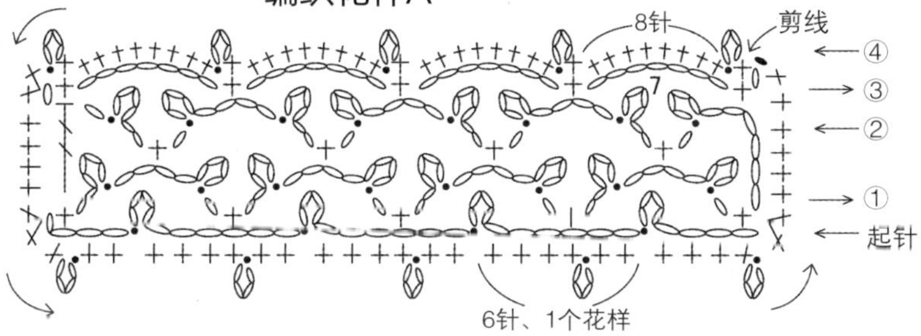

30　手镯（编织花样B）

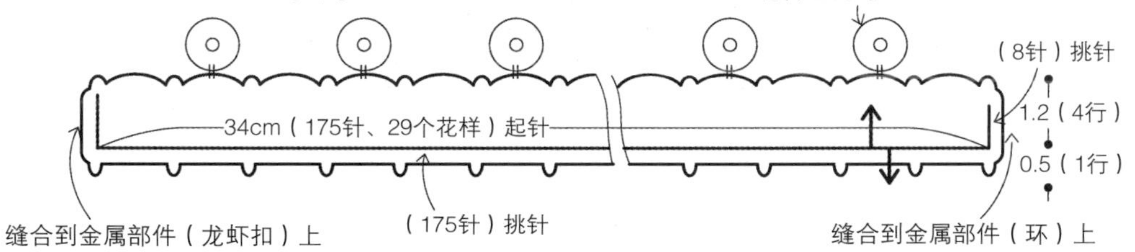

编织花样B

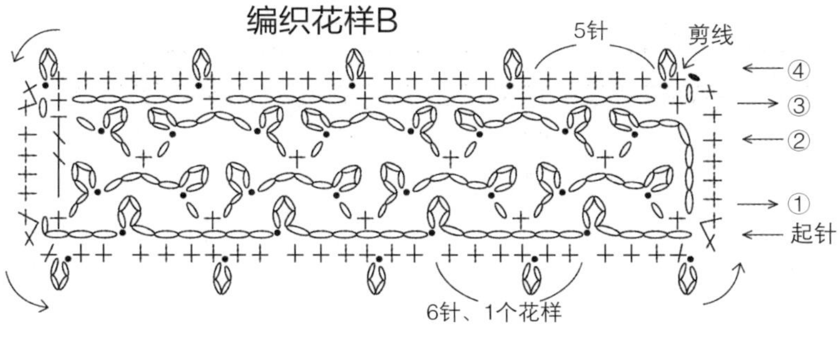

29　项链
（编织花样A）

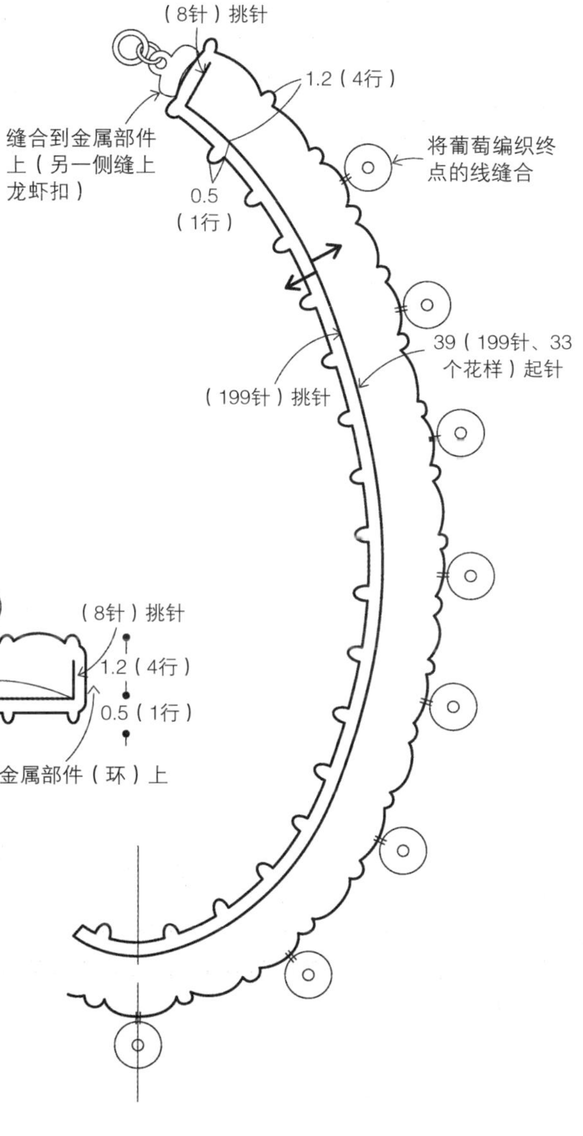

31

（第50页作品）

◆**准备材料**：Olympus金票40号蕾丝线 原白色（731）6克；6号蕾丝针；金属部件1组；C形环（7mm）3个

◆**成品尺寸**：长33cm

◆**编织要点**：编织花样 起针钩织4针锁针，钩织4针锁针的狗牙拉针，重复钩织“6针锁针、4针锁针的狗牙拉针”，最后钩织3针锁针。项链 在中心处缝合上十字形的花片，在其左右两侧分别缝上花朵与果实。十字花片 起4针锁针，连接成环形，钩织8针短针。在引拔第1针短针时，加入对折后的芯线。在芯线上钩织“7针短针、5针锁针的狗牙针、7针短针”，在前1圈短针第1针上引拔出，再引拔2针短针。在芯线上钩织“7针短针、5针锁针的狗牙拉针、7针短针”，在第2针引拔针上，再次引拔收针。共钩织4瓣。

十字花片 共1个

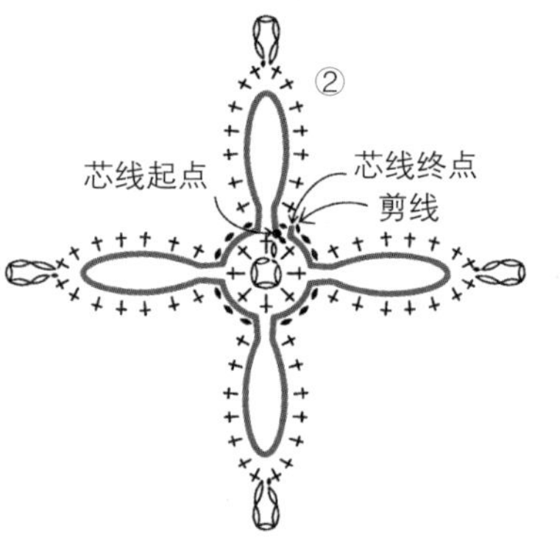

中心芯线为将长50cm的40号蕾丝线对折后使用

花朵 共2朵

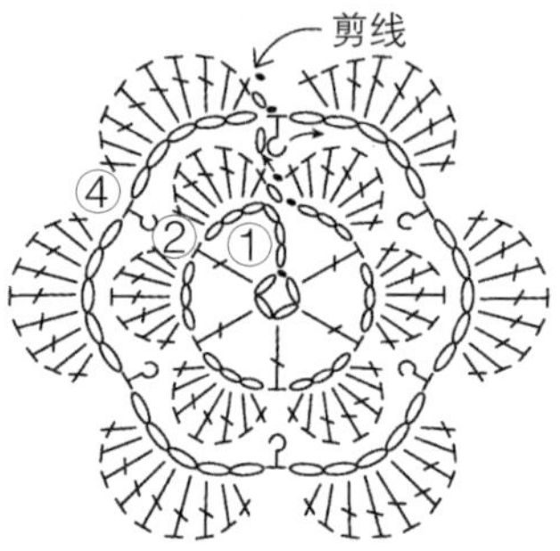

※中长针的反拉针在前2圈针目的根部钩织

果实 共4个

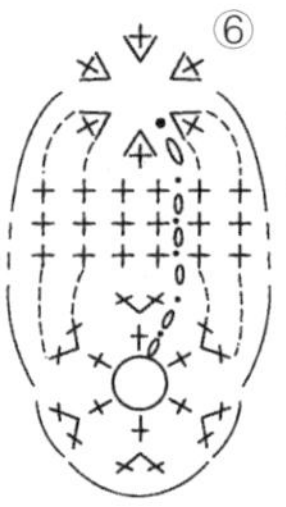

编织花样

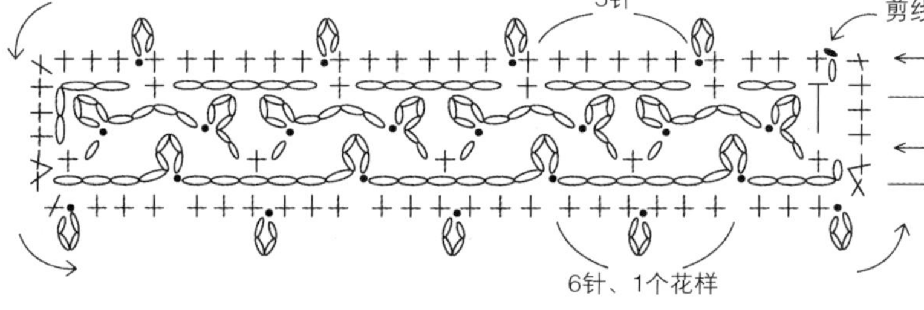

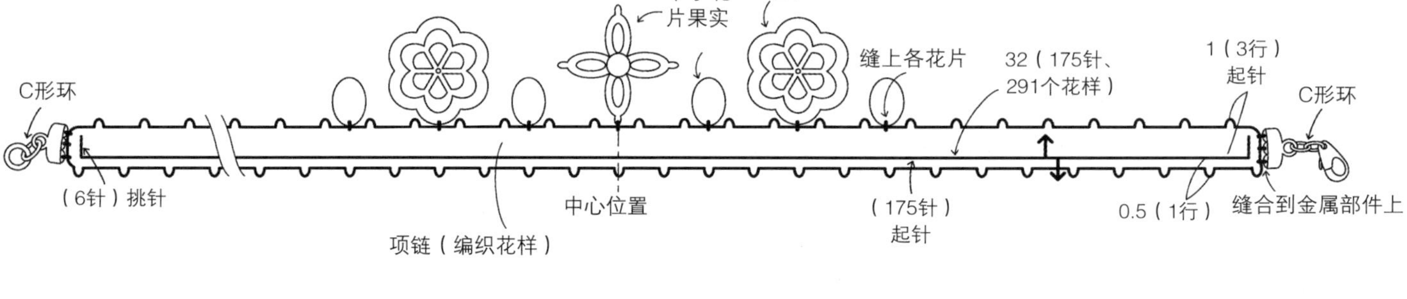

32、33

（第51页作品）

◆**准备材料**：Olympus金票40号蕾丝线 原白色（731）作品32为6克，作品33为2克；6号蕾丝针；作品32另需金属部件1组，圆环（5mm）3个；作品33另需耳钩1组，圆环（5mm）4个

◆**成品尺寸**：作品32长41cm，作品33长3cm

◆**编织要点**：项链　编织花样是钩织4针锁针的狗牙拉针作为起针，参照符号图钩织3行。在编织花样的中心处缝上花片，在其左右缝上果实的花片。耳坠　每个耳钩上穿2个果实。果实　编织起点制作环形起针，钩织6针短针，第2行增加至12针，钩织第6行的过程中，将线头塞到果实中，钩织短针的2针并1针，并将最后1行的针目收紧。

项链

（编织花样示意图）

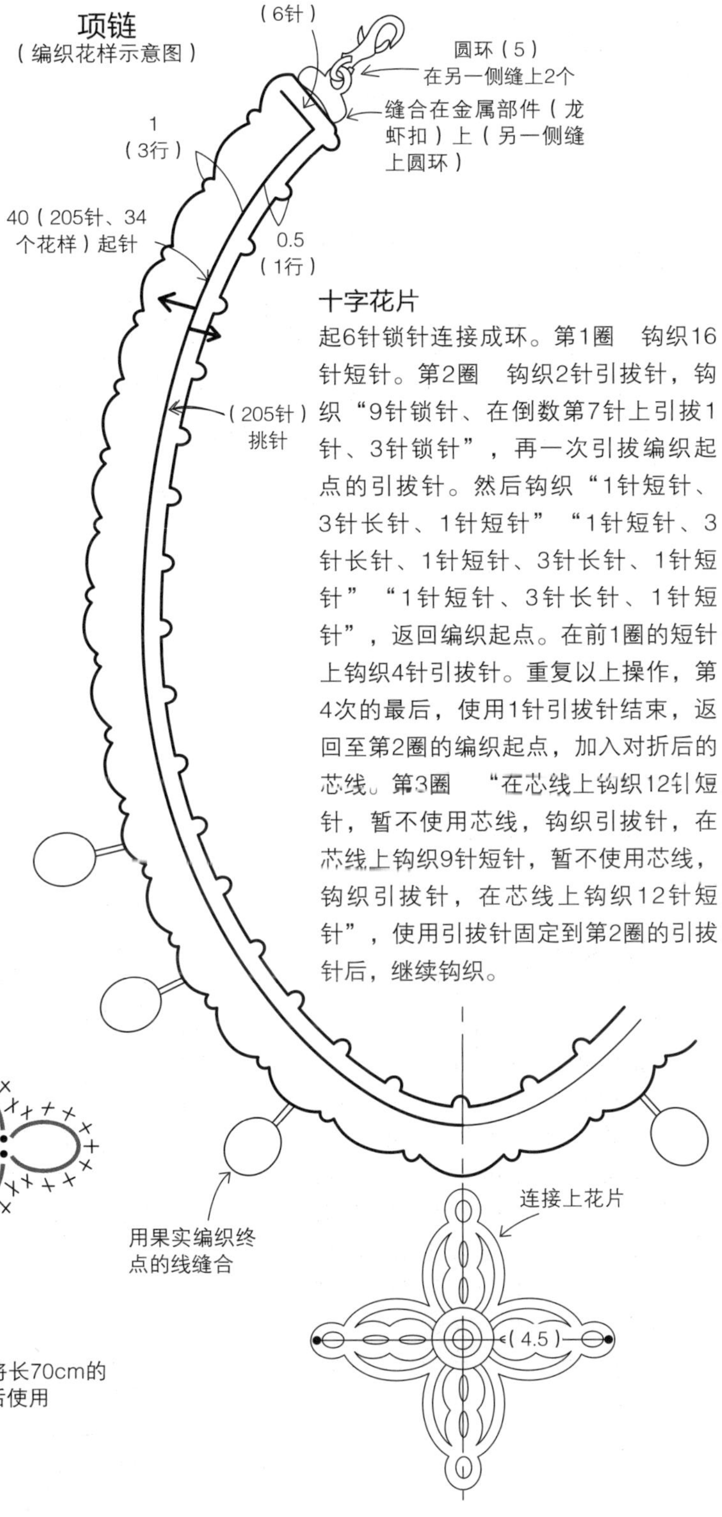

十字花片

起6针锁针连接成环。第1圈　钩织16针短针。第2圈　钩织2针引拔针，钩织"9针锁针、在倒数第7针上引拔1针、3针锁针"，再一次引拔编织起点的引拔针。然后钩织"1针短针、3针长针、1针短针""1针短针、3针长针、1针短针、3针长针、1针短针""1针短针、3针长针、1针短针"，返回编织起点。在前1圈的短针上钩织4针引拔针。重复以上操作，第4次的最后，使用1针引拔针结束，返回至第2圈的编织起点，加入对折后的芯线。第3圈　"在芯线上钩织12针短针，暂不使用芯线，钩织引拔针，在芯线上钩织9针短针，暂不使用芯线，钩织引拔针，在芯线上钩织12针短针"，使用引拔针固定到第2圈的引拔针后，继续钩织。

十字花片

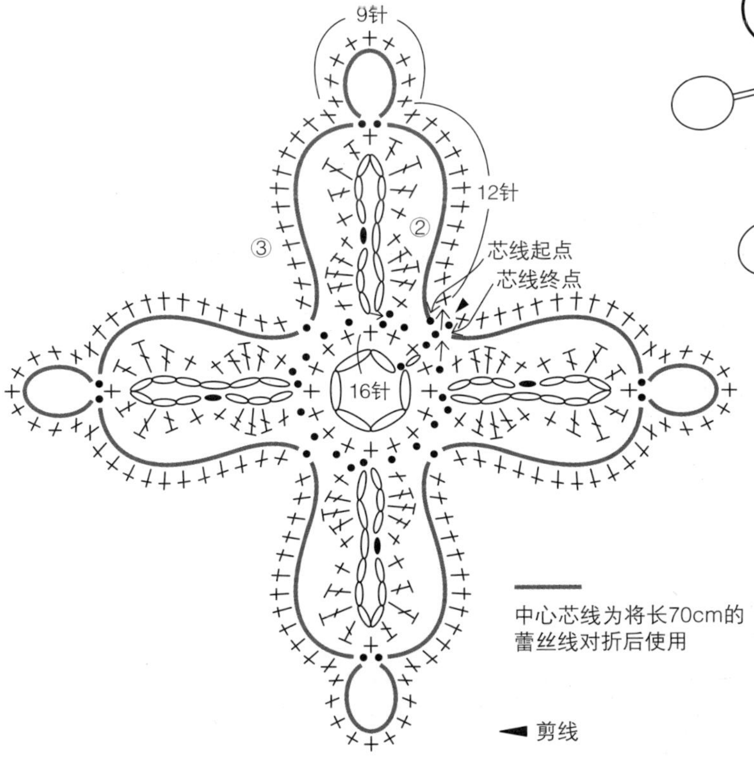

33 耳钉

将2根钩织到一起，
连接到圆环上

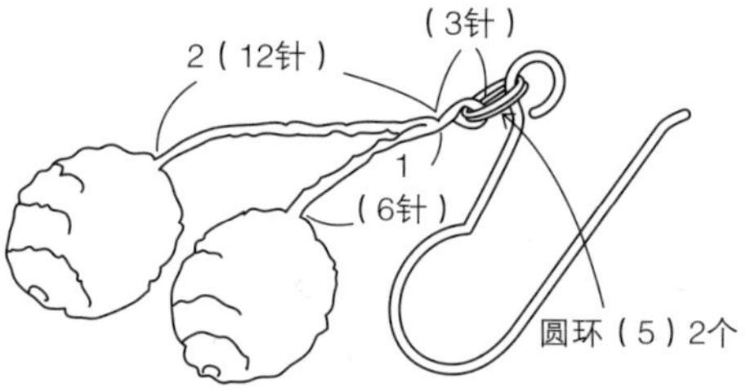

果实

32 6个
33 4个

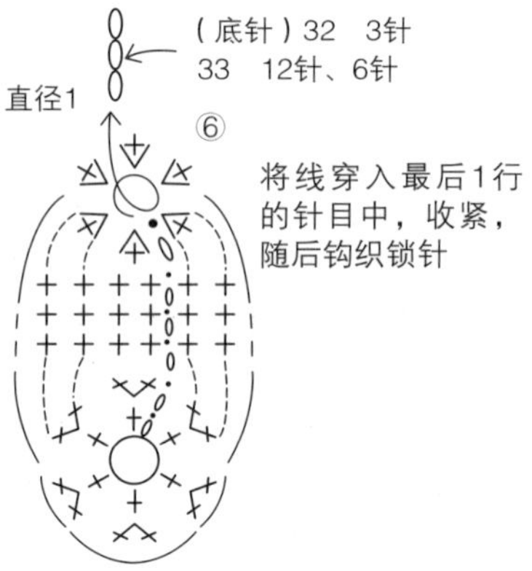

编织花样

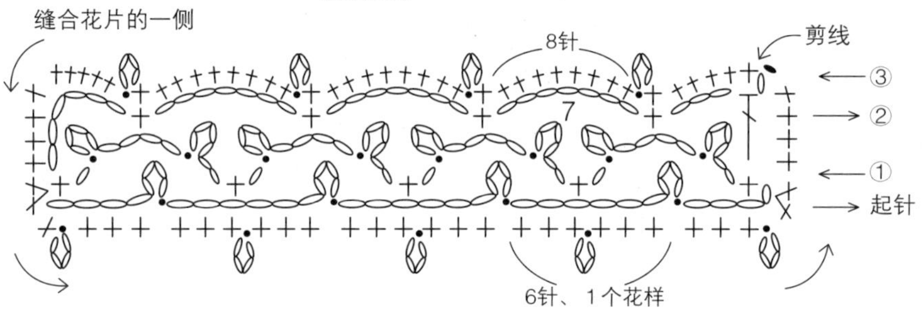

57

(第72、73页作品)

◆**准备材料**：Olympus Emmy Grande <HERBS>原白色(732)5克；2/0号钩针；宽7cm的别针1个

◆**成品尺寸**：宽6cm

◆**编织要点**：果实 编织起点环形起针，第1行钩织6针短针。第2行在第1行的每针短针上钩织2针短针，增至12针。第3~5行钩织12针短针。钩织第6行的过程中，将线头塞到果实中，钩织短针的2针并1针。将引拔固定后的线穿入短针上面，收紧。别针 在别针上钩织短针。在短针的5个指定位置缝上果实。

果实 共5个

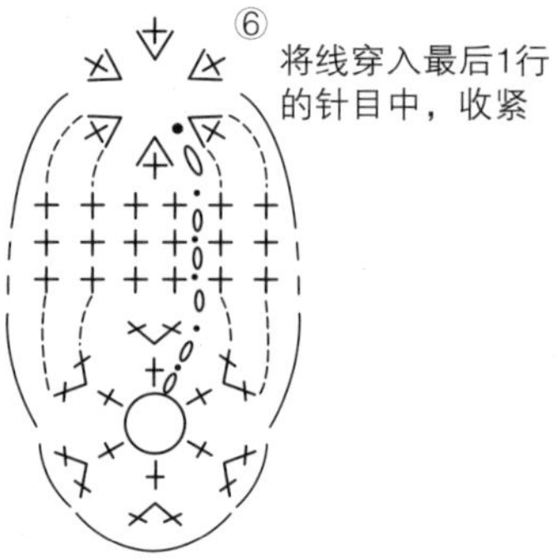

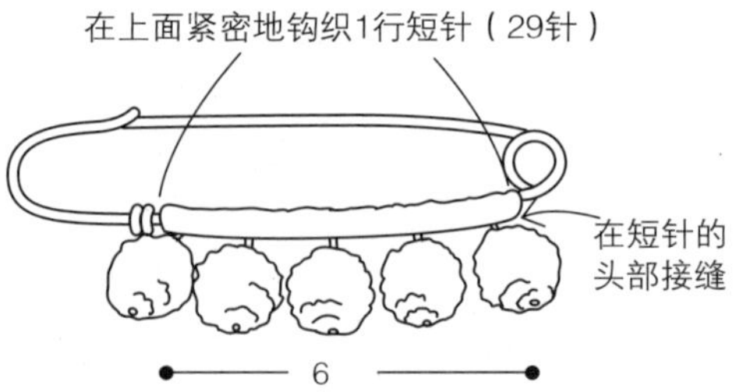

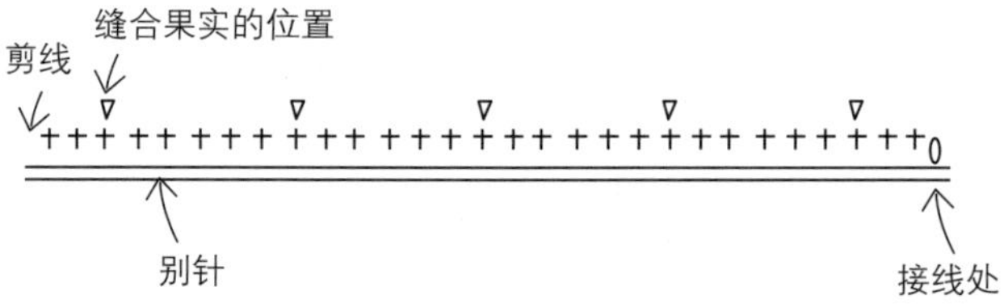

34

（第52页作品）

◆**准备材料**：Olympus Emmy Grande <HERBS>米白色（800）35克；2/0号钩针；金属部件1组；圆环（7mm）2个，C形环（5mm）6个

◆**成品尺寸**：长63cm

◆**编织要点**：链子　钩织42针锁针，再钩织7针，使用引拔针固定在倒数第13针上。重复钩织5次“6针锁针，从上一引拔针开始数的第7针上引拔”，最后钩织13针锁针，使用引拔针固定在第1针上。重复钩织1针锁针，在前1行的6针锁针上钩织“4针短针、4针锁针的狗牙拉针、3针短针”。两端是在13针锁针上钩织“4针短针、4针锁针的狗牙拉针、8针短针、4针锁针的狗牙拉针、3针短针”。项链　参照图示，将花朵与树叶的花片接缝在一起，随后再在其上缝上果实。将细绳的1个花样重叠在花片之下，接缝在一起。

链子　共2根

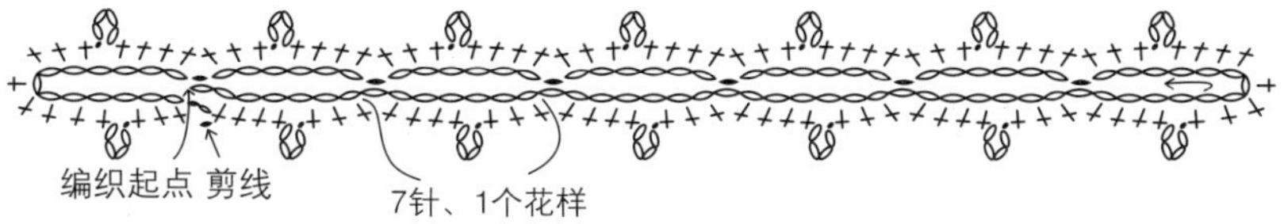

花朵　大花朵　共2朵
小花朵　共5朵

※中心处的环形是在4号棒针上绕8圈线制作而成。短针的反拉针在前2行短针根部钩织，制作小花朵时钩织至第5圈即可

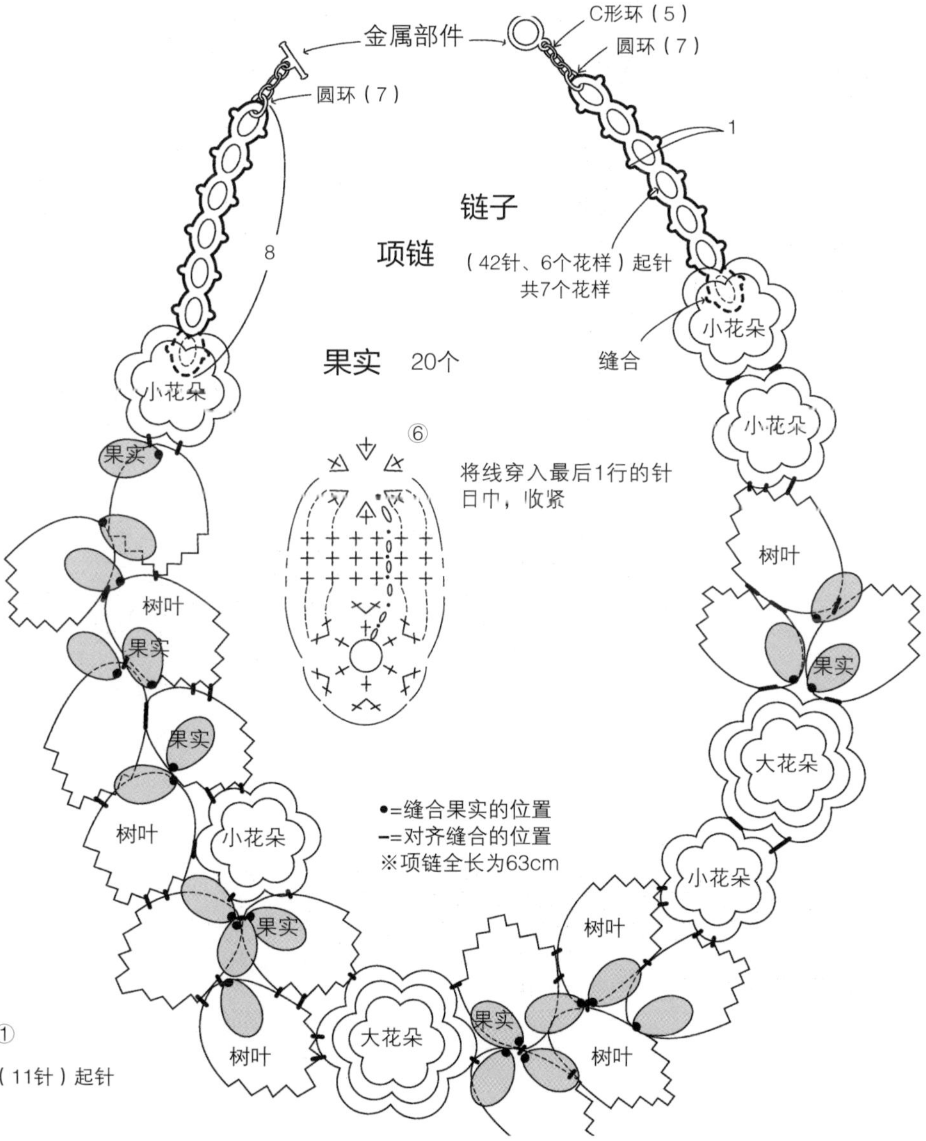

树叶　共7片

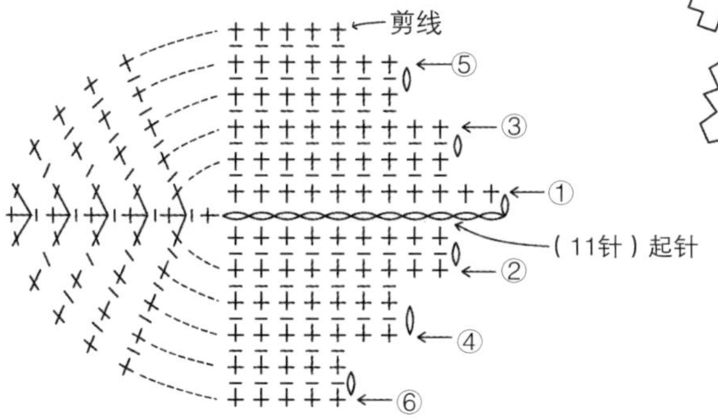

35

（第53页作品）

◆**准备材料**：Olympus金票40号蕾丝线 原白色（731）15克；6号蕾丝针；金属部件1组；圆环（直径7mm）2个；C形环（5mm）10个

◆**成品尺寸**：长42cm

◆**编织要点**：链子　钩织35针锁针，再钩织7针，使用引拔针固定在倒数第13针上。重复钩织4次“6针锁针、从上一引拔针开始数的第7针上引拔”，最后钩织13针锁针，使用引拔针固定在第1针上。重复钩织1针锁针，在前1行的6针锁针上钩织“4针短针、4针锁针的狗牙拉针、3针短针”。两端是在13针锁针上钩织“4针短针、4针锁针的狗牙拉针、8针短针、4针锁针的狗牙拉针、3针短针”。项链　将3片树叶的花片接缝在一起，将果实排列成葡萄的形状。参照图示全部接缝在一起。

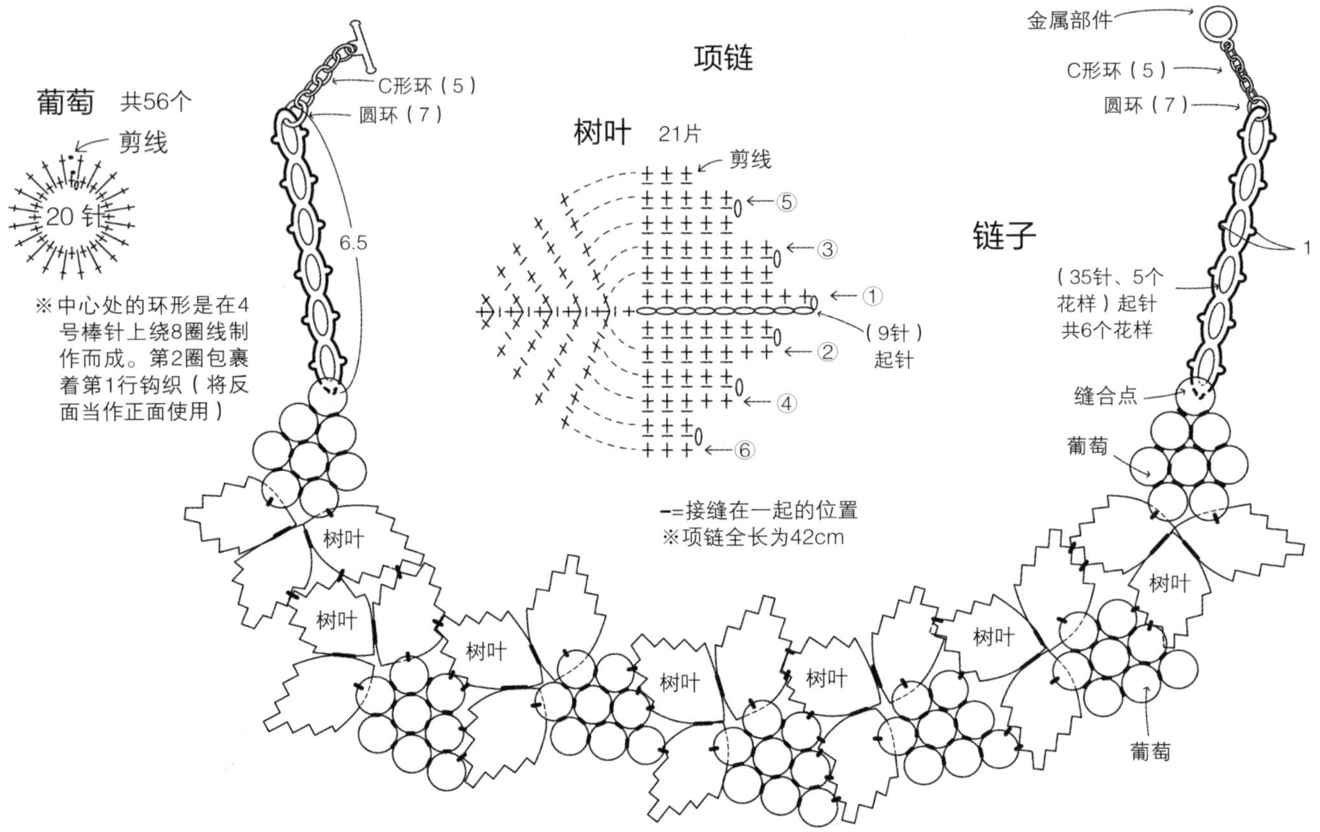

链子　2根

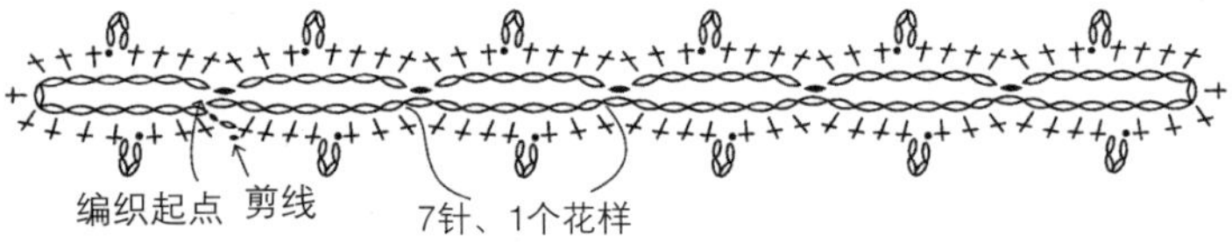

36

（第54页作品）

◆**准备材料**：Olympus金票40号蕾丝线 白色（801）80克；6号蕾丝针

◆**成品尺寸**：长90cm，宽24cm

◆**花片尺寸**：直径8cm

◆**编织要点**：花片共分5种，但仅仅是中心处钩织方法不同，外侧4圈的钩织方法相同。第1片钩织花片A。第2片钩织花片B，在钩织最后一圈的同时，与花片A左侧的4个位置使用引拔针连接在一起。参照花片连接的图示，按照顺序钩织，在花片的最后一圈连接在一起。将线头藏在背面的针目中，使其不至于过于显眼。花片连接后，钩织边缘编织。在最早钩织的花片A与花片B之间加线钩织，需要注意的是，由于披肩尾部边缘编织的花样数不同，故花片与花片之间的钩织方法也会略有不同。

披肩

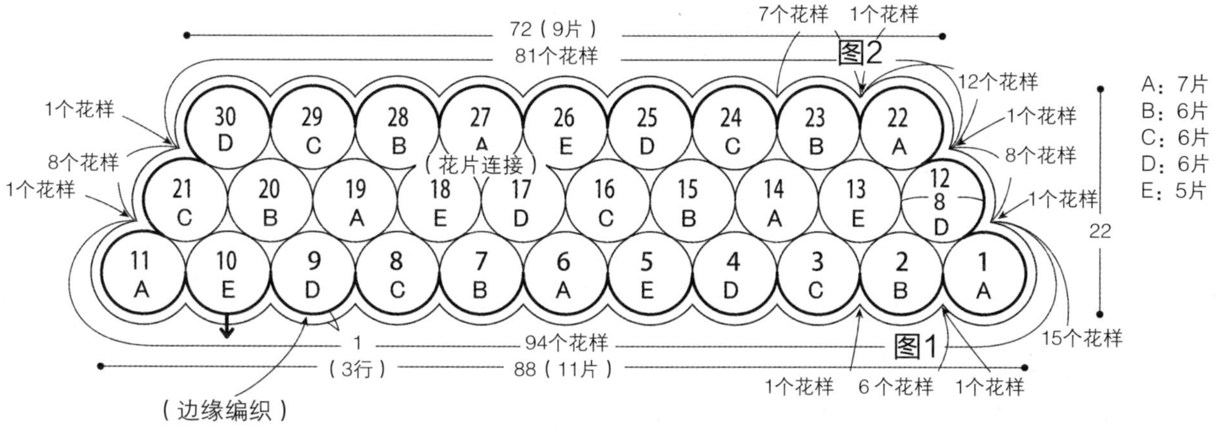

※花片内的数字表示连接顺序

花片B

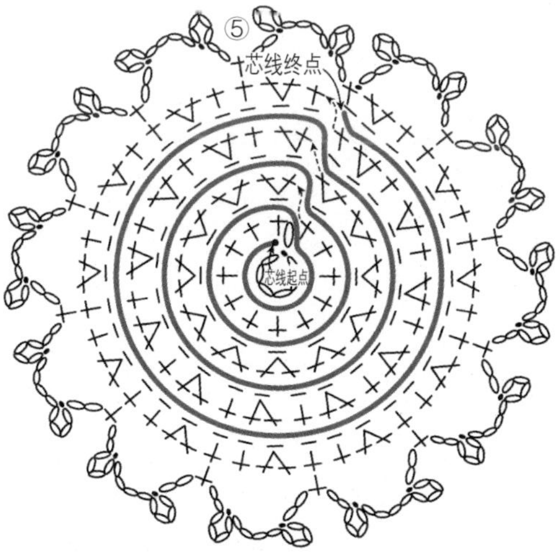

※第1圈包裹着芯线和线头一起钩织，第6圈至第9圈与花片A的第6圈至第9圈相同

中心芯线为将长100cm的40号蕾丝线对折后使用

花片C

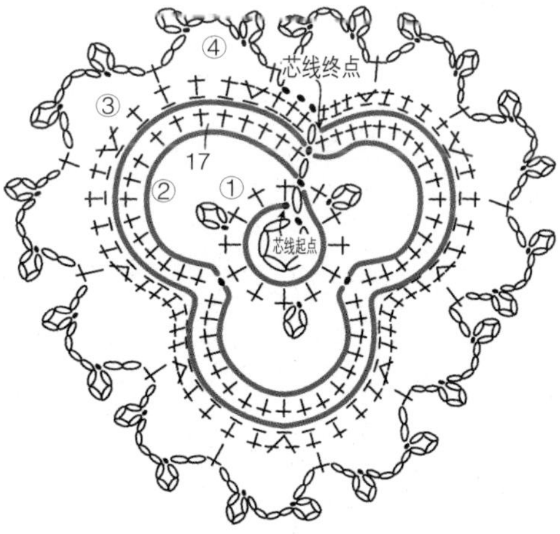

※钩织第3圈时，挑取第2圈短针的后侧半针，第5圈至第8圈与花片A的第6圈至第9圈相同

中心芯线为将长100cm的40号蕾丝线对折后使用

◁ 加线
◀ 剪线

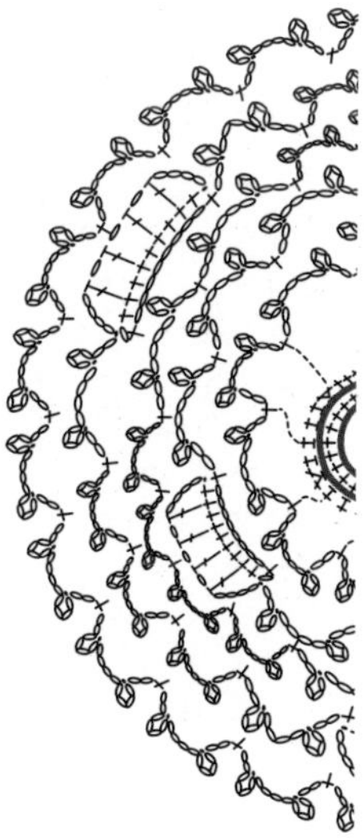

花片的连接方法

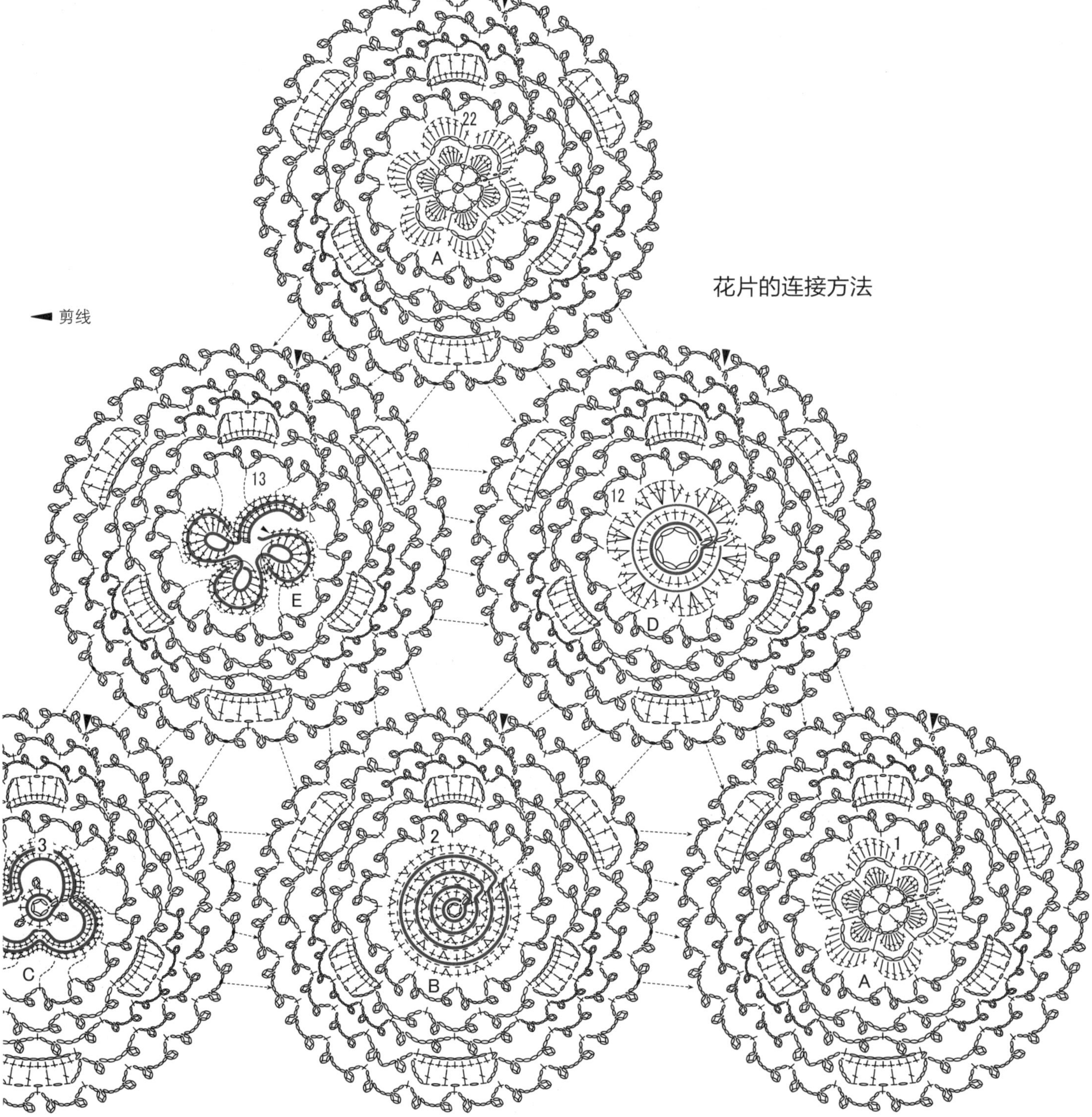

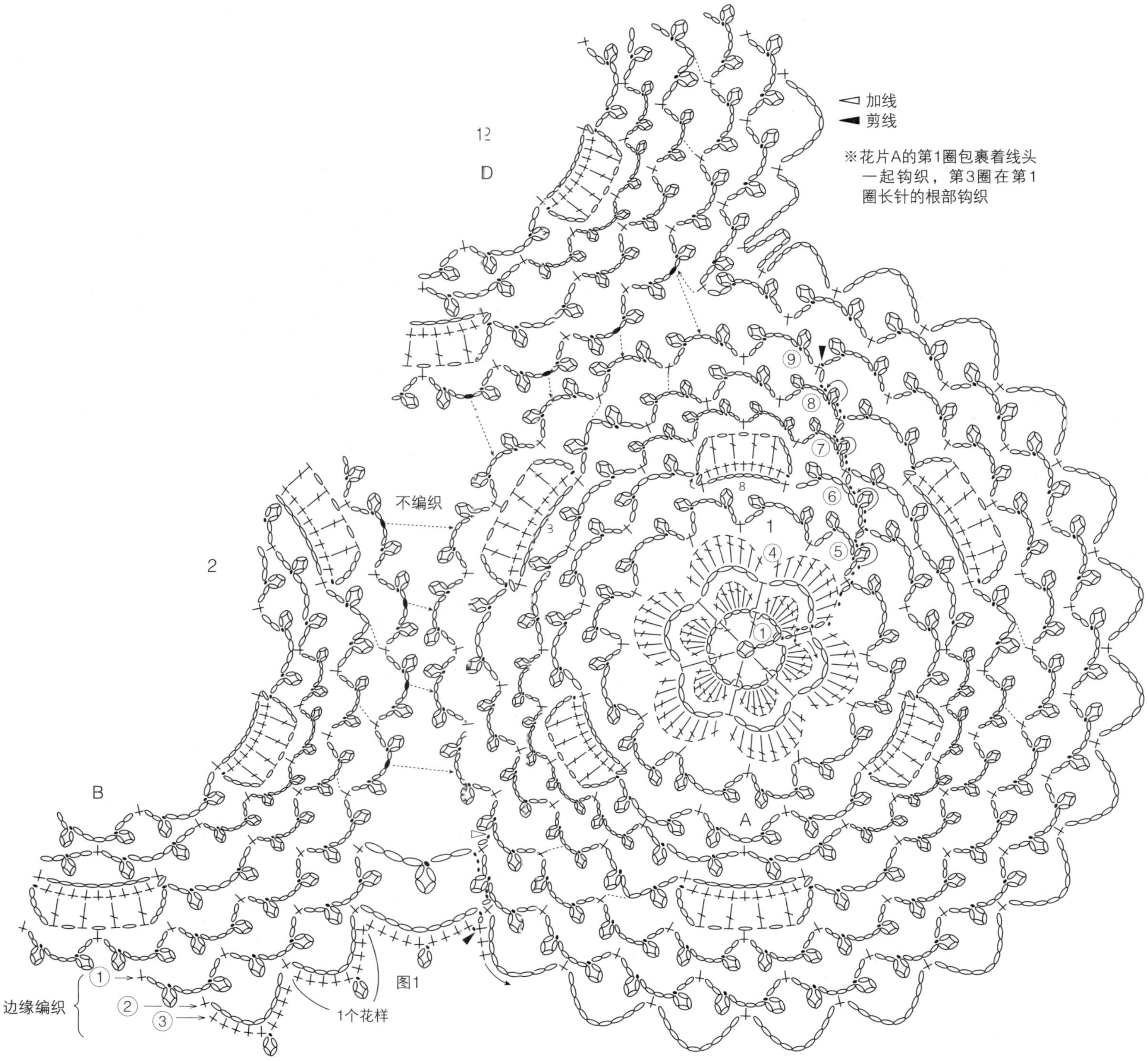
◁ 加线
◀ 剪线
※花片A的第1圈包裹着线头
一起钩织，第3圈在第1
圈长针的根部钩织
12
D
2
B
A
不编织
图1
1个花样
边缘编织
①
②
③

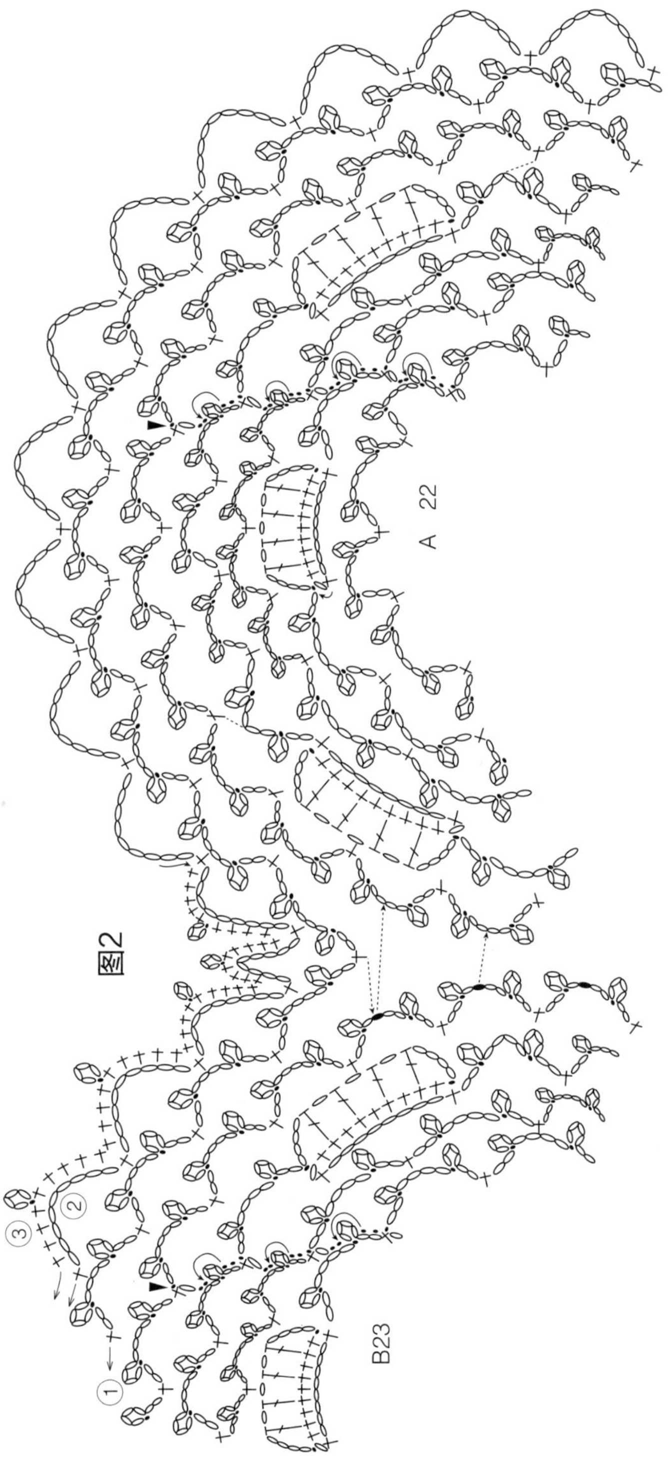

图2

花片 D

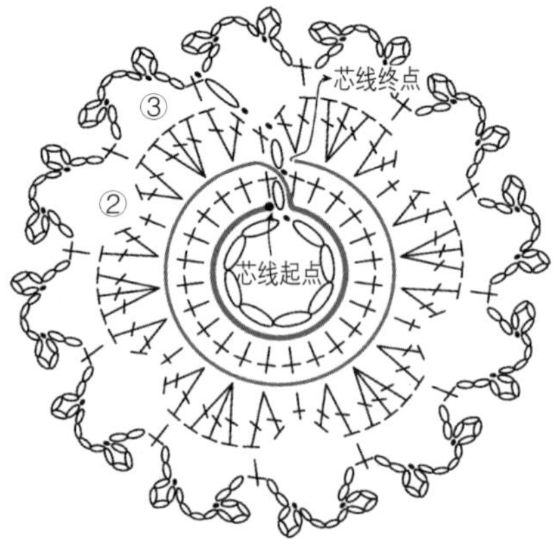

※第1圈包裹着芯线和线头一起钩织，第4圈至第7圈与花片A的第6圈至第9圈相同

中心芯线为将长100cm的40号蕾丝线对折后使用

芯线　3根

E

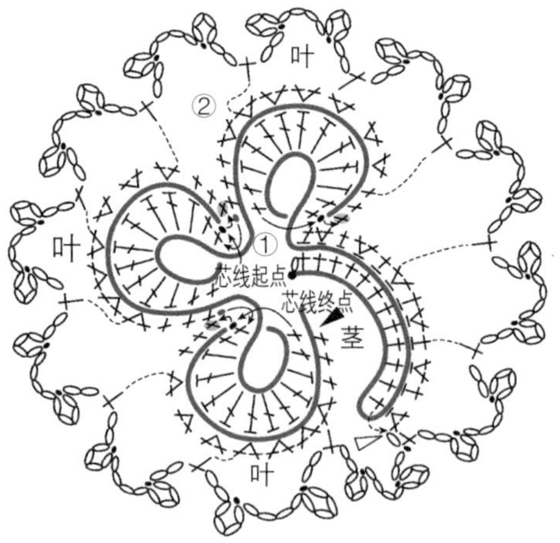

※第3圈至第6圈与花片A的第6圈至第9圈相同✕处的引拔针，在倒数第20针短针上钩织。第1圈编织起点的线、编织终点的线，分别缝到对应的叶子上，在中心的反面打结，使其中心不会变松

中心芯线为将长100cm的40号蕾丝线对折后使用

50

（第70页作品）

◆**准备材料**：Olympus金票40号蕾丝线 原白色（731）2克；6号蕾丝针；耳钉金属部件1个

◆**成品尺寸**：直径3cm

◆**编织要点**：花朵　起4针锁针，连接成环。第1圈　钩织6针短针，重复钩织5次“1针长针、3针锁针”。第2圈　钩织1针锁针，在第1圈的3针锁针上钩织“1针短针、1针中长针、3针长针、1针中长针、1针短针”。第3圈　翻至反面，中长针的反拉针（看着反面时，实际钩织的是正拉针）在第1圈长针的尾部钩织。第4圈　在第3圈的5针锁针上，钩织“1针短针、1针中长针、5针长针、1针中长针、1针短针”。耳钉　耳钉的花朵底座，是环形起针后，钩织短针而成。在花朵底座上缝上花片，粘贴到耳环的金属部件上。

花朵　共2朵

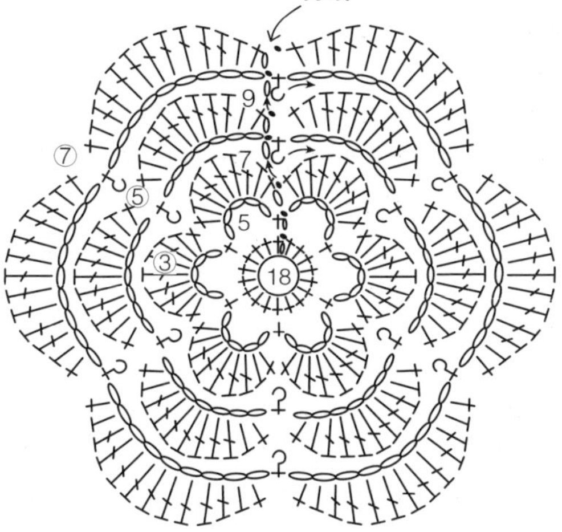

※中心处的环形是在4号棒针上绕8圈线制作而成。短针的反拉针在前2圈的短针的根部钩织

耳环花朵底座

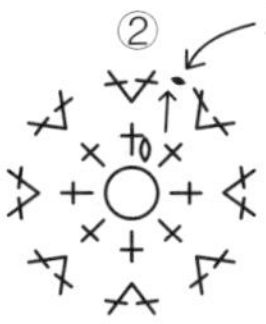

耳环

◆**短针的正拉针＝从反面钩织时为反拉针**

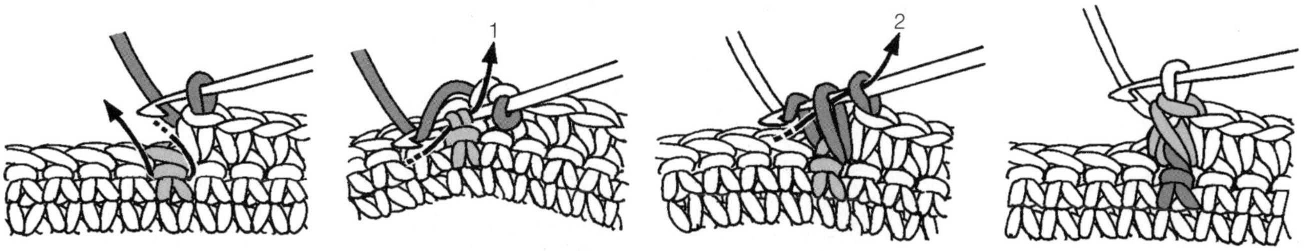

①如箭头所示，将钩针横向插入前1行针目的根部。

②在针上挂线，按照箭头的方向，将线圈拉出较长一段。

③在针上挂线，从针上的2个线圈中引拔出，钩织短针。

④短针的正拉针钩织完成。

37

（第55页作品）

◆**准备材料**：Olympus金票40号蕾丝线 原白色（731）90克；6号蕾丝针

◆**成品尺寸**：长84cm，宽28cm

◆**花片尺寸**：花片A直径为7cm

◆**编织要点**：花片连接时，请注意不要弄错花片的种类与顺序。钩织花片A时，注意不要将锁针的针数弄错。连接顺序：①从花片A的第2片开始，在钩织最后一圈的同时，与前面的花片之间均使用引拔针连接在一起，参照图中的顺序，直至钩织至第19片为止。②在周围钩织边缘编织A。③随后，在已完成的花片A的织片周围，连接上图中●部分的各个花片。④在步骤③的外侧，连接上○部分的花片。⑤使用花片E填充花片之间的两处空隙。⑥在披肩的周围钩织边缘编织B。将线头仔细藏到织片的背面。

花片A 共19片

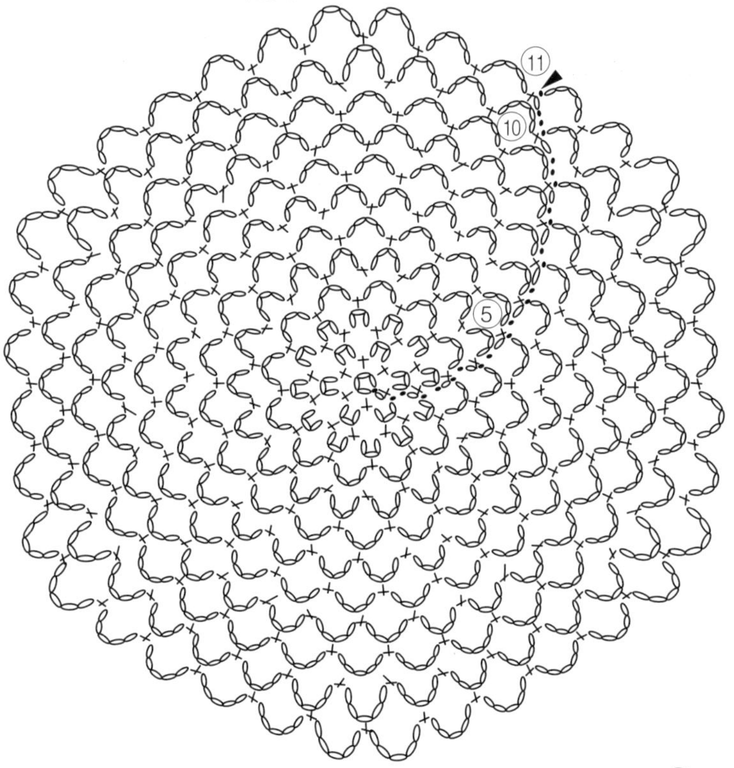

⑪ 36
⑩ 36 } 5针锁针
⑨ 30
⑧ 30
⑦ 24
⑥ 24 } 4针锁针
⑤ 18
④ 18
③ 12
② 12 } 3针锁针
① 6个网眼针

花片B

将钩针插入对折后芯线的折痕处，挂线。第1行 立织1针锁针，在芯线上钩织12针短针。第2行 暂时不使用芯线，钩织10针短针。第3行 钩织10针短针。第4行 使用刚才的芯线渡过第2、3行的根部，注意不要拉得过松或者过紧，包裹着芯线钩织10针短针，在第1圈没有钩织的2针上钩织2针短针、2针锁针。花瓣①钩织完成。花瓣②、③也使用同样的方法钩织。花瓣④、⑤仅第2、3圈的针数不一样，钩织的方法相同。边缘编织 接在花瓣⑤的最后2针锁针之后，在花瓣①的2针短针根部，连同芯线一起引拔2针，重复钩织3次“3针短针、3针锁针的狗牙拉针”，钩织1针短针，在第2、3圈渡过的芯线上钩织2针短针、3针锁针的狗牙拉针、2针短针，然后向另一侧钩织，钩织1针短针、3针锁针的狗牙拉针，重复钩织2次“3针短针、3针锁针的狗牙拉针”，在钩织3针短针后，花瓣①钩织完成。从花瓣②的第3针短针开始，使用相同的方法在周围钩织，在第1个狗牙针上，引拔固定花瓣①最后的狗牙针。

花片B 共5朵

中心芯线为将长100cm的40号蕾丝线对折后使用

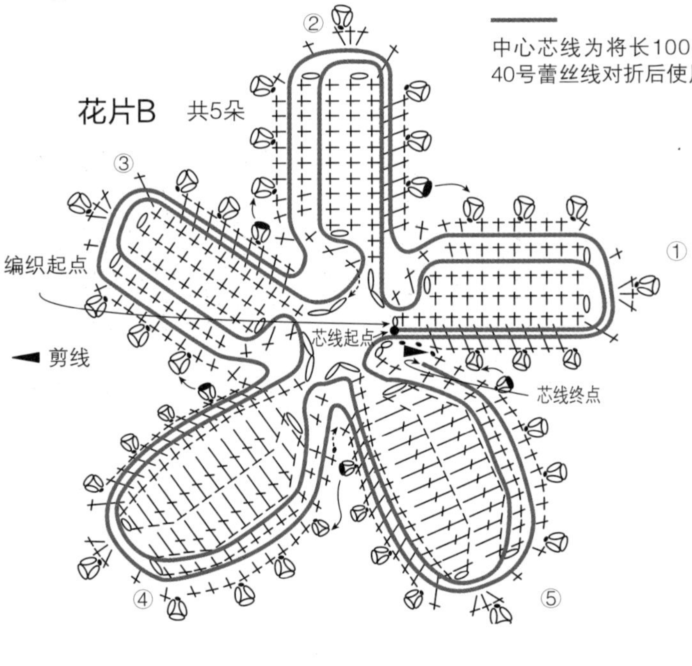

E 共2个

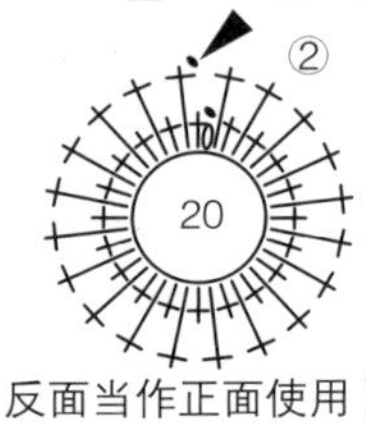

（反面当作正面使用）

※中心处的环形是在4号棒针上绕8圈线制作而成。第2圈包裹着第1圈钩织

披肩
（花片连接）

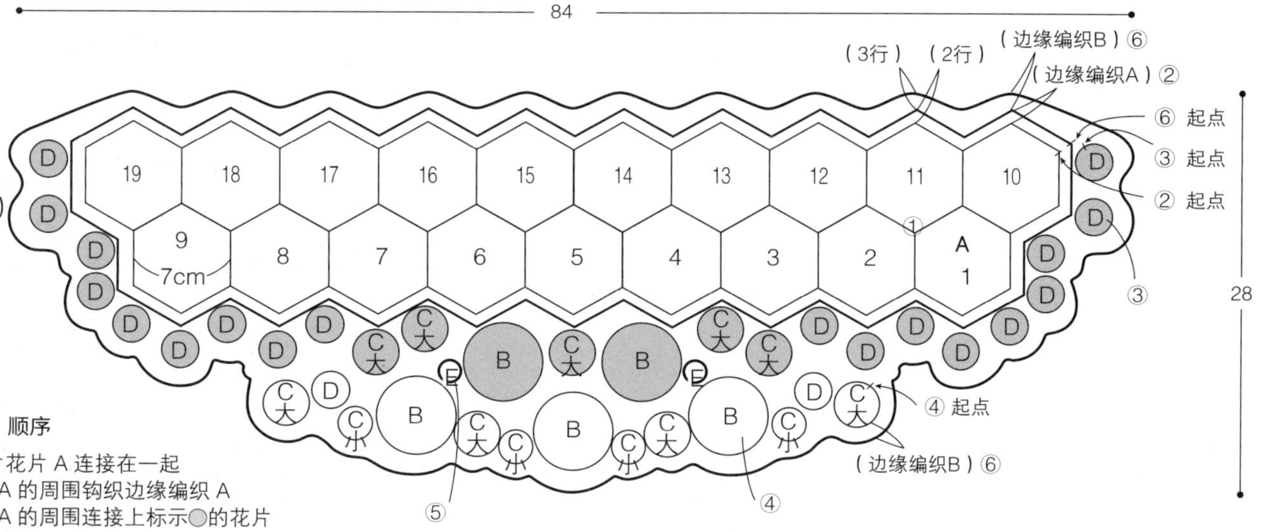

连接方法、顺序

① 将 19 片花片 A 连接在一起
② 在花片 A 的周围钩织边缘编织 A
③ 在花片 A 的周围连接上标示◎的花片
④ 在③的外侧缀上标示○的花片
⑤ 使用花形 E 填补空隙
⑥ 在周围钩织一圈边缘编织 B

花片A的连接方法和边缘编织A

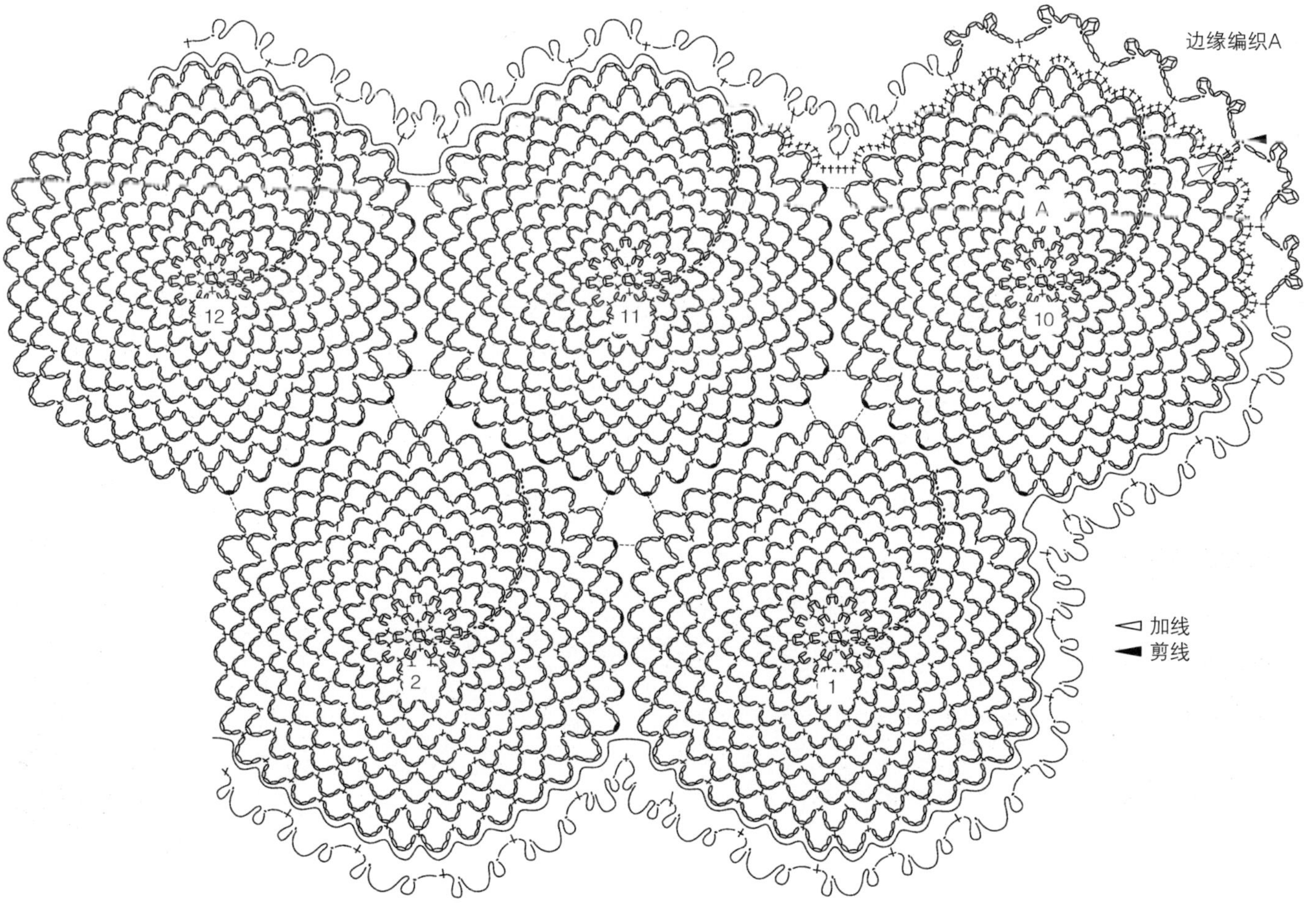

花片C

大花朵　共9朵

小花朵　共4朵

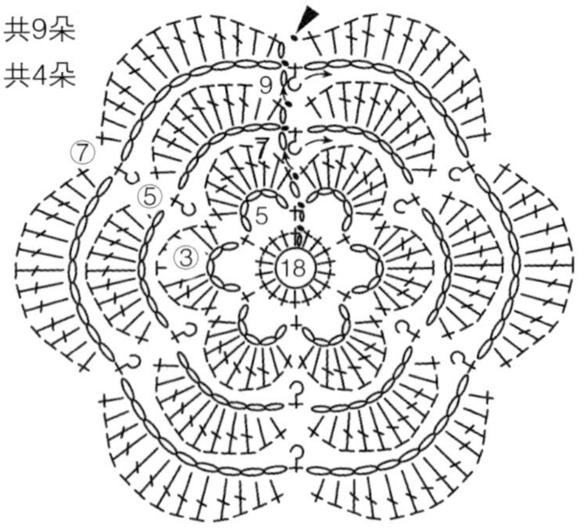

※中心处的环形是在4号棒针上绕8圈线制作而成。短针的反拉针在前2圈短针的根部钩织

※制作小花朵时，钩织至第5圈即可

花片B、C、D、E的连接方法及边缘编织B

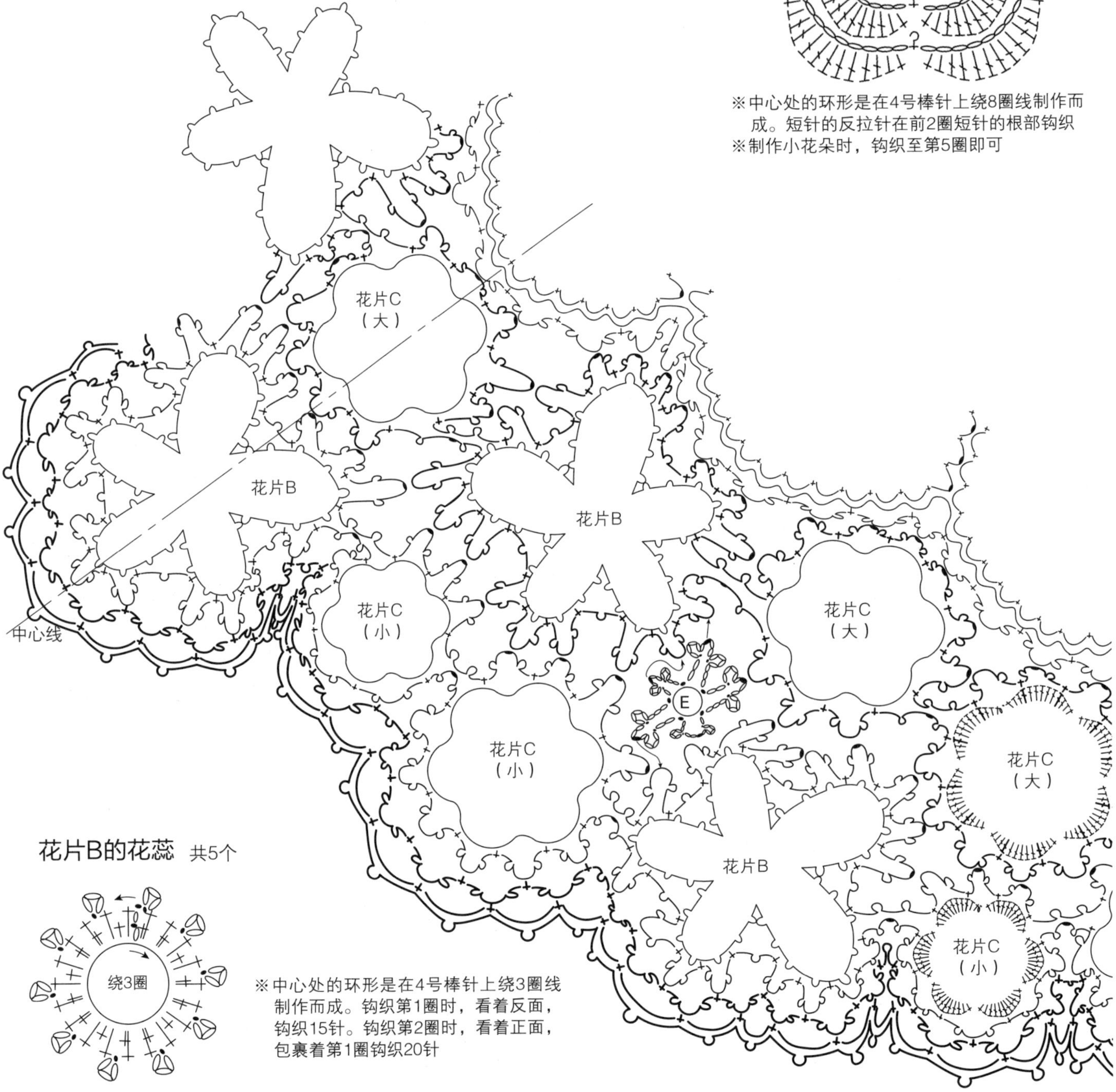

花片B的花蕊　共5个

绕3圈

※中心处的环形是在4号棒针上绕3圈线制作而成。钩织第1圈时，看着反面，钩织15针。钩织第2圈时，看着正面，包裹着第1圈钩织20针

花片D　共20片

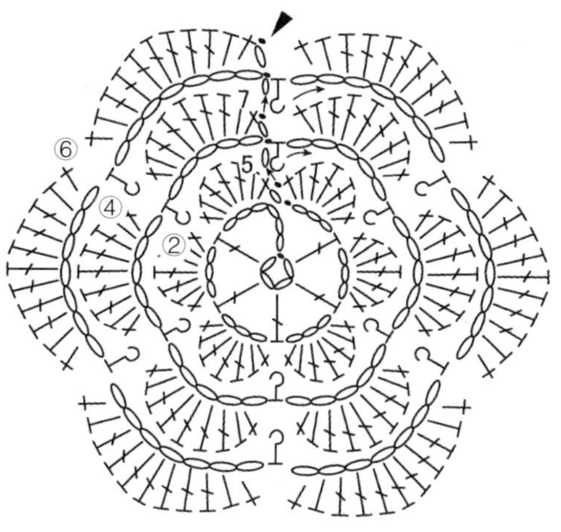

※中长针的反拉针在前2圈针目的根部钩织

◀ 剪线

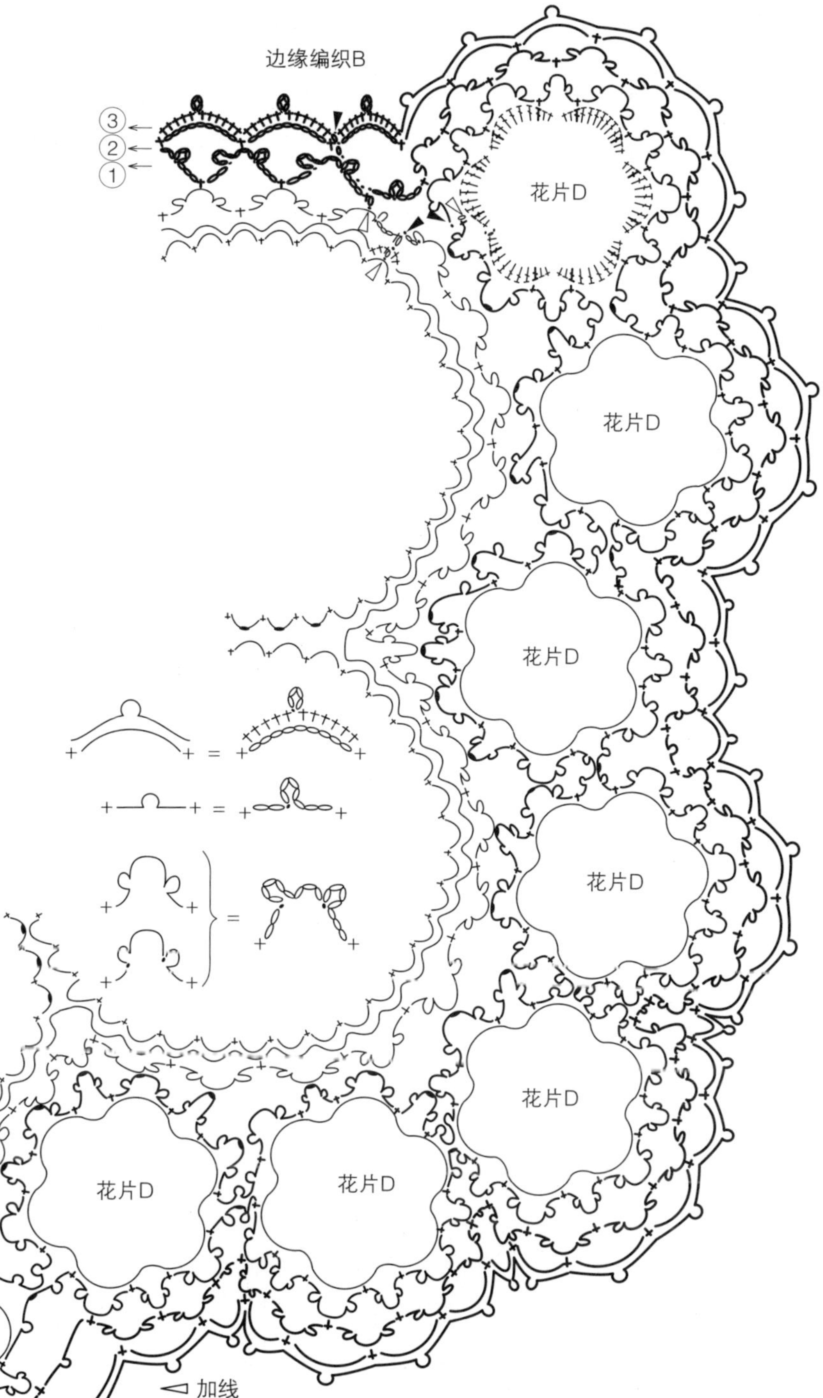
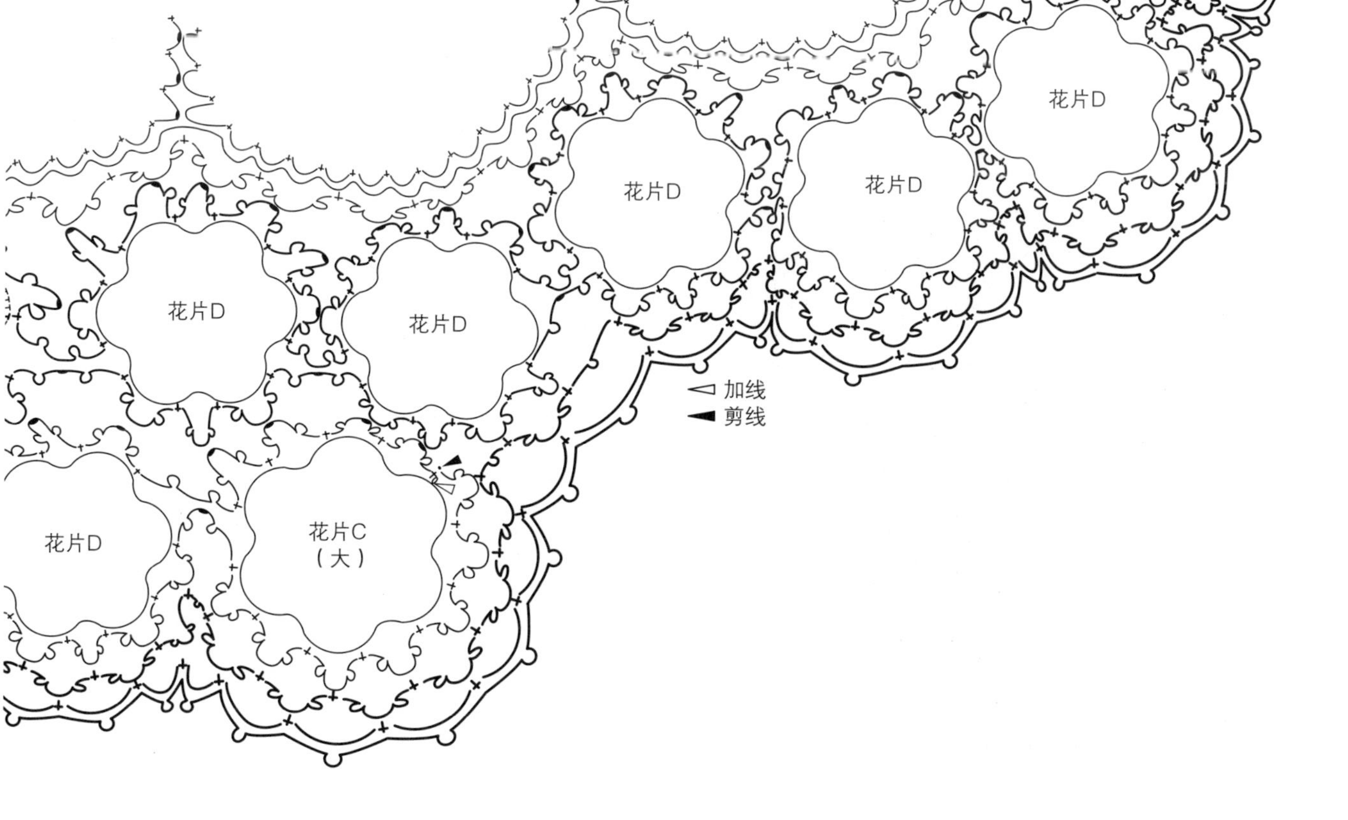

38、39

（第56页作品）

◆**准备材料**：Olympus Emmy Grande <HERBS>原白色（732）38为210克，39为5克；2/0号钩针；作品39另需胸针底座

◆**成品尺寸**：38长94cm，宽23.5cm；39直径为6cm

◆**编织要点**：披肩每一排连接的花片均不相同。先从花片A开始，第1片钩好后，从第2片开始，在钩织最后一圈的同时，使用引拔针与前面的花片连接在一起。参照图示，按照顺序钩织。花片之间的空隙，使用花片E填充。在周围钩织边缘编织。胸针上使用的花片钩织花片A至第5圈即可。

花片E 共36朵 ◀ 剪线

※中心处的环形是在8号棒针上绕8圈线制作而成。织第2圈时，看着反面钩织

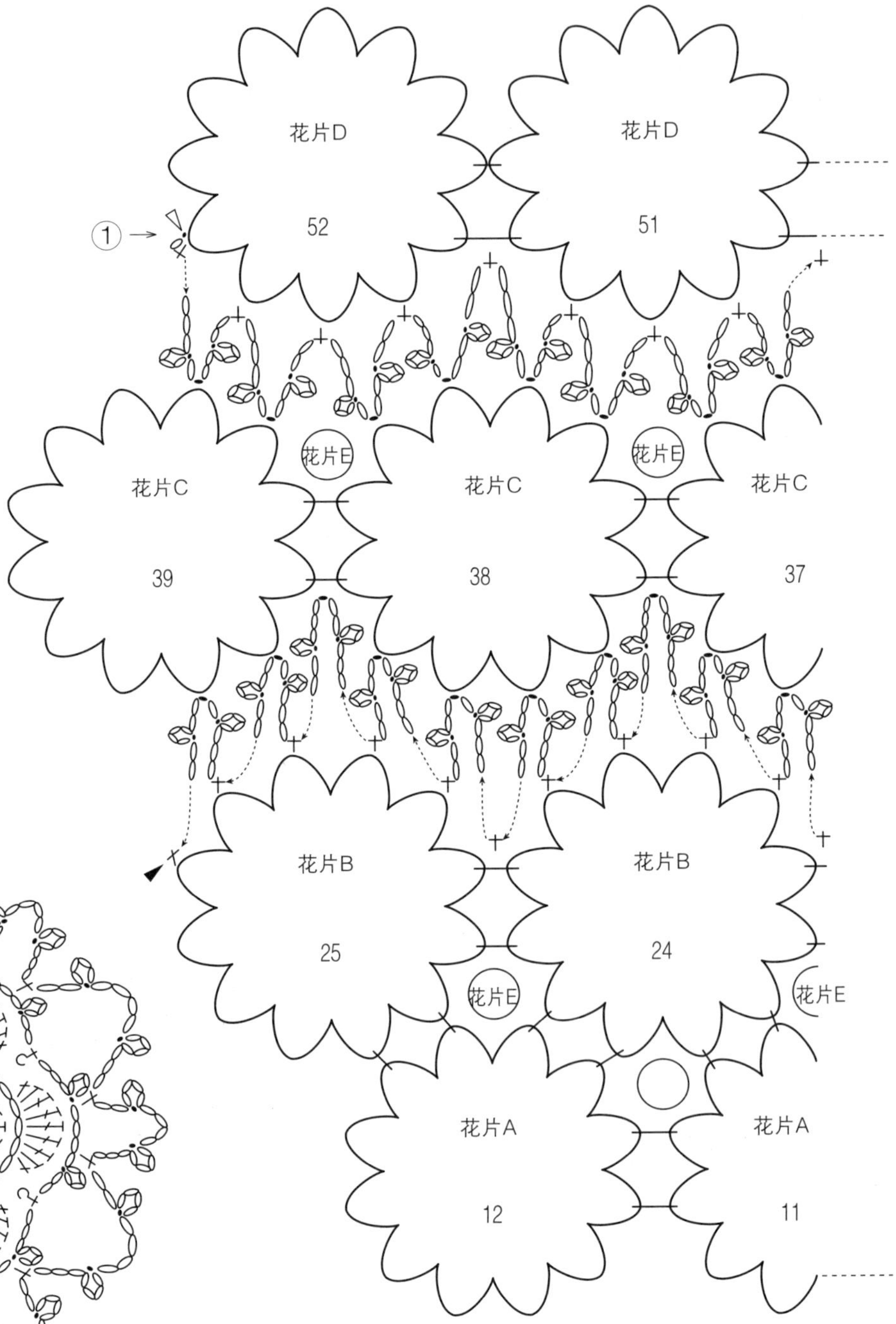

花片E

38 12朵

39 3朵

※ 花片 A、B 中心处的环形均是在 10 号棒针上绕 8 圈线制作而成。短针的反拉针在前 2 圈的短针根部钩织，作品 39 钩织至第 5 圈即可

披肩（花片连接）

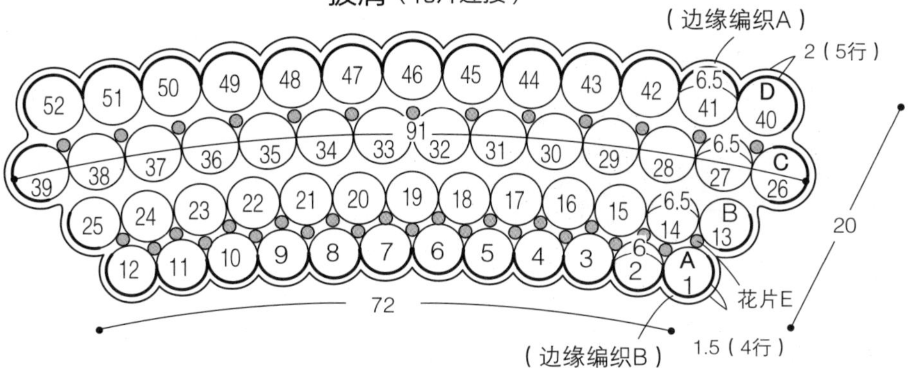

花片的连接位置

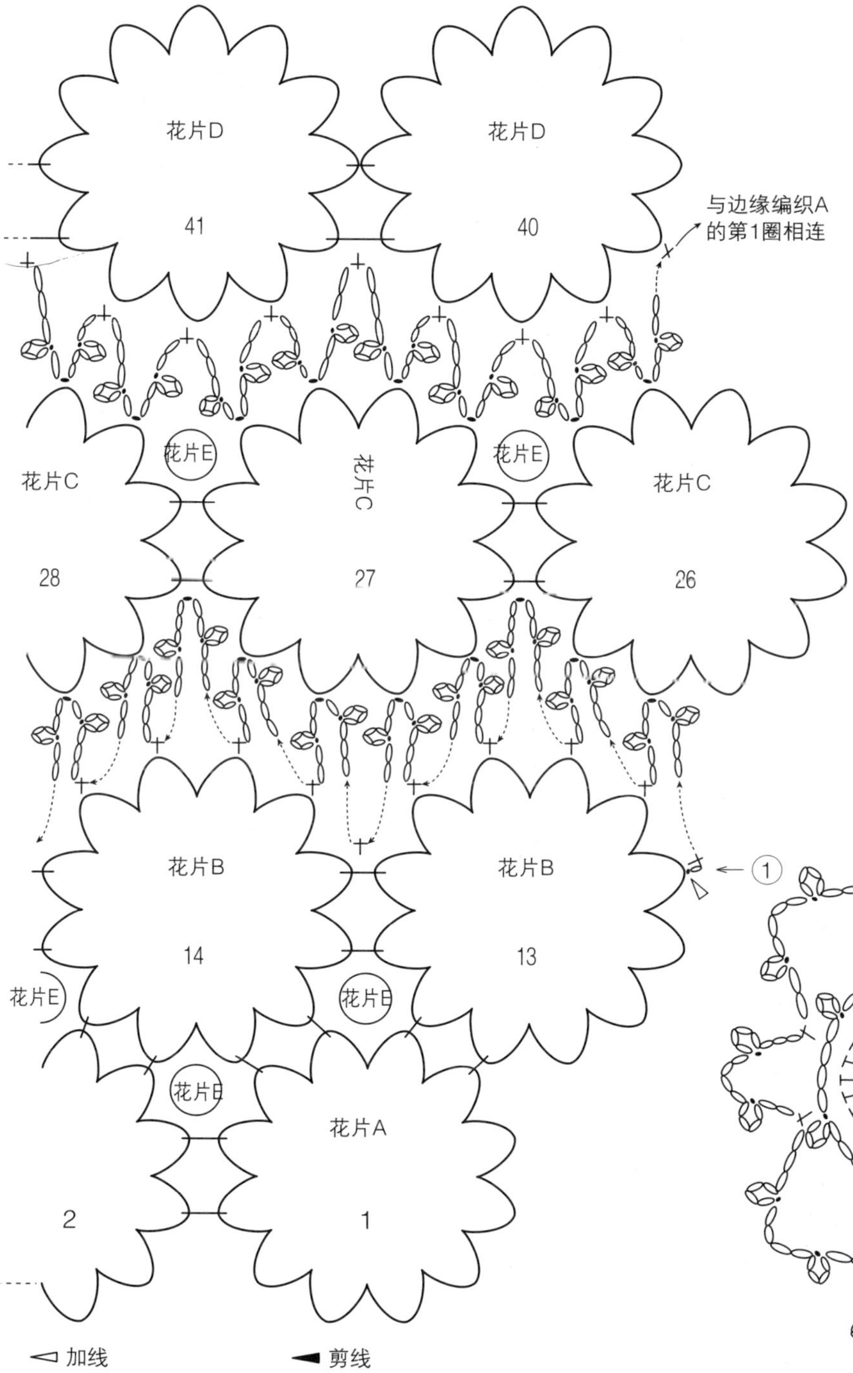

◆ 作品 39 的胸针，参照第 163 页花朵 A 钩织

花片B 共13朵

花片D　13朵（符号图表示的是反面针法）

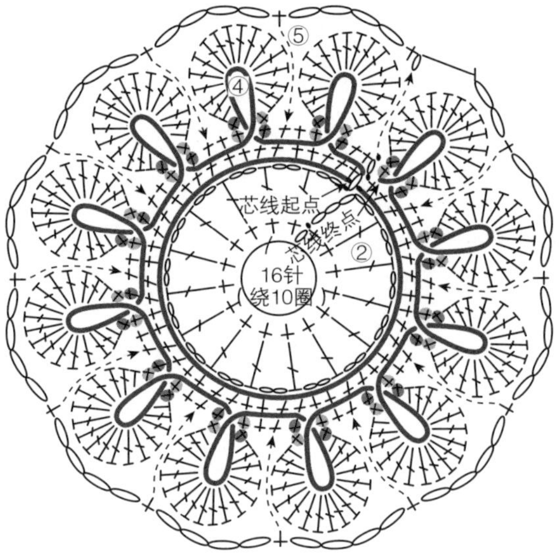

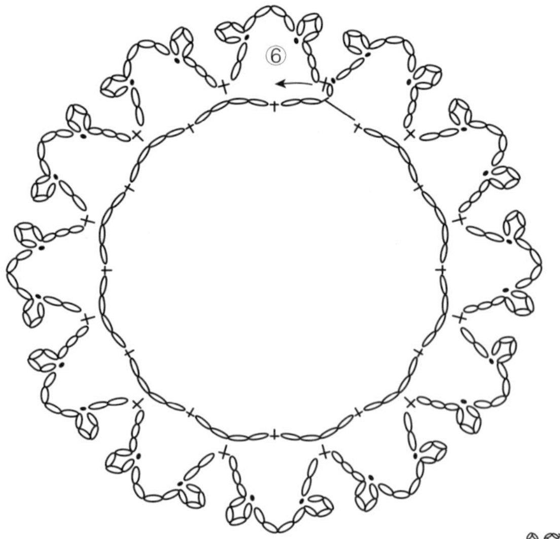

第4圈的钩织方法

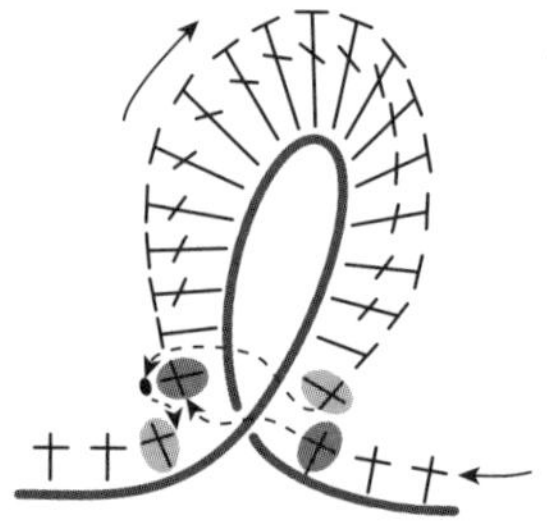

※中心处的环形是在12号棒针上绕10圈线制作而成

中心芯线为将长110cm的Emmy Grande系列线对折后使用
第3~5圈是将反面当作正面使用

◄ 剪线

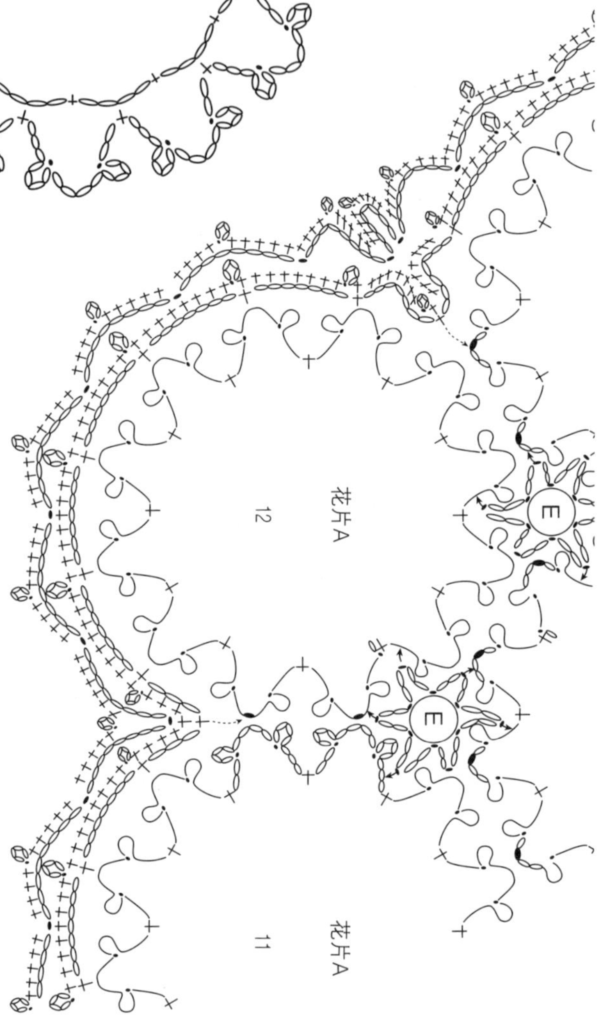

花片D

在12号棒针上绕10圈线，制作成环形，第1圈　钩织16针短针。第2圈　重复“1针长针、2针锁针”。第3圈　翻面，看着反面钩织。立织锁针时，加入对折后的芯线。包裹着芯线，在第2圈的2针锁针上钩织3针短针。在第3圈的编织终点处，将芯线放在前侧，暂时不用，引拔短针的第1针。第4圈　钩织1针锁针，包裹着芯线钩织3针短针，“在芯线上钩织‘1针短针、1针中长针、15针长针、1针中长针、1针短针’，将花瓣的右侧转至前方，收紧芯线。将针目拉至底部，花片成为线圈的形状，引拔芯线上的第1针短针以固定，将芯线放在前侧，包裹着钩织4针短针”。重复“”之间的步骤11次，在第12片花瓣的编织终点钩织1针短针，引拔第1针短针。第5圈　重复钩织11次“1针短针、4针锁针”，钩织1针短针、2针锁针、1针中长针后结束。第6圈　翻面，看着正面钩织。钩织带有4针锁针的双狗牙针的网眼针。

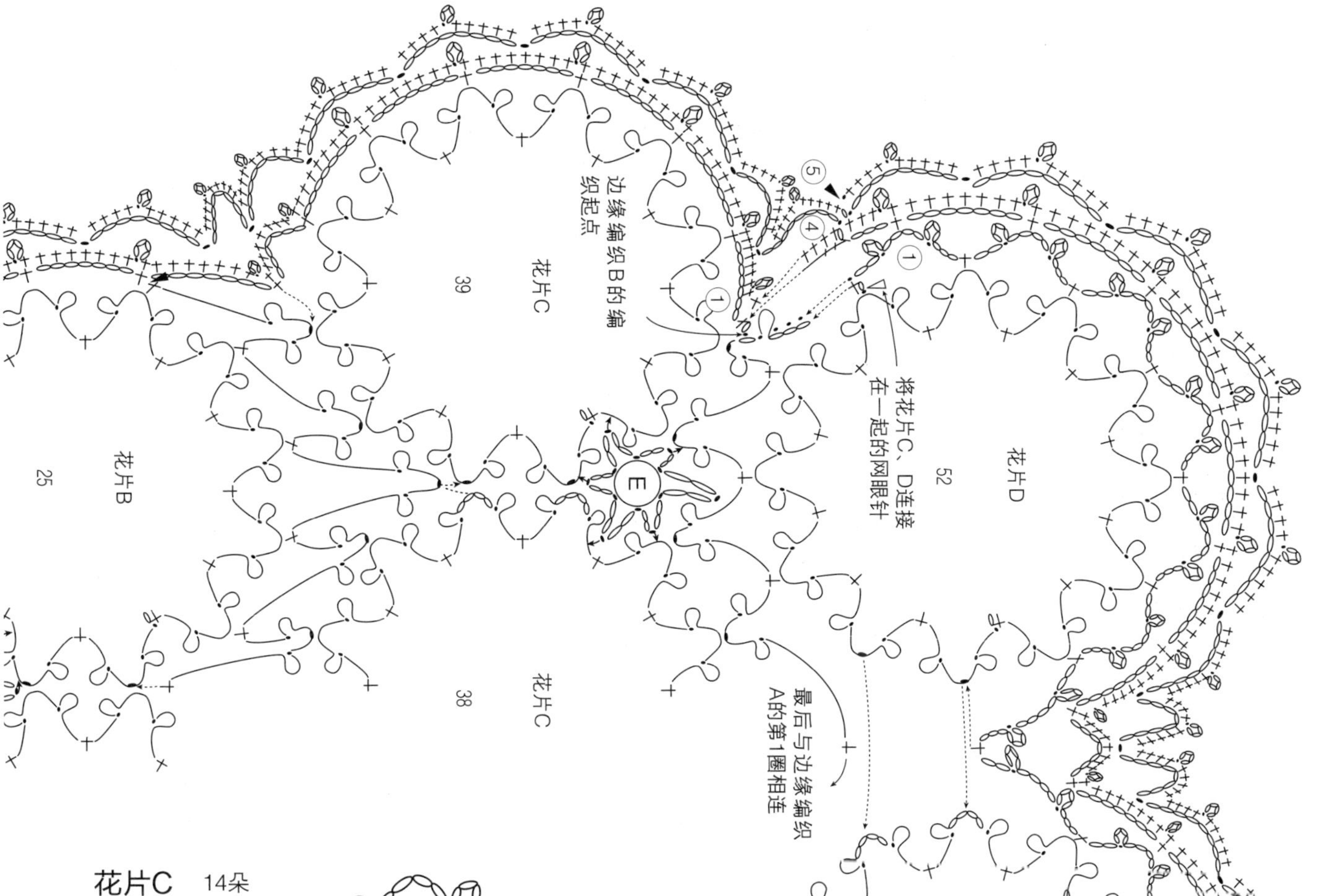

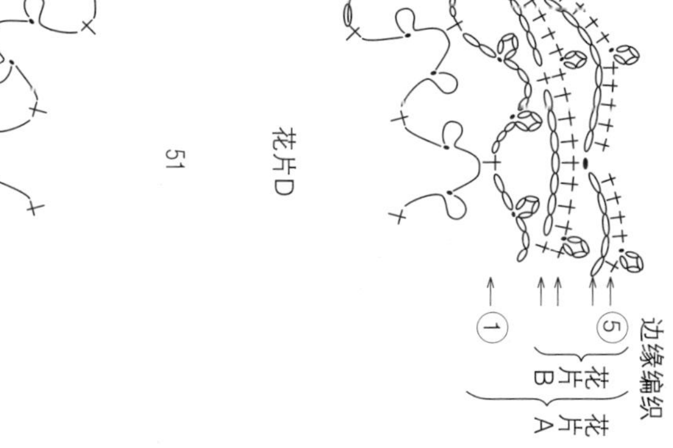

花片C 14朵

※中长针的反拉针在前2行针目的根部钩织

53

（第72、73页作品）

◆**准备材料：**Olympus Emmy Grande <HERBS>原白色（732）5克；2/0号钩针；宽5.5cm的发卡底座1个

◆**成品尺寸：**长6cm

◆**编织要点：**果实　编织起点制作1个环形，第1圈钩织6针短针。第2圈，在第1圈的1针短针上钩织2针短针，成为12针。第3~5圈钩织12针短针。钩织第6圈时，将线头塞到果实中，钩织短针的2针并1针。钩织引拔针以固定，将线穿入最后1圈短针的头部，收紧。发卡　发饰底座起5针锁针，钩织20行短针。将5个果实缝到发饰底座上。使用线将发饰底座固定到发卡底座上。

果实　共5个

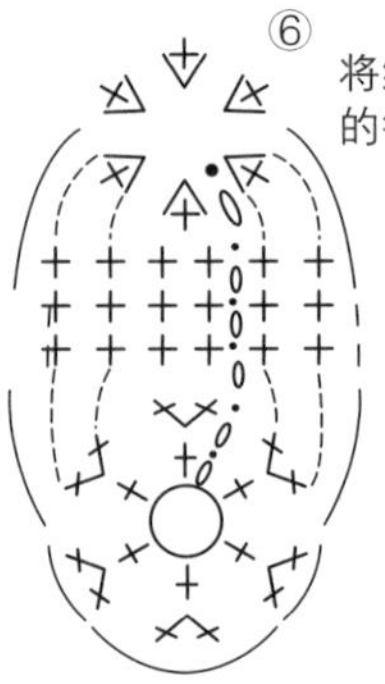

短针

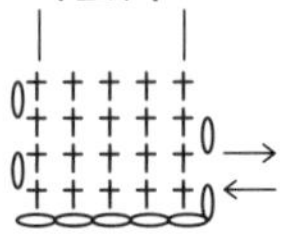

发卡底座（短针）

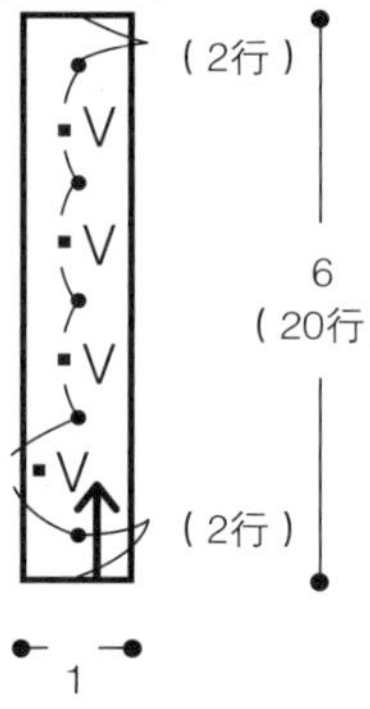

发卡

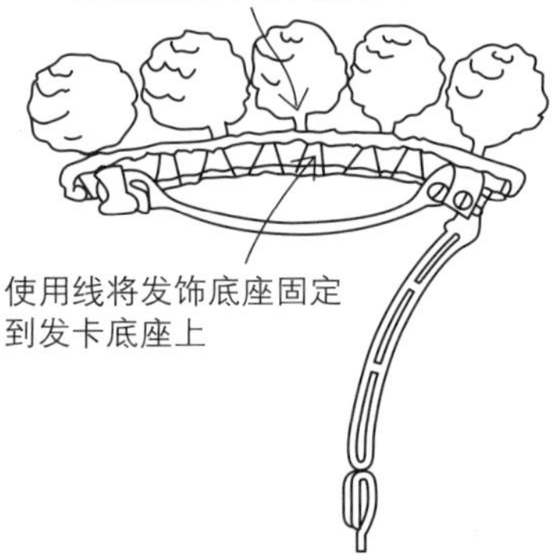

◆短针的菱形针

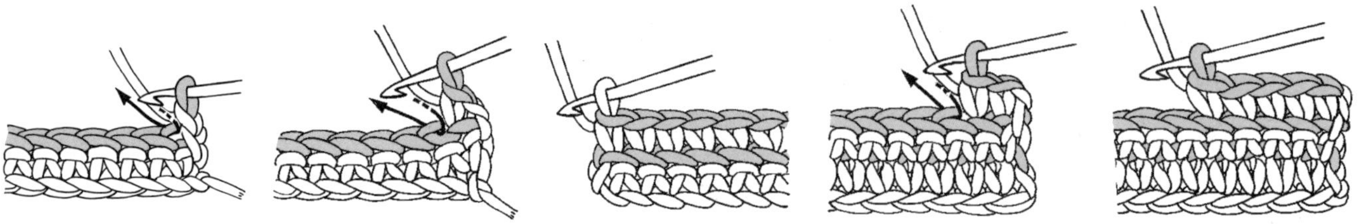

①将钩针插入前1行针目的后侧半针中。

②钩织短针，下1针插入钩针的位置和步骤①中的相同。

③一直钩织至边上，翻转织片。

④与前1行一样，挑取后侧半针钩织短针。

⑤每行改变织片的方向，重复钩织。

54

（第72、73页作品）

◆**准备材料：**Olympus金票40号蕾丝线 原白色（731）5克；6号蕾丝针；直径2cm的戒指托

◆**成品尺寸：**直径4cm

◆**编织要点：**果实　编织起点制作1个环形，第1圈钩织6针短针。第2圈，在第1圈的1针短针上钩织2针短针，成为12针。第3~5圈钩织12针短针。钩织第6圈时，将线头塞到果实中，钩织短针的2针并1针。钩织引拔针以固定，将线穿入最后1圈短针的头部，收紧。戒指底座　环形起针，第1圈钩织8针短针。从第2圈开始，钩织短针的条纹针，在钩织的同时加针。将线穿入最后1圈短针的头部，备用。戒指　将果实缝在戒指底座和带有孔的戒指托上，包裹着收紧。

果实　共16个

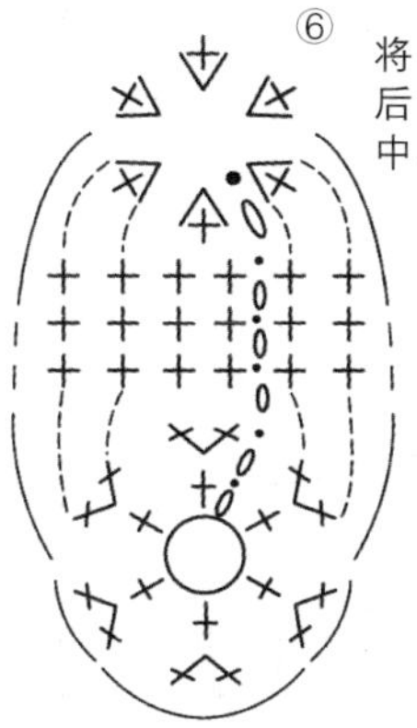

戒指底座

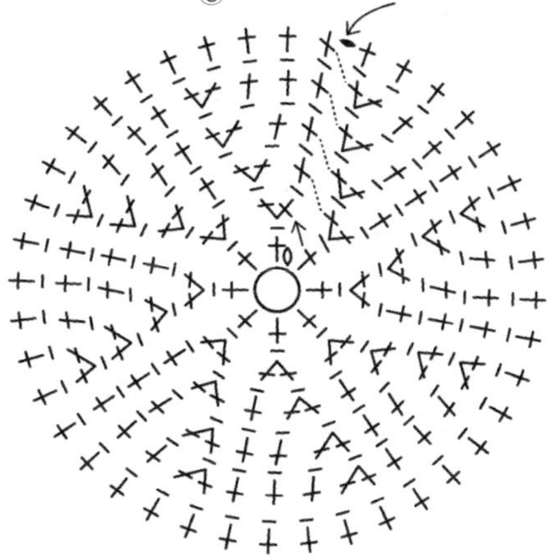

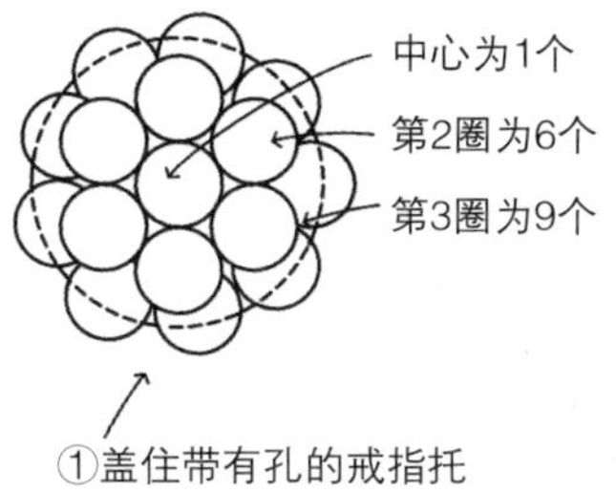

戒指

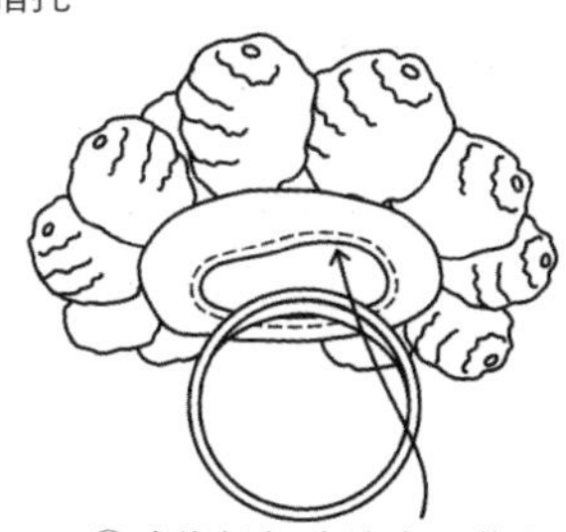

◆**短针的条纹针**

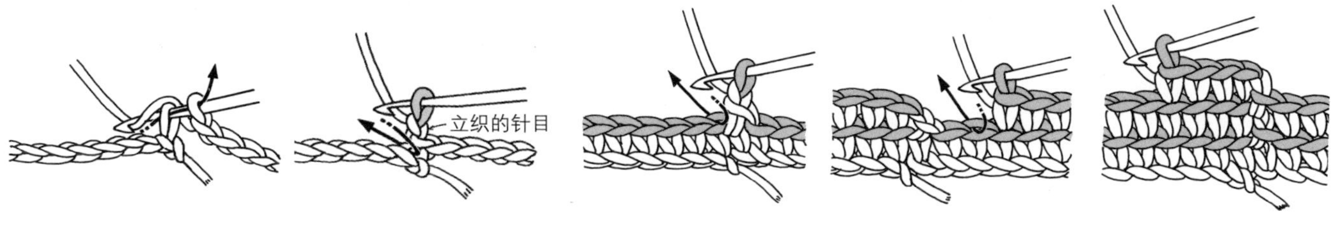

①在编织起点的锁针的里山引拔，连接成环形。

②立织1针锁针，第1行钩织短针。

③挑取前1圈的后侧半针，钩织短针。

④每圈都是看着正面钩织，重复步骤③中的针法，一圈圈地钩织。

⑤下一圈也与前1圈一样，看着正面继续钩织。

55

（第72、73页作品）

◆**准备材料**：Olympus Emmy Grande <HERBS>米白色（800）10克；2/0号钩针；宽7.5的发卡底座1个

◆**成品尺寸**：长12cm，宽5cm

◆**编织要点**：树叶　钩织11针锁针起针，第1行立织1针锁针后，钩织10针短针。在起针的第1针锁针上钩织3针短针，在另一侧钩织8针短针。从第2行开始，钩织短针的菱形针，在中心的1针菱形针上钩织3针菱形针。果实　环形起针，第1圈钩织6针短针。第2圈，在第1圈的1针短针上钩织2针短针。钩织第6圈的过程中，将线头塞到果实中，钩织短针的2针并1针，将线穿入最后1圈中，收紧。发卡　使用短针钩织发卡编织底座，对称地缝上树叶与果实，最后整体缝合到发卡底座上。

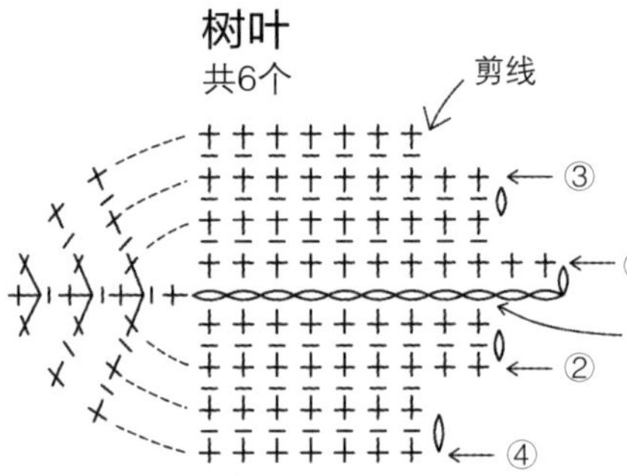

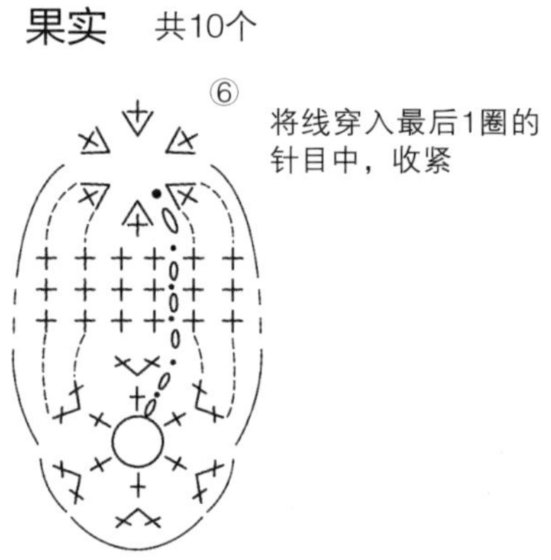

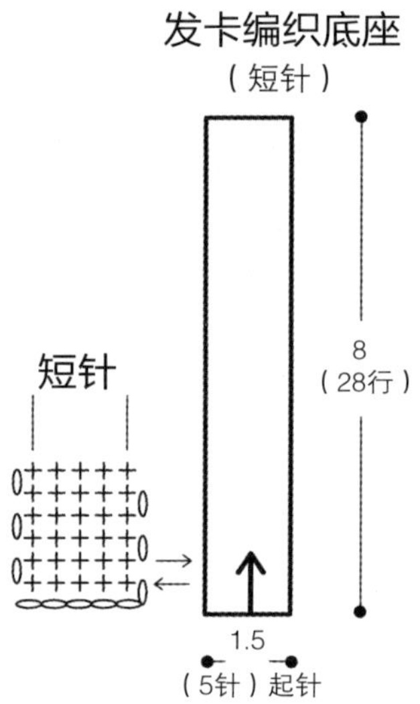

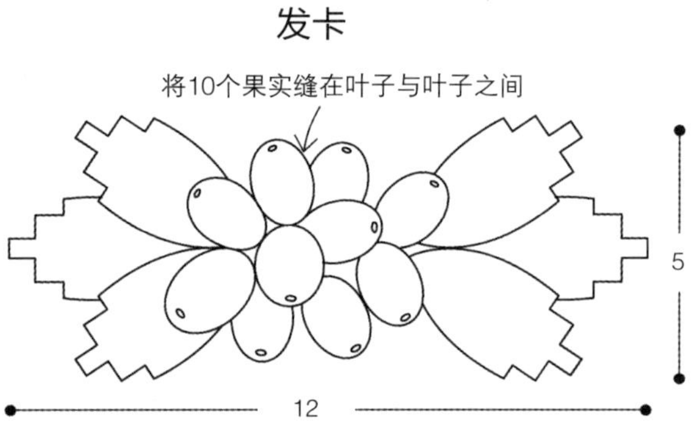

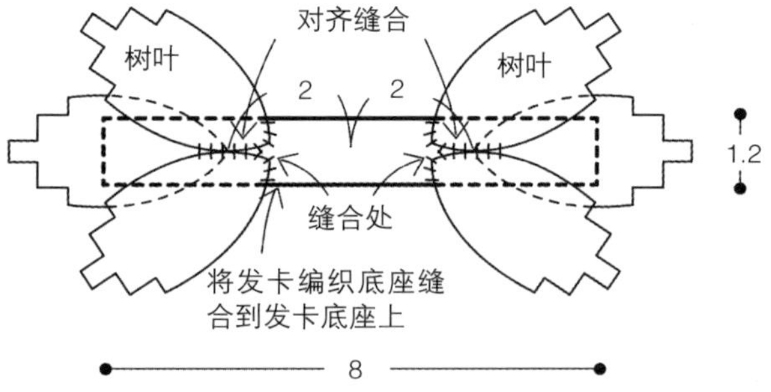

56

（第72、73页作品）

◆**准备材料**：Olympus Emmy Grande <HERBS>原白色（732）5克；2/0号钩针；直径2.5cm的胸针底座1个

◆**成品尺寸**：直径4cm

◆**编织要点**：花蕊　在8号棒针上绕6圈线，制作环形，第1圈立织1针锁针后，钩织10针短针。第2圈无须立织，包裹着第1圈，将钩针插入环中拉出线，钩织14针短针。胸针的编织底座　环形起针，第1圈立织1针锁针后，钩织8针短针。从第2圈开始，钩织短针的条纹针，在钩织的同时加针。将线穿入条纹针最后1圈下部，在放入胸针底座后，收紧。胸针　在胸针编织底座上缝上花片，在中心缝上花蕊。放入胸针底座，收紧。

花片（直径4.5cm）　共1朵

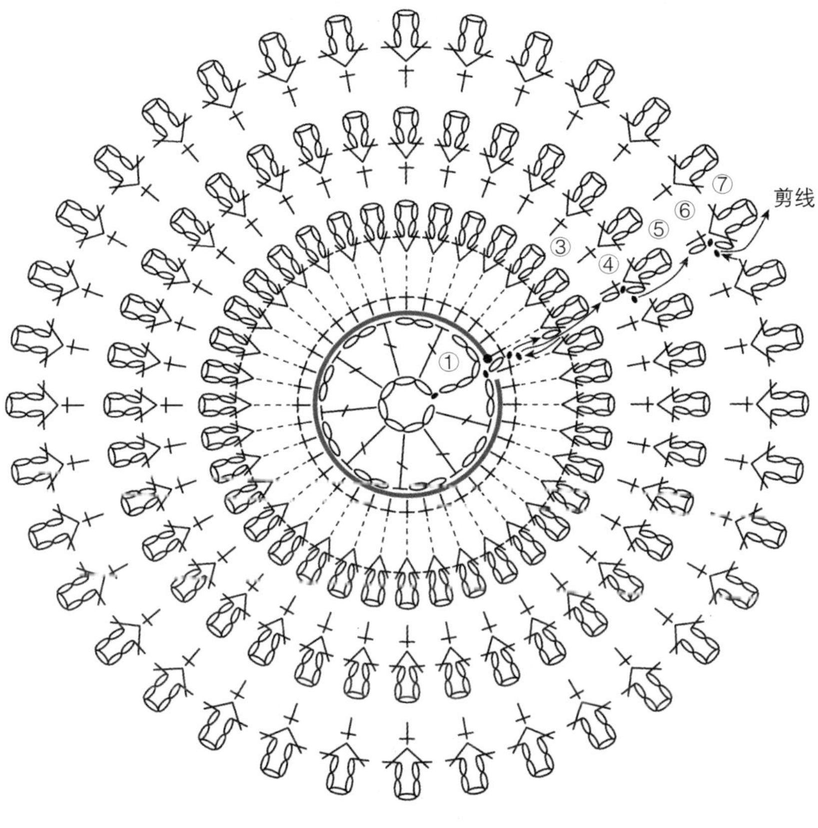

花蕊　共1个

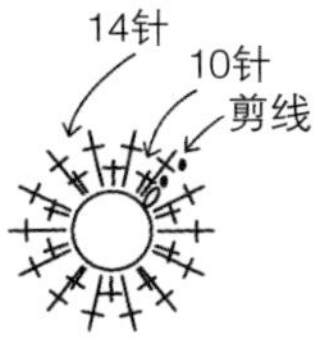

※中心处的环形是在8号棒针上绕6圈线制作而成。钩织第2圈时，无须立织，直接包裹着第1圈钩织。将反面当作正面使用，缝合到花片的中心（7针锁针的环形）上

胸针编织底座

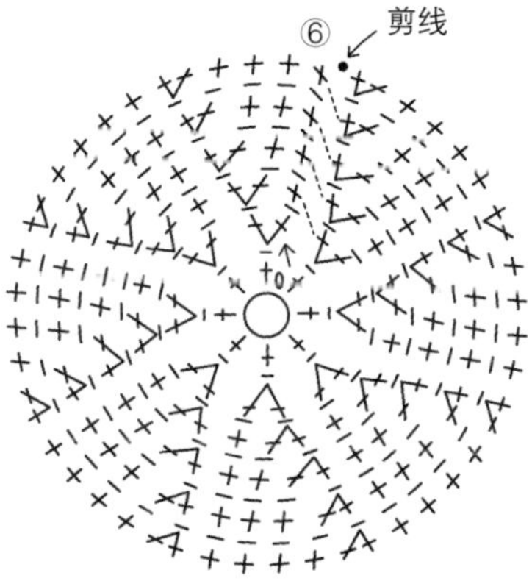

※第1圈包裹着7针锁针和线头一起钩织。第3、5、7圈，分别挑取下面1圈短针的头部前半针钩织。第4、6、8圈，分别挑取下面第2圈短针的头部后半针钩织

中心芯线为将长30cm的Emmy Grande系列线对折后使用

花片

钩织7针锁针起针，连接成环。第1圈　包裹着线头，钩织5针锁针，重复钩织8次“1针长针、2针锁针”，在使用引拔针固定时，加入对折后的芯线。第2圈　在前1圈的2针锁针上，包裹着芯线，钩织4针短针，引拔第1针短针头部的前半针。暂不使用芯线。第3圈　立织1针锁针，重复钩织36次“1针短针、5针锁针、1针短针”，在第2圈短针的头部的前半针上钩织。最后1针引拔第2圈第1针短针头部的后半针。第4圈　在第2圈的短针头部的后半针上钩织短针。最后1针引拔第1针短针头部的前半针。第5、7圈与第3圈使用同样的方法钩织，第6圈与第4圈使用同样的方法钩织。

60

（第74页作品）

◆**准备材料**：Olympus金票40号蕾丝线 原白色（731）3克；6号蕾丝针；耳钩1组；圆环（5mm）4个

◆**成品尺寸**：长8cm

◆**编织要点**：将钩针插入对折后的芯线的折痕处，挂线后，钩织1针锁针。第1行包裹着芯线钩织19针短针。第2行立织1针锁针后，包裹着芯线在第1行的短针头部后侧半针上钩织1针短针、2针中长针、9针长针、2针中长针、5针短针。处理线头。耳坠　在1片叶子上加线后，钩织6针锁针，引拔固定1片叶子的花片，再钩织4针锁针，引拔叶子的花片以固定。使用同样的方法，将其余叶子的花片连接在一起。最后钩织4针锁针，连接到圆环上。

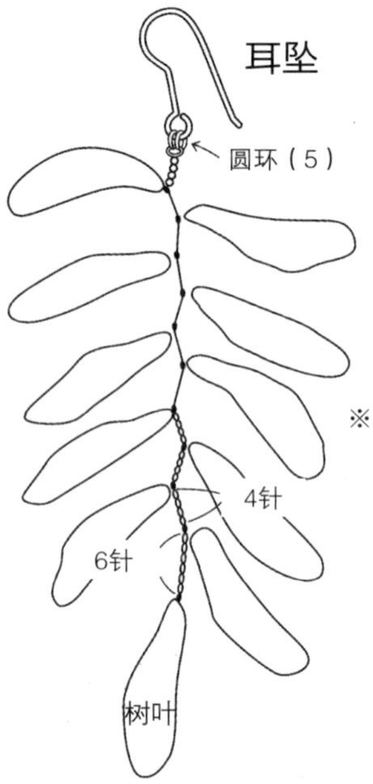

※树叶花片需要处理好线头，然后用钩织锁针的形式收针固定

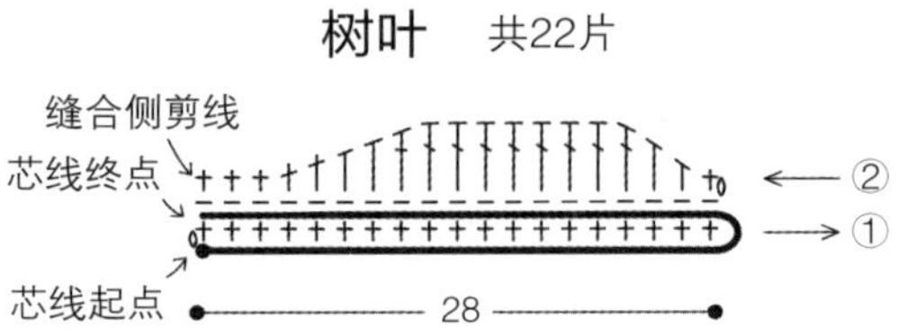

中心芯线为将长20cm的40号蕾丝线对折后使用

49

◆接第 159 页

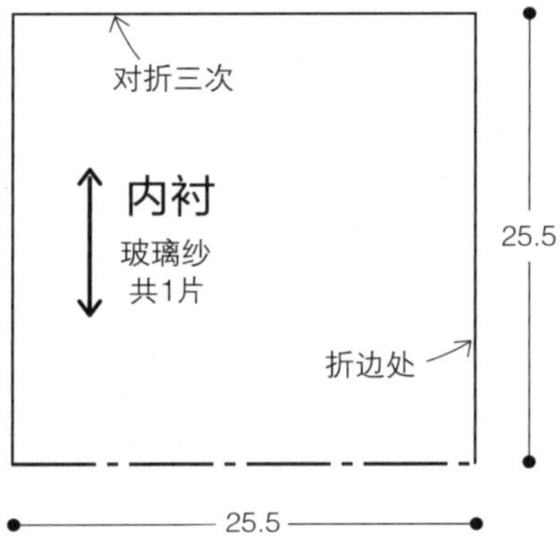

※折边宽度为1.5cm

56

◆接第 187 页

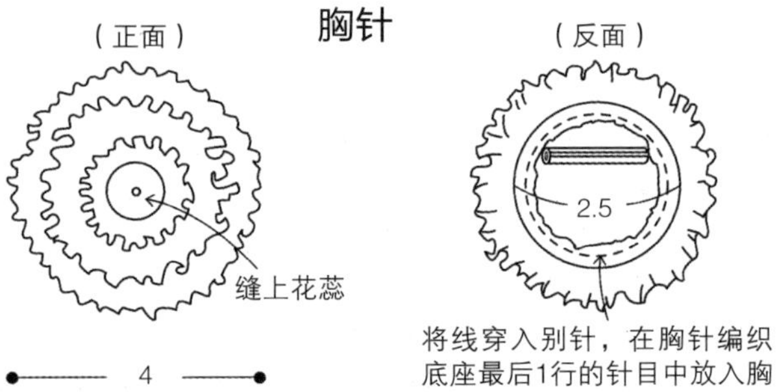

将线穿入别针，在胸针编织底座最后1行的针目中放入胸针底座后，收紧

◆接 149 页

花片示意图

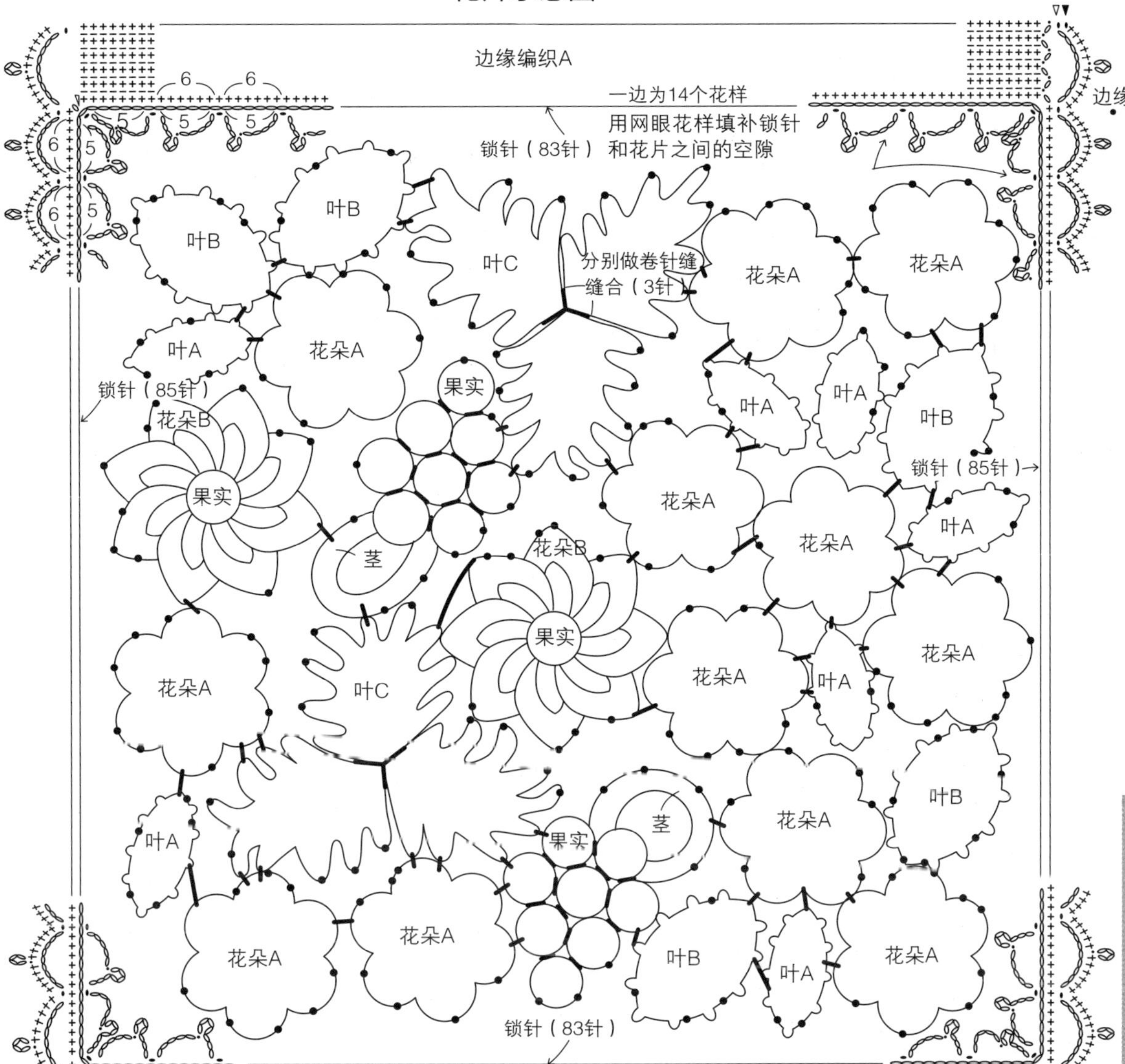

•=网眼针的引拔位置
–=用象牙白色连接的位置
◁加线　◀剪线

提手 共2根

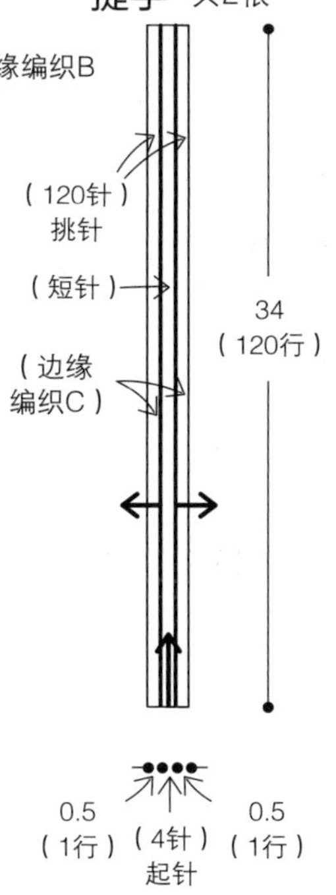

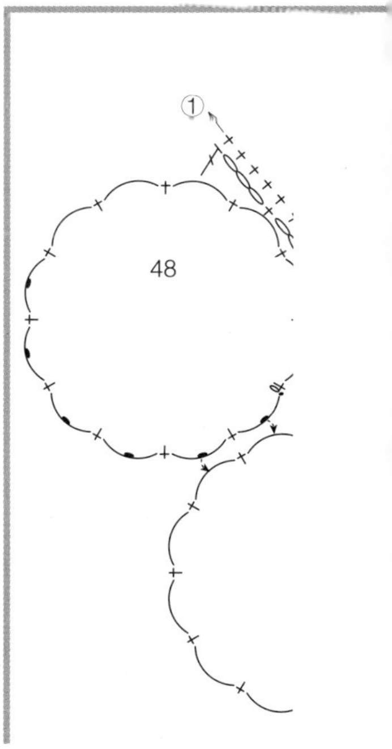

花片的连接方法

①使用锁针在外围钩织出指定的尺寸，固定在布上
②排列好各个花片，固定
③花片之间使用网眼针连接

填补花片之间空隙的网眼针

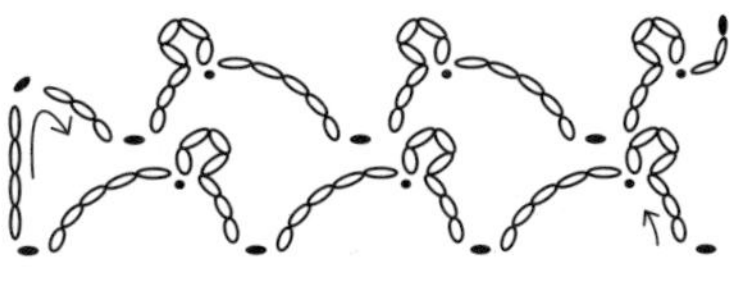

47

（第67页作品）

◆接第 155 页

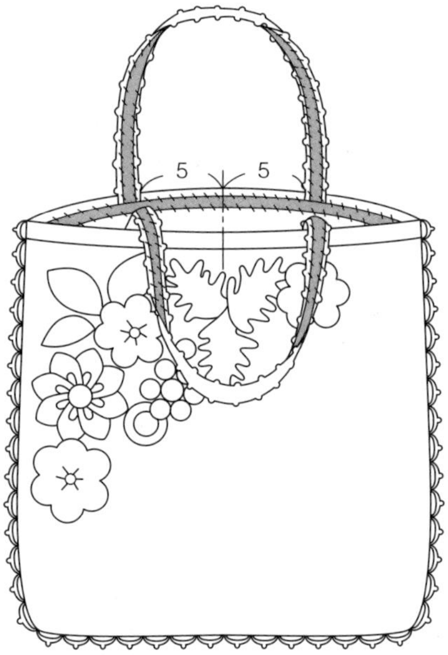

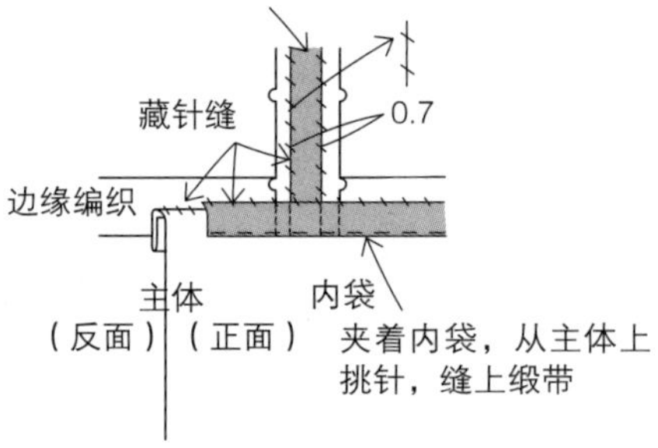

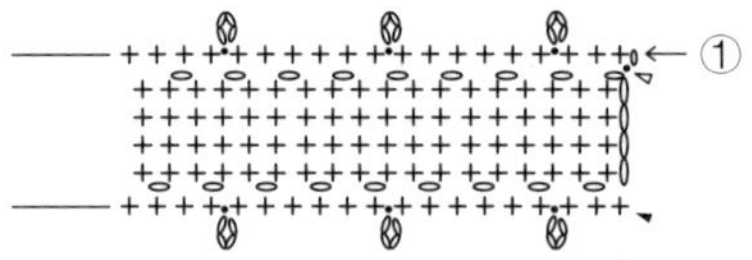

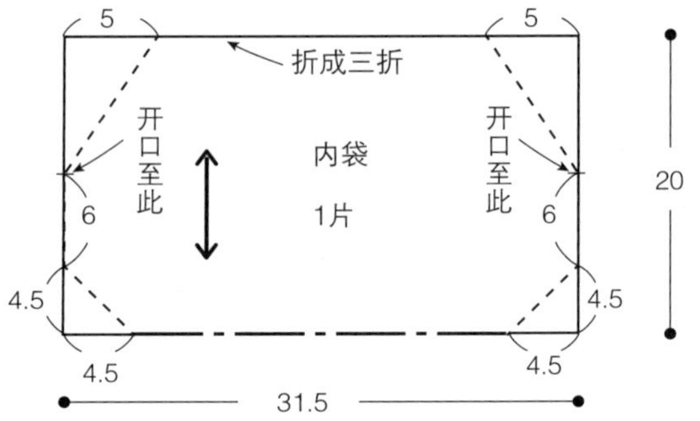

※缝份为1cm

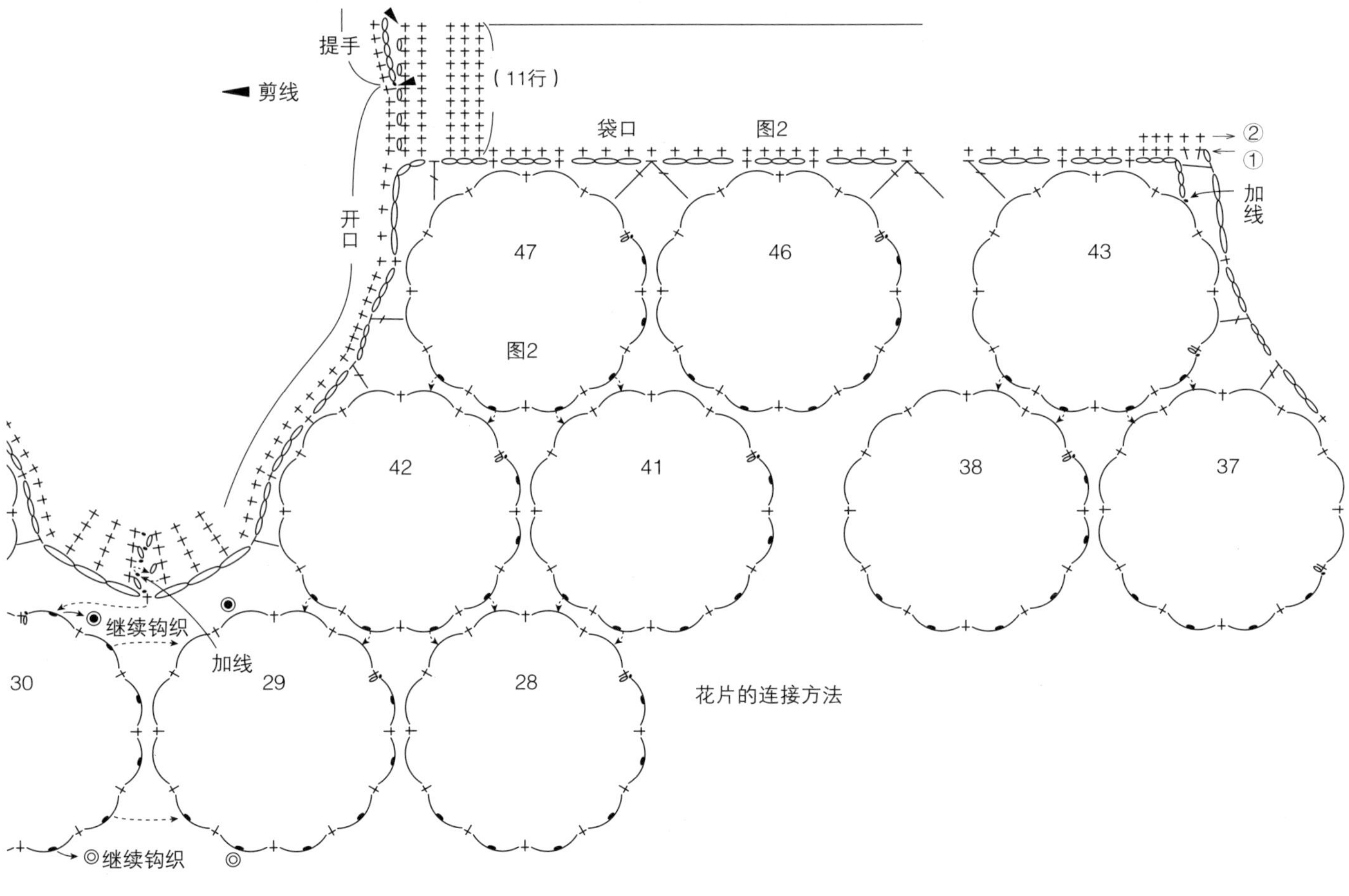

花片的连接方法